国防信息类专业规划教材

虚拟现实技术及应用

Virtual Reality Technology and Applications

殷 宏 綦秀利 廖湘琳 张所娟 余晓晗 编著

国防工业出版社

·北京·

内 容 简 介

本书是在长期的本科和研究生教学实践、科学研究以及参考国内外大量相关资料、书籍的基础上编写的。内容以虚拟现实基本理论和技术为基础，重点突出虚拟现实理论的应用实践，注重虚拟现实技术与军事应用相结合，具有较强的综合性。

全书共分为10章，可分为4个部分。第一部分为第1章概述，介绍了虚拟现实技术的基本概念、组成、起源和发展历史以及军事应用。第二部分为第2章和第3章，介绍了虚拟现实系统中的新型人机接口设备，其中第2章介绍了数字化输入设备，如三维跟踪设备、三维扫描仪、触觉与力反馈设备等；第3章重点介绍视觉设备，如立体显示系统、数字头盔和立体眼镜等。第三部分是第4章至第8章，重点介绍虚拟环境生成方法，其中第4章介绍纹理映射技术，以提高虚拟环境的逼真度；第5章介绍多分辨率模型的生成，以提高虚拟环境渲染的实时性；第6章介绍大规模战场环境的建立，介绍了数字沙盘的生成方法；第7章讲述作战仿真实体在虚拟环境中的动态控制；第8章讲述了虚拟海洋场景的实现。第四部分为实践部分，介绍了基于开源代码OpenSceneGraph（OSG）的虚拟现实系统的实现，其中第9章讲述了OpenSceneGraph，第10章讲述了基于OpenSceneGraph的OSGEarth的API接口及用法。

本书可作为军事运筹学、军事仿真技术、指挥信息系统等专业的本科生及研究生的参考教材，也可作为相关科研人员参考书目。

图书在版编目(CIP)数据

虚拟现实技术及应用/殷宏等编著．—北京：国防工业出版社，2018.7

ISBN 978-7-118-11468-3

Ⅰ.①虚… Ⅱ.①殷… Ⅲ.①虚拟现实-高等学校-教材 Ⅳ.①TP391.98

中国版本图书馆CIP数据核字(2017)第325962号

※

国防工业出版社出版发行

(北京市海淀区紫竹院南路23号　邮政编码100048)

三河市德鑫印刷有限公司印刷

新华书店经售

＊

开本787×1092　1/16　印张14½　字数343千字

2018年7月第1版第1次印刷　印数1—3000册　定价56.00元

(本书如有印装错误，我社负责调换)

国防书店：(010)88540777　　　发行邮购：(010)88540776
发行传真：(010)88540755　　　发行业务：(010)88540717

国防信息类专业规划教材编审委员会

主任 戴 浩

委员 （按姓氏笔画排序）

    王 海 王智学 刘晓明 张东戈

    张宏军 曹 雷 郝文宁 徐 伟

    董 强 裘杭萍

序

信息化战争使信息成为影响和支配战争胜负的主要因素,催化着战争形态和作战方式的演变。近20年来在世界范围内爆发的几场局部战争,已充分显现出信息化战争的巨大威力,并引发了以信息化建设为核心的新军事变革浪潮。为顺应时代潮流,迎接未来挑战,中央军委审时度势,提出了"建设信息化军队、打赢信息化战争"的战略目标,并着重强调提高基于信息系统的体系作战能力。为此,我们除了要装备一大批先进的信息化主战武器系统外,还需要研制相应的指挥信息系统。

指挥信息系统又称综合电子信息系统、指挥自动化系统,即外军的C4ISR系统,其核心是指挥控制系统,或C2系统、指挥所信息系统。我军指挥信息系统建设已有30多年的历史,此间积累了宝贵的经验教训。梳理深化对指挥信息系统建设规律的认识,有助于我们在新的起点上继续前进。

早在20世纪90年代中后期,我军有关部门就曾分别组织编写过指挥自动化系列丛书、军队指挥自动化专业统编系列教材,21世纪初又有人编写过指挥与控制技术丛书,至于近十多年来,有关指挥信息系统方面的专著、译著,更是络绎不绝,异彩纷呈。鉴于信息技术的发展日新月异,系统工程建设水平的日益提高,虽然系统工程的基础理论、基本原理没有根本的变化,但其实现技术、工程方法却不断有新的内容补充进来。所以众多论著的出版,既是信息系统自身演进特点的使然,也是加强我军信息化人才队伍建设实际需求的反映。

2012年,陆军工程大学(原解放军理工大学)组织一批专家学者,编写出版了一套国防信息类专业系列教材,包括《指挥信息系统》《指挥信息系统需求工程方法》《战场信息管理》《指挥所系统》《军事运筹学》《作战模拟基础》《作战仿真数据工程》和《作战模拟系统概论》共八本,受到了军队院校、军工研究所及广大读者的热烈欢迎和好评。四年来,军事信息技术仍在不断地发展中,为反映这些军事信息领域的技术发展与变化,他们又编写了《战场数据通信网》《信息分析与处理》《指挥控制系统软件技术》《系统可靠性原理》《指挥信息系统评估理论与方法》《虚拟现实技术及其应用》《军事数据工程》等七部教材,并对《指挥信息系统》教材进行了较大幅度的修订与完善。

与已有出版物相比,我深感这套丛书有如下特点:

一是覆盖面广、内容丰富。该系列教材中,既有对指挥信息系统的全面介绍,如《指挥信息系统》《指挥信息系统需求工程方法》《指挥信息系统评估理论与方法》《战场信息管理》《战场数据通信网》;也有针对指挥控制系统的专门论著,如《指挥所系统》《指挥控制系统软件技术》;还有针对军事信息系统的相关理论与技术,如《信息分析与处理》《系统可靠性原理》《军事数据工程》;以及军事系统仿真方面的有关教材,如《军事运筹学》《作战模拟基础》《虚拟现实技术及其应用》等。它们涵盖了基本概念、基础理论与技术、系统建设、军事应用等方面的内容,涉及到军事需求工程、系统设计原理、综合集成开发方法、数据工程、信息管理及作战模拟仿真等热点技术。系列教材取材合理、相互配合,涵盖了作战和训练领域的主要内容,构成了指挥信息系统的基础知识体系。

二是军事特色鲜明,紧贴军队信息化建设的需要。教材的编著者多年来一直承担全军作战和训练领域重大科研任务,长期奋战在军队信息化建设第一线,是军队指挥信息系统建设的参与者和见证人。他们利用其在信息技术领域的优势,将工程建设的实践总结提炼成书本知识。因此,该套教材能紧密结合我军指挥信息系统建设的实际,是对我军已有理论研究成果的继承、总结和提升。

三是注重教材的基础性和科学性。作者在教材的编著过程中,强调运用科学方法分析指挥信息系统原理,在一定程度上避免了以往同类教材过于注重应用而缺乏基础性、原理性、科学性的问题。系列教材除大量引用了军内外系统工程的建设案例外,还瞄准国际前沿,参考了外军最新理论研究成果,增强了该套教材的前瞻性和先进性。

总之,本系列教材内容丰富、体系结构严谨、概念清晰、军事特色鲜明、理论与实践结合紧密,符合读者的认知规律,既适合国防信息类专业的课堂教学,也可用作全军广大在职干部提升信息化素养的自学读物。

中国工程院院士

戴浩

2016 年 8 月

前言

随着新军事革命的到来,军队在作战理论、战争形态、军队结构、军事训练、高技术武器等方面发生了革命性的变化。要打赢信息化条件下的局部战争,关键在于从实战出发,以平时严格的科学训练为基础,应用高科技手段,利用信息化工具,采用计算机模拟改革训练方式和方法。科学技术的发展促使军队为了适应未来信息化条件下联合作战的需要,必须提高军队与信息的融合能力,提高对信息的理解能力。这种信息处理方法已不再是建立在一个单维的数字化的信息空间上,而是建立在一个多维的信息空间、一个定性和定量相结合、感性认识和理性认识相结合的综合集成环境。

美国国防部和军方认为:虚拟现实将在武器系统性能评价、武器操纵训练及指挥大规模军事演习三方面发挥重大作用。制定了战争综合演示厅计划(Synthetic Theater of War, STOW)、联合仿真演练环境(Joint SIMulation System, JSIMS)、WARSIM 2000 (WARfighters' SIMulation 2000)及虚拟座舱、RED 1st Application、卫星塑造者等应用环境,并在核武器试验及许多局部战争中进行了应用,如2002年末美军针对中东沙漠地带进行的联合演练系统 JDPE(Joint Synthetic Battlespace Experiment)。结果表明:目前虚拟现实在军事方面的应用占全部应用的12.7%,仅次于娱乐、教育及艺术方面的21.4%,居第二位。

虚拟现实技术作为计算机技术中前沿的应用,在军事领域越来越受到重视,如可以建立逼真的、虚拟的战场环境,指战员可以在该环境下进行作战训练,使受训者最大限度地贴近实战。参训人员不再只能通过打印输出或显示屏幕的窗口去获取单维信息处理,而是能通过视觉、听觉、触觉,以及形体、手势或口令参与到多维信息空间中去,以获得身临其境的体验。虚拟现实技术是支撑这个多维信息空间的关键技术,它把计算机从善于处理数字化的单维信息改变为善于处理人所能感受到的、在思维过程中所接触到的、除了数字化信息之外的其他各种表现形式的多维信息。

正是由于对身临其境的真实感和超越现实的虚拟性的追求,以及建立个人能够沉浸其中,超越其上进出自如交互作用的多维信息系统推动了虚拟现实技术在军事应用的发展与应用,并已显示出一定的实用性,且技术潜力巨大,应用前景十分广阔。

按照信息化条件下联合作战人才培养的要求,首先从虚拟现实的原理出发,结合具体军事应用,既有理论也有实践,突出实践教学环节,以提高学员的实际动手能力和应用能力。本书实用性较强、内容较全面,可作为仿真工程及相关专业高年级本科生和研究生教材,也可供从事计算机模拟仿真的工程技术人员参考。

本书在编写过程中,参阅了大量的相关文献和资料,参考文献未能一一列出,在此谨向作者们一并致以衷心感谢。

鉴于编者水平有限,书中不妥之处,敬请读者批评指正。

编者
2017年5月

目录 CONTENTS

第1章 绪论··· 1

1.1 虚拟现实的基本概念·· 1
　　1.1.1 虚拟现实定义··· 2
　　1.1.2 虚拟现实特点··· 3
　　1.1.3 虚拟现实特征··· 3
　　1.1.4 虚拟现实研究内容·· 4
1.2 虚拟现实系统的组成·· 4
　　1.2.1 虚拟环境产生设备·· 5
　　1.2.2 人与虚拟环境之间的人机交互设备··· 5
1.3 虚拟现实的起源与发展··· 6
　　1.3.1 虚拟现实的起源··· 6
　　1.3.2 虚拟现实的发展··· 7
1.4 军事领域应用··· 8
　　1.4.1 虚拟战场环境··· 8
　　1.4.2 进行单兵模拟训练··· 10
　　1.4.3 进行指挥员训练··· 11
　　1.4.4 近战战术训练··· 12
　　1.4.5 实施诸军兵种联合演习··· 12
　　1.4.6 武器装备的预先研究·· 13
　　1.4.7 三维数字沙盘··· 14
　　1.4.8 在防灾减灾工程中的应用·· 15

第2章 新型人机接口设备··· 17

2.1 虚拟现实系统中人机接口系统的构成·· 17
2.2 三维定位跟踪设备·· 18
　　2.2.1 电磁跟踪设备··· 19
　　2.2.2 声学跟踪设备··· 20
　　2.2.3 光学跟踪设备··· 22
　　2.2.4 机械跟踪设备··· 24
　　2.2.5 惯性跟踪设备··· 25
　　2.2.6 综合跟踪设备··· 26
　　2.2.7 跟踪设备的性能指标·· 27
2.3 数字化输入设备··· 28

IX

  2.3.1 数据手套 ………………………………………………………… 29
  2.3.2 浮动鼠标器 ……………………………………………………… 31
  2.3.3 力矩球 …………………………………………………………… 32
  2.3.4 数据衣 …………………………………………………………… 33
 2.4 触觉与力觉反馈 ……………………………………………………… 34
  2.4.1 触觉装置 ………………………………………………………… 34
  2.4.2 力反馈设备 ……………………………………………………… 36
  2.4.3 液压舱 …………………………………………………………… 39
 2.5 三维扫描仪 …………………………………………………………… 40
  2.5.1 机械扫描仪 ……………………………………………………… 40
  2.5.2 激光扫描仪 ……………………………………………………… 41
  2.5.3 图像扫描仪 ……………………………………………………… 41
 2.6 虚拟现实的音频系统 ………………………………………………… 42

第3章 立体显示 …………………………………………………………… 45

 3.1 立体成像原理 ………………………………………………………… 45
 3.2 计算机立体图像 ……………………………………………………… 46
 3.3 立体显示方法 ………………………………………………………… 48
  3.3.1 分色法 …………………………………………………………… 48
  3.3.2 分时法 …………………………………………………………… 49
  3.3.3 分光法 …………………………………………………………… 50
  3.3.4 光栅法 …………………………………………………………… 52
  3.3.5 自由立体显示技术 ……………………………………………… 52
 3.4 典型立体显示系统 …………………………………………………… 53
  3.4.1 头盔显示器 ……………………………………………………… 53
  3.4.2 Stereo Monitor …………………………………………………… 56
  3.4.3 ImmersaDesk …………………………………………………… 56
  3.4.4 手持式显示器(BOOM) ………………………………………… 57
  3.4.5 洞穴式虚拟环境(CAVE) ……………………………………… 58
  3.4.6 PowerWal ………………………………………………………… 58

第4章 纹理映射 …………………………………………………………… 60

 4.1 纹理的定义 …………………………………………………………… 61
  4.1.1 离散法定义 ……………………………………………………… 61
  4.1.2 连续函数法定义 ………………………………………………… 62
  4.1.3 参数法定义 ……………………………………………………… 62
 4.2 二维纹理映射 ………………………………………………………… 62
  4.2.1 纹理坐标值的确定 ……………………………………………… 62
  4.2.2 两步法纹理映射 ………………………………………………… 64

4.2.3 几何纹理映射 ………………………………………………… 65
　4.3 环境映射 ……………………………………………………………… 66
　　　4.3.1 立方体环境映射 ……………………………………………… 67
　　　4.3.2 球面环境映射 ………………………………………………… 68
　4.4 mip-map 纹理映射 …………………………………………………… 71
　　　4.4.1 mip-map 纹理映射技术 ……………………………………… 71
　　　4.4.2 mip-map 纹理映射算法实现 ………………………………… 72
　　　4.4.3 clip-map 纹理 ………………………………………………… 73

第5章 多分辨率模型 ………………………………………………………… 75
　5.1 LOD 概述 …………………………………………………………… 75
　　　5.1.1 LOD 的基本思想 ……………………………………………… 75
　　　5.1.2 LOD 分类 ……………………………………………………… 77
　5.2 误差测度 ……………………………………………………………… 79
　　　5.2.1 几何距离误差 ………………………………………………… 80
　　　5.2.2 曲率 …………………………………………………………… 82
　　　5.2.3 屏幕误差 ……………………………………………………… 83
　　　5.2.4 属性误差 ……………………………………………………… 84
　5.3 视点相关计算 ………………………………………………………… 85
　　　5.3.1 视区内外判断 ………………………………………………… 85
　　　5.3.2 表面方向判断 ………………………………………………… 87
　　　5.3.3 对象屏幕投影判断 …………………………………………… 88
　5.4 典型的 LOD 模型生成算法 ………………………………………… 89
　　　5.4.1 近平面合并法 ………………………………………………… 89
　　　5.4.2 几何元素(顶点/边/面)删除法 ……………………………… 90
　　　5.4.3 重新划分算法 ………………………………………………… 91
　　　5.4.4 聚类算法 ……………………………………………………… 91
　　　5.4.5 小波分解算法 ………………………………………………… 92

第6章 大规模战场地形建立 ………………………………………………… 93
　6.1 概述 …………………………………………………………………… 93
　6.2 地形分割 ……………………………………………………………… 95
　　　6.2.1 网格构网方式 ………………………………………………… 95
　　　6.2.2 四叉树结构 …………………………………………………… 96
　　　6.2.3 二叉树结构 …………………………………………………… 97
　6.3 误差度量 ……………………………………………………………… 98
　　　6.3.1 基于视点距离的误差度量 …………………………………… 99
　　　6.3.2 基于几何空间误差的度量方式 ……………………………… 99
　　　6.3.3 基于屏幕投影误差的度量方式 ……………………………… 100

6.4 基于硬件细分的 LOD 地形算法 ·········· 100
   6.4.1 硬件构网的地形渲染算法 ·········· 101
   6.4.2 分块四叉树组织结构 ·········· 101
   6.4.3 活动节点的判定与视锥体裁剪 ·········· 103
   6.4.4 细分队列的生成与更新 ·········· 104
   6.4.5 基于连续视点距离的地形块细分 ·········· 104
   6.4.6 Patch 地形块间的无缝细分 ·········· 106
   6.4.7 细分计算着色器中的置换贴图 ·········· 107

第 7 章 仿真实体模型的动态控制 ·········· 108

7.1 碰撞检测技术 ·········· 108
   7.1.1 碰撞检测技术基本原理 ·········· 108
   7.1.2 轴向包围盒的碰撞检测 ·········· 111
   7.1.3 包围球的碰撞检测 ·········· 113
   7.1.4 方向包围盒检测算法 ·········· 114
   7.1.5 离散方向多面体检测法 ·········· 116

7.2 地形匹配 ·········· 118
   7.2.1 点匹配 ·········· 119
   7.2.2 线匹配算法 ·········· 120
   7.2.3 面匹配算法 ·········· 121
   7.2.4 四点匹配算法 ·········· 123
   7.2.5 六点匹配算法 ·········· 124
   7.2.6 其他使用约束的三点匹配算法 ·········· 124

7.3 地形匹配投影点的查找 ·········· 125
   7.3.1 RSG 中点的查找 ·········· 125
   7.3.2 TIN 中点的查找 ·········· 126
   7.3.3 投影点高程的计算 ·········· 127
   7.3.4 点的查找优化 ·········· 128
   7.3.5 参考点计算 ·········· 130
   7.3.6 姿态与突变控制 ·········· 131

第 8 章 海面建模绘制技术 ·········· 132

8.1 波浪建模绘制技术 ·········· 132
   8.1.1 波浪的基础概念 ·········· 132
   8.1.2 波浪建模方法 ·········· 132
   8.1.3 折射和绕射仿真 ·········· 135

8.2 岛礁近岸海浪仿真 ·········· 137
   8.2.1 岛礁近岸波浪建模 ·········· 137
   8.2.2 波浪的卷曲和破碎 ·········· 138

8.3 波浪的折射和绕射 ··· 139
   8.3.1 阻障和遮挡作用 ·· 140
   8.3.2 岛礁背浪侧绕射 ·· 141
8.4 波浪的绘制 ··· 142
   8.4.1 折射和绕射绘制 ·· 142
   8.4.2 层次细节模型建立 ·· 143

第9章 基于 OSG 的仿真系统 ·· 145

9.1 OSG 简介 ·· 145
   9.1.1 OSG 概述 ·· 145
   9.1.2 OSG 体系结构(图9.1) ······································ 145
   9.1.3 OSG 资源 ·· 149
9.2 基本场景构建 ··· 149
   9.2.1 Hello World ·· 149
   9.2.2 场景中模型处理 ·· 150
   9.2.3 模型几何变换 ·· 152
   9.2.4 模型的拾取 ·· 153
   9.2.5 几何体创建 ·· 155
   9.2.6 文字显示 ·· 158
   9.2.7 公告牌技术 ·· 159
   9.2.8 LOD ··· 160
9.3 真实感 ··· 161
   9.3.1 纹理与映射 ·· 162
   9.3.2 光照 ··· 166
   9.3.3 阴影 ··· 168
9.4 人机交互 ··· 170
   9.4.1 交互过程 ·· 170
   9.4.2 使用键盘 ·· 171
   9.4.3 鼠标 ··· 173
   9.4.4 漫游 ··· 174
   9.4.5 视线碰撞检测 ·· 177
9.5 粒子系统 ··· 179
   9.5.1 粒子系统简介 ·· 179
   9.5.2 预定义的特效 ·· 180
   9.5.3 自定义的特效 ·· 181
9.6 动画 ·· 184
   9.6.1 节点更新与事件回调 ······································· 184
   9.6.2 简单动画 ·· 185
   9.6.3 显示模型自带的动画 ······································· 187

9.6.4　控制开关和自由度 …………………………………………… 187

第10章　基于osgEarth的地理环境仿真 …………………………………… 190

10.1　osgEarth 介绍 …………………………………………………… 190

10.2　建立地图 Map …………………………………………………… 191

  10.2.1　配置文件中进行加载 ……………………………………… 192

  10.2.2　非配置文件加载 …………………………………………… 193

10.3　经纬度及高程信息显示 ………………………………………… 195

  10.3.1　求经纬度坐标 ……………………………………………… 195

  10.3.2　求高程数据 ………………………………………………… 195

  10.3.3　求精确高程数据 …………………………………………… 195

  10.3.4　经纬度信息显示实例 ……………………………………… 196

10.4　实体模型加载 …………………………………………………… 197

  10.4.1　运行时加载模型（图10.5） ……………………………… 197

  10.4.2　配置文件中加载 …………………………………………… 198

10.5　注记 ……………………………………………………………… 199

  10.5.1　PlaceNode ………………………………………………… 199

  10.5.2　LabelNode ………………………………………………… 199

  10.5.3　画线 ………………………………………………………… 200

  10.5.4　画圆 ………………………………………………………… 200

  10.5.5　绘制椭圆 …………………………………………………… 201

  10.5.6　绘制多边形 ………………………………………………… 201

  10.5.7　绘制矩形 …………………………………………………… 202

  10.5.8　绘制图标 …………………………………………………… 202

  10.5.9　绘制挤出多边形 …………………………………………… 202

10.6　矢量数据加载 …………………………………………………… 203

  10.6.1　运行时加载 ………………………………………………… 203

  10.6.2　配置文件中加载 …………………………………………… 204

10.7　一个完整的数字城市程序分析 ………………………………… 206

参考文献 …………………………………………………………………… 211

第1章 绪论

现代仿真技术可以让部队在逼真的战场环境中反复、节省、安全地训练各类作战行动,增强其现实战场环境意识,使其在实兵实弹演习前业已具备相当熟练的作战技能。而且通过模拟,充分运用以计算机为核心的现代模拟技术实现军事训练的跃升,以最大的效费比实现战斗力的有机生成,甚至可以超前训练尚未装备的武器系统,为应对未来战争做准备。科索沃战争之后,美军更加重视把新技术尤其是以计算机为主体的数字化模拟技术引入训练领域,从而从技术上解决了作战训练的一系列技术性难题。在解决作战训练的"真实性"问题上,主要借助虚拟现实技术,提高模拟训练的仿真度;在解决部队训练的"规模性"问题上,主要借助网络技术,把大部队与联合训练纳入日常训练课目。网络技术使部队足不出户便可参与各种训练,这为多军种联合训练、盟国的联军训练以及现役与后备役的合练提供了极大的方便。

提高军队战斗力的途径:一是新武器装备及技术不断的开发并装备部队;二是持续有效的部队训练演习。但实际上,训练往往由于经费短缺和环境限制等因素而不能发挥应有作用。计算机模拟演习通过将仿真系统和指挥自动化系统等组合在一个人工战场环境中,为部队提供一个近似于真实的战时情境,引导部队从基于装备、场地的训练演习发展到基于器件和仿真的训练演习,从而可以成倍地提高训练消耗与效果比。而且,随着计算机技术水平的提高,战术单元已广泛运用于部队各层次的训练演习,并会在今后的部队训练演习中发挥更大的作用。随着军队信息化进程的加快,以信息技术为先导的高技术战争对武器装备的精确性和信息含量要求日益提高,使得作战训练与仿真、武器装备发展与评估、战场工程规划等走向信息化、虚拟化、智能化和数字化的崭新发展阶段。

1.1 虚拟现实的基本概念

虚拟现实(Virtual Reality,VR)技术,是20世纪末发展起来的一项为科学界和工程界所关注的综合集成技术,它涉及计算机图形学、计算机仿真技术、人机接口技术、多媒体技术、传感技术、人工智能等领域。虚拟现实技术的兴起,为人机交互界面的发展开创了新的研究领域;为智能工程的应用提供了新的界面工具;为各类工程的大规模的数据可视化提供了新的描述方法。虚拟现实是以计算机技术为核心的现代高新技术,是利用计算机生成一种逼真的模拟环境,并通过多种传感设备使用户沉浸到该环境中去,使用户完全置身于由计算机创造的神奇的虚拟世界。虚拟现实是一种虚拟的可交替更迭的三维虚拟环境,用户可以借助必要的设备,通过自然的交互进入该虚拟环境。简单地说,虚拟现实是由计算机生成,通过听觉、视觉、触觉、味觉等作用于用户,使用户产生身临其境的感觉的交互视景仿真。

"应用和需求是技术发展的推动力",虚拟现实技术是美国军方开发研究出来的一项计算机技术,主要用于军事仿真。美国国防部和军方认为:虚拟现实将在武器系统性能评价、武器操纵训练及指挥大规模军事演习三方面发挥重大作用。美军军方战争综合演示厅计划(STOW)、防务仿真交互网络计划、综合战役桥计划及虚拟座舱、卫星塑造者等应用环境,并将虚拟现实技术在核武器试验及许多局部战争中进行了应用。虚拟现实技术在20世纪80年代才开始作为一个完整的体系受到人们的高度关注,目前已成为信息技术领域中继多媒体技术、互联网技术之后的研究热点。

1.1.1 虚拟现实定义

Javon Lanier是最早提出Virtual Reality概念的学者,按其说法,虚拟现实又称假想现实,意味着"用电子计算机合成的人工世界"。由此可以清楚地看到,这个领域与计算机有着不可分离的密切关系,信息科学是合成虚拟现实的基本前提。

Ivan Sutherland在1965年发表了"终极显示"(The Ultimate Display)一文,首次提出了包括具有交互图形显示、力反馈设备以及声音提示的虚拟现实系统的基本思想,提出7个设想:

(1) 通过"窗口"来展示虚拟的世界。
(2) "窗口"展示出的世界真假难辨。
(3) "窗口"展示出的虚拟世界是由计算机实时生成。
(4) 用户可以直接操控该虚拟世界中的对象。
(5) 用户对虚拟世界中的对象操控是自然的。
(6) 可以通过头盔来实现在虚拟世界的沉浸感。
(7) 虚拟世界在听觉、嗅觉、味觉等方面也是极其逼真的。

从此,人们正式开始了对虚拟现实系统的研究探索历程。虚拟现实技术可以理解为用计算机技术来生成一个逼真的三维视觉、听觉、触觉或嗅觉等感觉世界,让用户可以从自己的视点出发,利用自然的技能和某些设备对这一生成的虚拟世界客体进行浏览和交互考察。

虚拟现实是指一种由软件和硬件组成的可以创建和体验虚拟世界的计算机系统。虚拟世界(Virtual World,VW)就是全体虚拟环境(或给定仿真对象的全体)。其中虚拟环境(Virtual Environment, VE)是由计算机生成的,通过视觉、听觉、触觉、味觉等作用于用户,使之产生身临其境感觉的交互式视景仿真。

虚拟现实是计算机生成的给人多种感官刺激的虚拟世界(环境),是一种高级的人机交互系统。在此定义中强调了两点:

(1) 计算机生成的虚拟现实系统必须是一个能给人提供视觉、听觉、触觉、嗅觉,以及味觉等多种感官刺激的世界。这里强调的是:虚拟现实系统不能只由一种感官刺激构成。根据目前技术水平,虚拟现实通常由视觉、听觉和触觉3种感官刺激构成。

(2) 虚拟现实系统实质上是一种人机交互系统,而且是一种高级的人机交互系统,因为这里的交互操作是对多通道信息进行的,并且对沉浸式系统要求采用自然方式的交互操作,对于非沉浸式系统也可使用常规交互设备进行交互操作。这里强调介入者(人)在所创建的虚拟世界(环境)中的体验(通过人机之间的相互操作获得)。因此,人机交互是虚拟现实的核心。

1.1.2 虚拟现实特点

虚拟现实是一种基于可计算信息的沉浸式交互环境,具体地说,就是采用以计算机技术为核心的现代高科技生成逼真的视觉、听觉、触觉一体化的特定范围的虚拟环境,用户借助必要的设备以自然的方式与虚拟环境中的对象进行交互作用、相互影响,从而产生亲临等同真实环境的感受和体验。它主要有三方面的含义:

(1) 临场感(Presence):指用户具有身临其境的感觉。

(2) 感知(Perception):指除了一般计算机所具有的视觉感知外,还有听觉感知、力觉感知、触觉感知、运动感知、甚至包括味觉感知、嗅觉感知等。

(3) 参与(Participation):指用户可以作为虚拟现实系统的一部分,通过人的自然技能与虚拟现实系统中的客体进行交互。

在计算机技术中,虚拟现实技术的发展特别依赖于人工智能、图形学、网络、面向对象、Client/Server、人机交互和高性能计算机技术,主要有以下三方面特点:

(1) 逼真的感觉(Real space):用计算机技术生成一个逼真的三维视觉、听觉、触觉或嗅觉等感觉世界。

(2) 自然的交互(Real interaction):指用户利用自然的技能和借助某些设备对虚拟世界中的客体进行浏览和交互考察。

(3) 迅速的响应(Real time):指虚拟环境能根据用户的视点变化而实时改变。

1.1.3 虚拟现实特征

G.Burdea 在 Electro'93 International Conference 上所发表的 *Virtual Reality Systems and applications* 一文中,提出"虚拟现实技术的三角形基本特征",即 3I 特征:它们是 Immersion-Interaction-Imagination (沉浸-交互-构想)(图 1.1)。

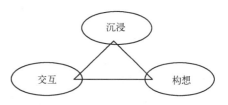

图 1.1　虚拟现实的 3I 特征

1. 沉浸感

沉浸感(Immersion)是指用户作为主角存在于虚拟环境中的真实程度。理想的虚拟环境应该达到使用户难以分辨真假的程度(如可视场景应随着视点的变化而变化),甚至超越真实。除了一般计算机所具有的视觉感知外,还有听觉感知、力觉感知、触觉感知、运动感知、甚至包括味觉感知、嗅觉感知等。理想的虚拟现实就是应该具有人所具有的感知功能,导致沉浸感的原因是用户对计算机环境的虚拟物体产生了类似于对现实物体的存在意识或幻觉。

2. 交互性

交互性(Interaction)是指用户使用专门设备对虚拟环境内的物体的可操作程度和从环境得到反馈的自然程度(包括实时性)。例如,用户可以用手直接抓取虚拟环境中的物体,这时手有触摸感,并可以感觉物体的质量,场景中被抓的物体也立刻随着手的移动而移动。虚拟现实是利用计算机生成一种模拟环境(如飞机驾驶舱、操作现场等),通过多种传感设备使用户"投入"到虚拟环境中,实现用户与虚拟环境直接进行自然交互的技术。

3. 构想力

构想力(Imagination)是指用户沉浸在多维信息空间中,依靠自己的感知和认知能力全方位地获取知识,发挥主观能动性,寻求解答,形成新的概念。虚拟现实不仅仅是一个演示媒体,而且还是一个设计工具,它以视觉形式反映了设计者的思想。举例来说,当在盖一座现代化的大厦之前,首先要做的事是对这座大厦的结构、外形做细致的构思,为了使之定量化,还需设计许多图纸,当然这些图纸只能内行人读懂,虚拟现实就是可以把这种构思变成看得见的虚拟物体和环境,使以往只能借助传统沙盘的设计模式提升到数字化的所看即所得的完美境界,大大提高了设计和规划的质量与效率。

虚拟现实与计算机辅助设计(CAD)系统所产生的模型以及传统的三维动画是不一样的,它不是一个静态的世界,而是一个开放、互动的环境,虚拟现实环境可以通过控制与监视装置影响或被使用者影响。用户可以使用一个鼠标、游戏杆或其他跟踪器,随意"行走"在方案规划中的居住小区或购物中心,任意进入其中的建筑,甚至可以"乘坐"电梯,上到二楼去看一看新店铺的门面设计,感受一下购物中心大厅的装饰和其透过明媚阳光的天窗。

虚拟现实技术的特点在于,计算机产生一种人为虚拟环境,这种虚拟的环境是通过计算机图形构成的三维数字模型,编制到计算机中去产生逼真的"虚拟环境",从而使用户在视觉上产生一种沉浸于虚拟环境的感觉,这就是虚拟现实技术的沉浸感或临场参与感。正是由于虚拟现实技术的上述特性,它在许多不同领域的应用,可以大大提高项目规划设计的质量,降低成本与风险,加快项目实施进度,加强各相关部门对于项目的认知、了解和管理,从而为用户带来巨大的经济效益。

1.1.4 虚拟现实研究内容

1990 年,在美国达拉斯召开的美国计算机协会计算机绘图专业组(Special Interest Group on Computer Graphics,SIGGRAPH)会议上,对虚拟现实技术研究内容进行了讨论,明确提出了虚拟现实技术的主要内容:实时三维图形生成技术、多传感器交互技术、高分辨率显示技术,这为虚拟现实技术发展确定了方向。

1.2 虚拟现实系统的组成

虚拟现实系统的功能由两部分组成:一是创建的虚拟环境;二是人与虚拟环境之间的新型人机接口系统(图 1.2)。虚拟现实的核心是强调两者之间的交互操作,即反映出人在虚拟环境的体验。新型人机交互操作又可分为基于自然方式的人机交互和基于常规交互设备的人机交互操作。通常,沉浸式虚拟现实系统采用自然方式的人机交互操作,而非沉浸式虚拟现实系统通常允许采用常规人机交互设备进行人机交互。

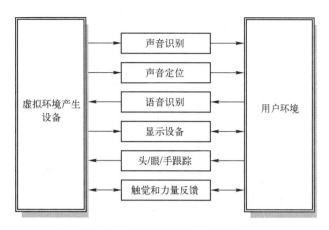

图 1.2 虚拟现实系统的功能组成

1.2.1 虚拟环境产生设备

虚拟环境生成设备可以是一台或多台高性能计算机。通常又可分为基于高性能个人计算机、基于高性能图形工作站、基于高度并行的计算机系统和基于Client-Server的分布式计算机的虚拟环境系统。虚拟环境所用的计算机是带有图形加速器和多条图形输出流水线的高性能图形计算机。这是因为三维高真实感场景的生成与显示在虚拟现实系统中具有头等重要的地位。

虚拟环境生成设备的功能是根据任务的性质和用户的要求,在工具软件和数据库的支持下产生任务所需要的、多维的、适用于用户的情景和实例,使用户具有亲临其境的沉浸感和交互能力。

虚拟环境系统对硬件的要求主要是高性能的中央处理器(CPU)和图形加速部件。软件为三维图形、图像制作、数据压缩、数据融合。程序设计工具集主要包括实时处理、网络计算、图像处理、物理建模、多任务处理等。

1.2.2 人与虚拟环境之间的人机交互设备

虚拟现实的核心是强调人与虚拟环境之间的交互,或两者之间的相互作用。反映在虚拟环境提供的各种感官刺激信号以及人对虚拟环境做出的各种反应动作。虚拟环境提供的各种感官刺激信号就是人的感知系统感知的各种信息。人对虚拟环境做出的各种反应动作将被虚拟环境检测到。若从虚拟环境对人的作用来看,虚拟现实的概念模型可以看作"显示/检测"模型。这是从创建虚拟环境角度,也就是从技术角度来看虚拟现实系统的模型。这里的显示是指虚拟环境系统向用户提供各种感官刺激信号(包括光、声、力、嗅、味等各种刺激);检测是指虚拟环境系统监视用户的各种动作,即检测并辨识用户的视点变化,头、手、肢体和身躯的动作。若从人对虚拟环境的作用来看,也就是从用户角度来看,上述概念模型可以被看作为"输入/输出"(I/O)模型。其中:输入是指用户感知系统接收虚拟环境提供的各种感官刺激信号;输出是指用户对虚拟环境系统做出的反应动作。

人与虚拟环境之间的人机交互设备是指将虚拟世界各类感知模型转变为人能接受的

多通道刺激信号的设备。相对成熟的仅有视觉、听觉和触觉与力量反馈 3 种通道。

（1）视觉设备：立体宽视场图形显示器。立体宽视场图形显示器可分为沉浸式和非沉浸式两大类。

（2）听觉设备：三维真实感声音的播放设备。常用的有耳机式、双扬声器组和多扬声器组 3 种。通常由专用声卡将单通道声源信号处理成具有双耳效应的真实感声音。

（3）触觉与力量反馈：触觉（力觉）反馈装置。目前能实现的触觉仅仅是模拟一般的接触感。力觉感知设备要求能反馈力的大小和方向，与触觉反馈装置相比，力反馈装置相对较成熟一些。

在理想的情况下，虚拟现实系统应当是多传感器构成的人机交互方便的综合集成系统。该系统所产生的图像分辨率应足够高，图像要十分丰富和自然（主要指图像的色彩和运动图像的连续及实时显示），系统集成不会产生延迟，色彩和立体感要足够好，音响的立体声效果要好，语音合成要足够逼真、力感要足够细微。用户使用该系统不会轻易感觉疲劳、系统中的传感器系统应具有多个自由度，延迟时间要足够短。

1.3　虚拟现实的起源与发展

近年来，虚拟现实不仅是信息领域科技工作者和产业界的研究、开发和应用的热点，而且也是多种媒体竞相报道的热点。与"虚拟现实"这一术语同义的还有"人工现实"（Artificial Reality）、"赛伯空间"（Cyber Space）等名词，后者常见于科学幻想作品和各种媒体报道。事实上，虚拟现实并不是一项新技术，更不是一门新兴学科，下面简要回顾该项技术的由来和发展。

1.3.1　虚拟现实的起源

虚拟现实技术综合计算机立体视觉、触觉反馈、虚拟立体声技术，为我们提供高度逼真的人工真实环境。简单地说，虚拟现实是人类与计算机及复杂数据之间进行感知、操作和交互的手段和方法。一般认为，虚拟现实是一种新兴的技术，但是其确切起源可以追溯到第二次世界大战末期的美国空军的飞行模拟器。飞行模拟器是用飞机的机舱改制而成，美军飞行学员利用该飞行模拟器进行飞行模拟训练。

Sensorama 是一个在某一时刻给人以对虚拟场景感知的半自动的便携式模拟器（图 1.3），其对现实的感知来自于给观看者提供广范围能够感知到的信息。这些信息和图像（气味、风、直接的振动变化）完美的同步，所有的控制信息都在电影的一个片断里，传感器依据电影场景全自动运行。

20 世纪 50 年代后期，Morton Heilig 发布了第一个虚拟现实视频设备——"全传感仿真器"（图 1.4，在 1962 年申请了专利），该设备由三维视频、运动、颜色立体音响、风、味觉和一个可振动的座椅组成，用于模仿骑车穿越纽约市主要街道。仿真器可以模拟出道路的颠簸、速度的快慢、风力的大小、甚至让人能闻到食品的味道。

1965 年，计算机图形学创始人 Sutherland 博士在国际信息处理联合会（International Federation for Information Processing ,IFIP）会议上，提出"The Ultimate Display"概念，标志着虚拟现实技术的正式诞生。

图 1.3 Sensorama

图 1.4 全传感仿真器

1.3.2 虚拟现实的发展

1966 年,Sutherland 开始研制头盔式显示器(HMD)(图 1.5),他在 Heilig 设计的头戴式电视基础上进行发展,1968 年成功研制出样机。该头盔式显示器由两个阴极射线管(CRT)组成,可显示计算机生成的立体图像。这一 HMD 具有跟踪头部位置的功能(由安置在 CRT 支架上的电位器测定头部的位置),根据观察者的视线方向调整计算机生成的图形。它还是一个透视式头盔显示器(See-through HMD),计算机生成的立体图像投射到面对双眼的镀银的半透明镜片上,即叠加到观察者透过半透明镜片看到的真实世界上。在今天,HMD 仍使用当时的原理,只不过现在的 HMD 比当年的重量要轻、分辨率要高、传感更灵敏。

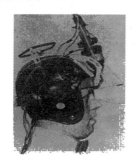

图 1.5 头盔式显示器

1973 年,由 Evans&Sutherland 公司生产的图形显示器所生成的场景仅有 200~400 多边形组成,生成和显示速度为 20 帧/s。今天每秒生成数百万个多边形的图形处理器随处可见,因此由十万个多边形组成的彩色场景,以 30 帧/s 速度生成和显示已成为可能。

1975 年,Myron Krueger 提出"人工现实"(Artificial Reality)思想。展示了称为"Video place"的"并非存在的一种概念化环境"。

1982 年,Scott Fisher 等开始研制数据手套(Data Glove)。

1984 年,美国航空航天局(NASA)Ames 研究中心研制成功了具有近期虚拟现实系统雏形的 VIVED(Virtual Visual Environment Display)系统,并利用这一设备评估了在未来航天器上应用黑白 HMD 的可行性。

NASA Ames 研究中心研制成功了第一套商用虚拟现实硬件:Intel 386;研制成功了第

一套商用虚拟现实软件:美国空军的Super cockpit飞行模拟器。

1985年,NASA Ames研究中心的Scott Fisher等研制出VIEW的数据手套,这种柔性、轻质手套可以测量手指关节的动作、手掌弯曲以及手指间的分合,从而可编程实现各种手语。

1987年,美国VPL公司(从NASA Ames研究中心分离出来)发明了数据服。

1988年,美国VPL公司制作了一套完整的虚拟现实系统。

1989年,美国VPL公司的Javon Lanier提出"Virtual Reality"(虚拟现实)的名词。

1990年,在美国达拉斯召开的SIGGRAPH会议上,对虚拟现实进行了讨论,明确提出了虚拟现实技术的主要内容:实时三维图形生成技术、多传感器交互技术、高分辨率显示技术,这为虚拟现实技术发展确定了方向。

1992年,在法国召开了与虚拟现实技术相关的名为"真实的与虚拟世界的接口"的国际会议。

1993年,IEEE西雅图召开了第一届虚拟现实国际学术会议,会议吸引了大批科技工作者,发表了大量有价值的论文。

纵观虚拟现实的发展历程,可将其分为3个阶段(图1.6):萌芽阶段:1945—1965年;初级发展阶段:1965—1990年;蓬勃发展阶段:1990—今。

1.4 军事领域应用

发挥现代技术的综合优势,开发虚拟现实技术,是美军检验新理论、新战法、新武器的常用方法。这种"准实践"活动内容丰富,如美国国防部主持的"先进概念技术演示";参谋长联席会议主持的"联合概念开发与试验";军种部主持的"军种开发与试验"。此外,陆军、海军、陆战队、空军依托19个作战实验室,分别实施《陆军试验战役计划》、《舰队作战试验计划》、《海龙试验计划》和《远征部队试验计划》。在这种"准实践"环境中,军事变革减少了风险,避免了大的失误。

虚拟现实的使用者不仅能够通过虚拟现实系统感受到在客观物理世界中所经历的"身临其境"的逼真性,而且能够突破空间、时间以及其他客观限制,感受到真实世界中无法亲身经历的体验。从20世纪90年代初起,美国率先将大量虚拟现实技术用于军事领域。世界很多国家也在将虚拟现实技术向军事领域开拓,以减少实战中的人员、物资损失和节约训练经费。

1.4.1 虚拟战场环境

虚拟战场环境是以数字地图为基础,利用战场环境仿真技术构建的多维信息空间。是通过相应的三维战场环境图形图像库,包括作战背景、战地场景、各种武器装备和作战人员等,为使用者创造一种险象环生、几近真实的立体战场环境,以增强其临场感觉,提高训练质量。虚拟战场环境和日益成熟的网上对抗系统,相互链结成既能模拟作战地区地形,又能模拟双方对抗态势,进行网上对抗,为未来网上对抗开辟了新的空间,同时也为打一场"看得见的战争"打下了坚实的基础。

虚拟战场环境系统综合了战场地形信息、文化信息、战场地质信息、战场水文信息、战场气象信息、战场电磁环境信息、战场核化信息以及兵要地志信息等(图1.6)。系统着眼于数字地球,立足于数字化战场。

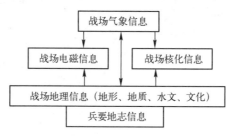

图1.6 战场环境诸要素的关系

虚拟战场环境系统由软件系统、数据库系统和硬件系统三部分构成。其软件系统主要包括战场环境建模软件、场景纹理生成与处理软件、立体图像生成软件、观察与操作控制软件、分析应用地理信息系统(GIS)软件等;数据库系统主要包括战场地图数据库、三维环境模型数据库、武器装备数据库、环境纹理影像数据库、应用专题数据库等;硬件系统主要包括计算机、声像处理系统、感知系统(显示设备、立体观察装置、人机操纵装置)等。

虚拟战场环境主要是针对指挥作业和训练模拟,即通过战场视景、声效等要素来展现战场环境,指挥员通过一定的操作界面来感知战场环境,达到辅助现地勘察、掌握态势和辅助决策等目的。通过直观地展现战场环境来充分训练参训人员的指挥决策能力,将战场环境中可见的(如地形、地物)和不可见的(如电磁场、地质)要素以立体的、三维的或二维的图形图像表达出来。触觉仿真是指通过对人机交互设备的操作来实现人与环境的交流,这是使参训人员产生临场感的重要手段。与传统的通过地图、实物沙盘或影像资料等了解战场的认知方式相比,在这样的系统中,参训人员就由旁观者转变为参与者,可以主动地在逼真的环境中进行探索,从而大大地提高战场认知的效率。

为了建设新世纪的数字化部队,打赢未来信息化战争,世界许多国家对发展战场态势可视化系统极为重视。美军将发展战场态势可视化系统作为获取战争信息优势的核心之一,投入巨资开展研究。在美国海军研究中心支持下研制的"龙"(Dragon)战场态势可视化系统,利用虚拟现实的最新研究成果,建立了一个综合战场信息获取与传输、分析与查询、作战态势显示和指挥控制为一体的虚拟环境,大大提高了指挥员对战场信息的认知、分析能力,提高了作战指挥的效能。图1.7所示为该系统生成的战场态势详图。该系统的研制,充分展示了战场态势可视化的概念、关键技术和试验途径。该系统已在若干演习中得到使用,取得了良好的效果。虚拟现实以及仿真和模拟技术在军事态势可视化方面的研究成果以及这些成果的应用已经不仅是用 remarkable——"非凡"这个词所能形容的了。美国国防科技委员会(Defence Science Board)认为:美国在沙漠风暴、巴尔干半岛和阿富汗的低伤亡率,在很大程度是平时作战模拟训练的进一步运用,在这些训练模拟系统中充分运用了虚拟现实等一系列技术全方位、多层次、多角度实现战场态势的综合表现。在美国国防科技委员会2000年度的报告 Training Superiority and Training Surprise 中总结到 the new combat training approach invented 30 years ago develops, without bloodshed, individuals and units into aces(这个30年前的新发明不用流一滴血就把我们的单兵和团队训练成了战场上的王牌)。

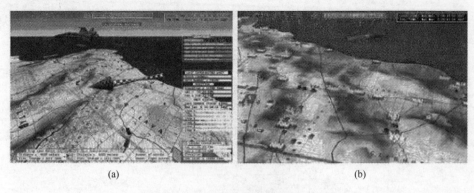

(a)　　　　　　　　　　　　　　(b)

图1.7　"龙"虚拟战场态势可视化详图

1.4.2　进行单兵模拟训练

众所周知,军事训练是一项耗资巨大、变量参数很多、非常复杂的系统工程,保证其安全、可靠、有效是军事训练必须考虑的重要问题。因此,可利用仿真技术经济、安全及可重复性等特点,进行训练任务或操作的模拟,以代替某些费时、费力、费钱的真实训练或者实兵、实弹无法开展的场合,从而提高军事训练效率。因此,随着仿真技术向可视化方向的发展,将虚拟现实技术与仿真理论相结合,据此进行军事训练,不失为一个行之有效的方法。

虚拟现实技术能够为被训者提供生动、逼真的训练环境,让被训者穿上数据服,戴上头盔显示器和数据手套,被训者能够成为虚拟环境的一名参与者,在虚拟环境中扮演一个角色,通过操作传感装置选择不同的战场背景,输入不同的处置方案,体验不同的作战效果,进而像参加实战一样,锻炼和提高技战术水平、快速反应能力和心理承受力。这对调动被训者的训练积极性、主动性,突破训练的重点、难点,培养被训者的技能都将起到积极的作用。虚拟现实技术在进行单兵模拟训练中的应用主要有以下4个方面。

(1) 知识学习。知识学习是指被训者利用虚拟现实系统学习各种知识。它的应用有两个方面:一是再现实际无法观察到的自然现象或事物的变化过程;二是使抽象的概念、理论直观化、形象化,方便理解。

(2) 探索学习。虚拟现实技术可以对被训者训练过程中所提出的各种假设模型进行虚拟,通过虚拟系统便可直观地观察到这一假设所产生的结果或效果。利用虚拟现实技术进行探索学习,有利于激发被训者的创造性思维,培养被训者的创新能力。

(3) 虚拟实践。利用虚拟现实技术,还可以建立各种虚拟环境和作战背景,被训者可以自由地做各种尝试。

(4) 技能训练。虚拟现实的沉浸性和交互性,使被训者能够在虚拟的训练环境中扮演一个角色,全身心地投入到训练环境中去,这非常有利于被训者的技能训练(图1.8)。利用虚拟现实技术,可以做各种各样的技能训练。例如,军事作战技能、武器使用技能、装备维修技能等各种职业技能的训练。由于这些虚拟的训练系统无任何危险,被训者可以不厌其烦地反复练习,直至掌握操作技能为止。例如,在虚拟的飞机驾驶训练系统中,被训者可以反复操作控制设备,学习在各种天气情况下驾驶飞机起飞、降落,通过反复训练,达到熟练掌握驾驶技术的目的。

图 1.8　单兵训练

美国空军用虚拟现实技术研制的飞行训练模拟器,能产生视觉控制,能处理三维实时交互图形,且有图形以外的声音和触感,不但能以正常方式操纵和控制飞行器,还能处理虚拟现实中飞机以外的各种情况,如气球的威胁、导弹的发射轨迹等。

美国加州蒙特雷的海军研究院开发的虚拟现实环境中包括:FOG-M(高性能激光器)导弹模拟器、VEH(Vehicle,交通工具)飞行模拟器、可移动平台模拟器及自动水下运输模拟器等。用该虚拟现实环境能显示飞行器在地面和空中的运动,展现地面建筑、道路及地表等景象,参与者可选取各种车辆和飞行器(多达500种),根据虚拟实景的复杂程度及地形地貌特征,使远程的、有危险的环境成为可见,并可使参与者能与其进行交互操作。

1.4.3　进行指挥员训练

计算机作战模拟具有运行速度快、科学、准确、可靠性高、损耗少等特点,不仅为研究战争问题、作战指挥和训练提供了科学的方法,使研究问题更加逼近实战,而且研究结果更为可信,有助于作战指挥艺术的提高。

虚拟现实技术作为一种最新的人机交互技术,非常适用于作战模拟。由于虚拟现实技术可预先建立战场环境的三维图形、图形库,包括各种作战对象、作战场景、作战背景以及双方的人员情况,因而被训指挥员可方便、多次地进行作战方案和战法的制定及试验。

在指挥员决策仿真训练方面,它可以帮助指挥员进行任务规划的训练,通过多方观察了解敌方形势,迅速进行决策,并掌握好在各阶段如何做出最佳决策。在现代战争中,情况千变万化,大量的信息、数据实时汇聚到指挥员眼前,如果指挥员不及时掌握、处理,就会失去战机。因而虚拟作战系统可以帮助指挥员学会如何利用传感器融合技术处理送来的各类数据和信息,制定作战方案和进行战法研究。

美国海军开发的"虚拟舰艇作战指挥中心"就能逼真地模拟与真的舰艇作战指挥中心几乎完全相似的环境。生动的视觉、听觉和触觉效果,使受训军官沉浸于"真实的"战场之中。根据侦察情况资料合成出战场全景图,让受训指挥员通过传感装置观察双方兵力部署和战场情况,以便判断敌情,定下正确决心。虚拟现实技术可以使相距几千公里的士兵与作战指挥人员在网络上进行对抗作战演习和训练,效果如同在真实的战场上一样。

1.4.4 近战战术训练

近战战术训练系统把在地理上分散的各个学校、战术分队的多个训练模拟器和仿真器连接起来,以当前的武器系统、配置、战术和原则为基础,把陆军的近战战术训练系统、空军的合成战术训练系统、防空合成战术训练系统、野战炮兵合成战术训练系统、工程兵合成战术训练系统,通过局域网和广域网连接起来。这样的虚拟作战环境,可以使众多军事单位参与到作战模拟之中,而不受地域的限制,具有动态的、分布交互作用;可以进行战役理论和作战计划的检验,并预测军事行动和作战计划的效果;可以评估武器系统的总体性能,启发新的作战思想。

美国高级研究计划局与陆军从 1982 年开始联合开发 SIMNET(SIMulation NETwork)。SIMNET 的核心是管理、指挥和控制接口,由一个计算机主机平台相连的网络群组成,其中包括与虚拟战术作战中心的参谋监视控制的联网。最初是用来训练坦克群,主要目的是降低训练费用,同时增强安全性,减少环境破坏(火力攻击及坦克行驶轨迹对训练场地的破坏)。SIMNET 连接了包括美军和德军在内的 200 多台坦克模拟仿真器。每台模拟仿真器作为计算机网络上的一个节点,这些分布式节点通过局域网和广域网连接在一起,也可通过卫星以远程网络方式连接在一起,可使用高逼真度视听方法参加相互的军事演习。借助于多模拟仿真器的节点连接,可在虚拟战场中以相互对抗和敌我双方部队对抗的方式训练其部队。

1992 年,美国陆军提出了"近战战术训练系统"(CCTT),投资 10 亿美元。它将利用许多先进的主干系统光纤网络并结合分布式交互仿真,建立一个虚拟作战环境,供单兵在人工合成环境中完成作战训练任务。这个由美国陆军主持的国防仿真网,通过局域网和广域网连接着从韩国到欧洲的约 65 个工作站,各站之间可迅速传递模型和数据。它包括"艾布拉姆斯"坦克、"布雷得利"战车、高机动多功能轮式运输车(HUMVEES)武器系统,使士兵能在虚拟环境的动态地形上进行作战。目前,美军正计划开发空军的任务支援系统(AFMSS)和海军的特种作战部队计划和演习系统(SOFPARS)。

1.4.5 实施诸军兵种联合演习

建立一个"虚拟战场",使参战双方同处其中,根据虚拟环境中的各种情况及其变化,"调兵遣将""斗智斗勇"。利用虚拟现实技术,根据虚拟环境中的各种情况及其变化,实施"真实的"对抗演习。虚拟军事演习系统可以任意增加联合演习的次数。这样便于作战方案与理论的研究。借助虚拟军事演习系统进行训练,就可以较小的代价、较短的时间实施大规模战区、战略级演习,并可通过多次演习或一次演习多种方案,发现、解决实战中可能出现的问题。

1994 年,美国陆军的"路易斯安娜 94"作战演习就是利用虚拟现实技术进行的。这次演习实现了基于虚拟现实技术、计算机图形学技术、人工智能等技术的战场态势的可视化表达,论证了美国陆军制定的条令、战术和部队编成,使之更加符合 21 世纪的作战要求,而且节约了经费近 20 亿美元。

美军联合司令部(USJFCOM)于 2002 年 7 月 24 日至 8 月 15 日举行大规模联合军事演习"千年挑战 2002"(Millennium Challenge 2002,MC02),目的是检验美国军事转型的进展,迎接未来安全挑战。演习引用了美军的作战模拟与军事仿真成果。美国军方精心筹划,依靠虚拟与真实技术的结合,创造出一个迄今为止最大的联合虚拟作战环境。演习以部队实战与计算机模拟作业相结合,野战演习有13500名官兵参加,另外还有70000名"官兵"的虚拟部队参加,后者的人数远远超过前者。演习将42个不同军种的模拟和仿真程序综合成一个复杂的综合系统,演习中虚拟攻击了1.5万个目标,并调用了"作战网络评估系统"对双方的力量对比做出详细研究,以充分对演习进行分析和评估,演习内容的80%是用计算机完成的。演习无论是虚拟的战场环境,还是使用的武器装备几乎都是5年以后的,许多武器装备还是在研制中的,或即将服役的。

"千年挑战2002"军事演习最显著的特点是,整个演习"实现了所有参与者通过全球指挥与控制系统对虚拟作战空间画面的共享"。它将先进的三维图像显示系统、多路传感器输入系统与"引导"的功能相结合,自动生成一个十分逼真的虚拟环境,使人产生一种身临其境的感觉。这一人机界面技术在军事上的应用:一方面开创了武器装备研制的新思路;另一方面提供了军事训练的新方法。运用建立在网络基础上的分布式虚拟现实系统,"使战场态势逼真得简直就像发生在眼前一样",可以创建大规模演练联合战役的"战争试验室"。

"千年挑战2002",利用虚拟现实的最新研究成果,建立了一个综合战场信息获取与传输、分析与查询、作战态势显示和指挥控制为一体的虚拟环境,大大提高了指挥员对战场信息的认知、分析能力,提高了作战指挥的效能,充分展示了战场态势可视化的概念、关键技术和试验途径。新的军事变革必须充分认识"虚拟实践"在"战争模拟"的作用。

1.4.6 武器装备的预先研究

武器装备的适用程度是直接影响到作战效果的一个重要方面,武器装备的适用包括两个方面:一方面是要最大限度地发挥该武器的效能;另一方面,它的操作应该简单适用。如果设计出一个新的武器,却无法实现操作者的虚拟实际操作,那么该武器在实际使用中可能存在的问题就无法发现。

在武器装备设计中应用虚拟现实技术主要有以下几个特点:

(1) 建立虚拟模型将减少或者消除对昂贵的实际模型所需要的费用。

(2) 通过综合虚拟模型的虚拟结果分析将使结果更加有效。

(3) 进行性能和人机工程方面的研究时,将允许人直接参与操作模拟。

(4) 对装配、制造和维修等工作进行虚拟仿真模拟,可在设计过程的最初阶段发现可能存在的缺陷和问题,减少不必要的浪费,进行模拟职业培训,提高使用者的适用性和技能。

虚拟现实技术在武器系统的研制中:一方面,可作为武器装备体系顶层设计的技术手段;另一方面,可避免武器装备在实际研制、生产和部署各阶段由于决策失误造成的资金浪费,缩短研制周期。虚拟现实系统可以对未来高技术局部战争的战场环境、武器装备的战术技术性能和战术使用等进行作战模拟,因而可预先进行选择对提高武器装备体系效能贡献大、耗资少、技术可行性强的武器系统进行重点开发。

由此可以看出,在未来的武器装备设计中,虚拟现实技术有着极其广泛的前景,我们可以相信,在将来的武器装备设计中,虚拟模型将会代替实际模型(图1.9),并以目前的虚拟现实集成 CAD 技术的优势而取代现有的设计方式。

图 1.9　武器装备设计与使用

1.4.7　三维数字沙盘

沙盘在军事、教学、旅游等许多领域有着广泛的应用,沙盘从开始发展到现在主要有传统沙盘和电子沙盘。传统沙盘通常是指人们根据实际地形按照一定比例制作的实物沙盘模型,因其能形象地显示实地地形地貌、敌我阵地的编成、兵力部署和武器配置等信息,常用于军事地形研究、敌我态势显示、作战方案的推演等活动,为军事指挥带来了极大的方便。

传统沙盘占地面积大,携带不方便,信息量小,表现内容有限且难以更新等特点,已不能适用当前科学管理和规划、决策的需求。尤其在军事应用方面,随着现代化战争的发展,传统沙盘已难以适应信息化条件下的作战指挥、军事演练等任务的需要。虚拟技术应用于军事沙盘领域,用声、光、电、色的各种变化,虚拟出作战地区的真实面貌,预览战场实况,掀开了指挥员和作战参谋人员及时了解战场、判断情况、定下决心和战场指挥新篇章,为指挥员提供了直观、形象、逼真的"第一手资料"。这种"虚拟现实沙盘"将会使未来战场更加立体、更趋透明,备受各国军事界的青睐。

美国是较早地将电子沙盘应用到军事领域的国家之一,例如由美国军方行为社会科学研究所研制的野外炮兵训练智能导航虚拟沙盘(The Virtual Sand Table：Intelligent Tutoring for Field Artillery Training)。

三维数字沙盘依据传统沙盘堆制原理,以真实空间数据为基础,结合现代先进的图形图像技术,构建逼真的三维地形环境。通过集成遥感、地理信息系统和三维仿真技术建立起来的电子沙盘具有传统沙盘和平面地图不可比拟的优势,首先,三维数字沙盘地形及地物信息表述准确、详细、直观;其次,电子沙盘携带方便,表现内容丰富,信息量大且易于更新等优点。在军事上,三维数字沙盘可以模拟地形地貌和显示战场态势信息,为作战指挥提供方便快捷的现代化实时手段。

在虚拟现实技术创造的三维空间内,将作战地区内的山川、河流、道路、隘口、桥梁、车站、机场等各种地形地貌映射到虚拟沙盘中(图 1.10)。它还可根据指挥员的需要对某一局部地区进行定帧放大,实施微观研究和局部分析,为指挥员实时了解战场态势,实施正确判断,定下战斗决心提供真实的"第一手"资料。

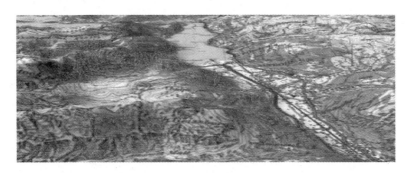

图 1.10 三维数字沙盘

1.4.8 在防灾减灾工程中的应用

长期以来,人类一直与洪水、火灾、地震等自然灾害进行着坚持不懈的斗争。由于自然灾害的原型重复试验几乎是不可能的,因而计算机仿真在这一领域的应用就更有意义。目前已有不少抗灾、防灾的模拟仿真系统制作成功,例如,洪水泛滥淹没区的洪水发展过程演示系统。该系统预先存储了泛滥区的地形地貌和地物,高程数据可确定等高线,只要输入洪水标准(如百年一遇的洪水)及预定河堤决口位置,计算机就可根据水量、流速区域面积及高程数据算出不同时刻的淹没地区,并在显示器和大型屏幕上显示出来。人们从屏幕上可以看到水势从低处向高处逐渐淹没的过程,这样对防洪规划以及遭遇洪水时指导人员疏散是很有作用的。又如,在火灾方面,对森林火灾的蔓延,建筑物中火灾的传播均已开发出相应的模拟仿真系统,这对消防工程起到了很好的指导作用。

虚拟现实技术在减灾、防灾仿真建模中的应用已在积极尝试之中。1993年,英国的Colt Virtual Reality 公司开发了 Vegas 火灾疏散演示设计模拟仿真系统。该系统是基于Dimension International 的 Superscape 虚拟现实系统而开发的,该系统的三维动画可以演示火灾时人员的疏散情况,并可以方便地修改各种参数。应用该系统对地铁、港口等典型建筑物火灾时的人员疏散情况进行了模拟仿真验证,取得了良好的效果。

该系统使用户具有沉浸感,让用户能够亲身体验火灾时的感受,根据用户的描述,研究火灾时人们的心理表现。另外,还可以进行消防人员救火抢险的模拟训练,疏散人群的模拟训练,而不必再采用真正点火的方法进行类似试验。通过普通用户的参与,培养大众在火灾到来时,能够具有良好的防灾意识,迅速离开火场或采取报警、救人等措施。

我们还可以利用虚拟现实技术建立其他抗灾、防灾的仿真模型,使社会具有一定的应变能力。

虚拟现实技术的核心是通过计算机产生一种如同"身临其境"的具有动态、声像功能的三维空间环境,而且使操作者能够进入该环境,直接观测和参与该环境中事物的变化与相互作用。具体表现在如下几个方面:

(1) 人—机界面具有三维立体感,人融于系统,人机浑然一体。

(2) 继承了现有计算机仿真技术的优点,具有高度的灵活性。因为它仅需通过修改软件中视景图像有关参数的设置,就可模拟现实世界中物理参数的改变,这样,随着任务的变化,已有的软件再经修改即可满足新任务的要求,所以十分灵活、方便。

(3) 突破环境限制。建立虚拟现实系统,通过虚拟的景象和声响就可以创造出未来的战争模式,据此展开的相应研究具有实际意义。

(4) 节省研究经费。采用虚拟现实技术,由于其研制周期较短,设计修改和改型仅通过软件修改实现,可重复使用,设备损耗低,这样可大大节省经费投入。

虚拟现实技术是运用计算机对现实世界进行全面仿真的技术,由于它能够创建与现实社会类似的环境,从而能够解决学习媒体的情景化及自然交互性的要求,从而有着极其巨大的应用前景。

第 2 章 新型人机接口设备

交互性是虚拟现实的"3I"特性之一。为了实现人与虚拟现实系统之间的交互,依靠传统的键盘与鼠标是达不到要求的,需要使用专门设计的人机接口设备把用户操作信息输入到计算机,同时把模拟过程中的反馈信息提供给用户。基于不同的功能和目的,当前有很多种人机接口设备用来解决人与虚拟现实系统的多感官通道的交互。例如,身体的运动状态可以由位置跟踪器或数据衣测量获得,手势可以通过数据手套进行识别,视觉反馈可以发送到立体显示设备中,虚拟声音可以通过三维声音设备得到,等等。在这些输入/输出设备中,有些已经是可以购买的成熟商业产品,有些还仅仅是原型系统。

2.1 虚拟现实系统中人机接口系统的构成

为了实现虚拟现实的沉浸性和交互性,虚拟现实系统必须具备人体的感官特性,包括视觉、听觉、触觉、味觉、嗅觉等,同时虚拟现实系统还要能判断出与虚拟世界进行交互角色的空间位置,这些角色包括人、动物、车等可以自主移动的物体。为了增强虚拟现实的逼真性,虚拟现实系统中输入设备和输出设备应具有较高的分辨率和较低的时延,这样输入到虚拟现实系统中的人体运动或操作才具有连贯性和位置的准确性,系统输出的图像、声音、触觉和力反馈才具有真实感。

虚拟现实中常用的人机接口设备分为输入设备和输出设备(图 2.1),输入设备有位置跟踪设备、数据手套、数据衣、三维鼠标、三维扫描仪等,输出设备有立体显示设备、三维声音设备、触觉和力反馈设备等。

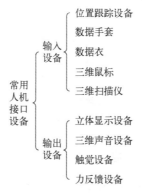

图 2.1 常用人机接口设备

(1) 位置跟踪设备:确定人体运动的位置和方向,跟踪和检测人体的动作;
(2) 数据手套:确定手指、手掌和手腕的位置和方向,识别人的手势;

（3）数据衣:测量肢体的全身运动,探测和跟踪人体的所有动作;

（4）三维鼠标:完成在虚拟空间中6个自由度的操作,让用户感受到在三维空间中的运动;

（5）三维扫描仪:快速地将真实的物体转换为计算机能直接处理的数字信号;

（6）立体显示设备:为用户提供虚拟现实中的立体场景;

（7）三维声音设备:产生逼真的三维听觉效果;

（8）触觉设备:提供人与物体对象接触所得到的感觉,包括物体表面的形状以及压感、振动感、刺痛感等;

（9）力反馈设备:给用户提供与物体接触时的接触力、表面柔顺、物体重量等信息。

2.2 三维定位跟踪设备

为实现人与虚拟现实系统的交互,在虚拟现实系统中必须确定用户的头部、手、身体等的位置与方向,准确地跟踪测量用户的动作,将这些动作实时检测出来,以便将这些数据反馈给显示和控制系统。这样随着人体的运动和操作,虚拟现实系统中的场景、声音等也将实时进行变化,产生出逼真的效果。

虚拟现实系统的输入设备采集人体的运动信息,得到用户的位置与方向等信息。虚拟现实系统的输入设备主要分为两大类:一类是基于自然的交互设备,用于对虚拟世界信息的输入;另一类是三维定位跟踪设备,是虚拟现实系统中关键的传感设备之一,它的任务是检测位置与方位,并将其数据输入给虚拟现实系统。

三维定位跟踪设备在虚拟现实系统中最常见的应用是跟踪用户的头部位置与方位来确定用户的视点与视线方向,而视点位置与视线方向是确定虚拟世界场景显示的关键。

要检测用户的头在三维空间中的位置和方位,一般要跟踪6个不同的运动方向,即沿 X、Y、Z 坐标轴的平动和沿 X、Y、Z 轴方向的转动。由于这几个运动都是相互正交的,因此共有6个独立变量,即三维对象的宽度、高度、深度、俯仰角、滚动角和偏航角,称为六自由度(DOF),用于表示物体在三维空间中的位置与方位,如图2.2所示。

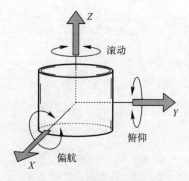

图2.2 六自由度示意图

到目前为止,常用的三维定位跟踪设备从原理上可分为电磁式、声学式、光学式、机械式和惯性式。这几种三维定位跟踪设备各有优缺点,为克服各自的缺点,便于更广泛地应用和提高定位跟踪的精确性和实时性,也可采用两种或两种以上的不同三维定位跟踪设备进行综合。

2.2.1 电磁跟踪设备

这是一种最常用的跟踪设备,其应用较多且相对较为成熟。电磁跟踪设备的原理就是利用磁场的强度进行位置和方位跟踪。它一般由3个部分组成:一个电子控制部件、几个发射器及与之配套的接收器。由发射器发射电磁场,接收器接收到这个电磁场后,转换成电信号,并将此信号送到控制部件,控制部件经过计算后,得出跟踪目标的数据。多个信号综合后可得到被跟踪物体的6个自由度数据。

根据所发射磁场的不同,电磁跟踪设备可分为交流电磁跟踪设备与直流电磁跟踪设备。

1. 交流电磁跟踪设备

在这种跟踪设备中,交流电发射器由3个互相垂直的线圈组成,当交流电在3个线圈中通过时,就产生互相垂直的3个磁场分量,在空间传播。接收器也由3个互相垂直的线圈组成,当有磁场在线圈中变化时,就在线圈上产生一个感应电流,接收器感应电流强度与其距发射器的距离有关。通过电磁学计算,就可以从这9个感应电流(3个感应线圈分别对3个发射线圈磁场感应产生的9个电流)计算出发射器和接收器之间的角度和距离。交流电磁跟踪设备的主要缺点是易受金属物体的干扰。由于交变磁场会在金属物体表面产生涡流,使磁场发生扭曲,导致测量数据的错误。虽然这个问题可通过硬件或软件进行校正来解决,但因此会影响设备的响应性能。

2. 直流电磁跟踪设备

金属物体在磁场从无到有或从有到无的跳变瞬间才产生感应涡流,而一旦磁场稳定了,金属物体就没有了涡流,也就不会对电磁跟踪设备产生干扰。为减少涡流的影响,人们开发出了一种只在测量周期开始时产生涡流而在稳定状态下涡流衰减到零的直流电磁跟踪设备,使跟踪精确得到了大幅提高。在直流电磁跟踪设备中,电流的大小由发射器的发射范围控制,而发射范围是由跟踪器位置的输出决定的,这就进一步确保了跟踪器在较大范围内的高灵敏度。

在这种跟踪设备中,直流电发射器也是由3个互相垂直的线圈组成。不同的是它发射的是一串脉冲磁场,即磁场瞬时从零跳变到某一强度,再跳变回零,如此循环形成一个开关式的磁场向外发射。感应线圈接收这个磁场,再经过一定的处理后,就可像交流电磁跟踪设备一样得出跟踪物体的位置和方向。直流电磁跟踪设备能避免金属物体的干扰。

电磁跟踪设备的突出优点是体积小,不影响用户自由运动,电磁传感器没有遮挡问题,价格低,精度适中,采样率高,工作范围较大,可以用多个电磁跟踪设备跟踪整个身体的运动,并且增加跟踪运动的范围。但也存在着一些问题:电磁传感器易受干扰;鲁棒性不好;因磁场变形引起误差,测量距离加大时误差增加,从而导致测量精度降低(图2.3);时间延迟较大;有小的抖动。

大多数手的跟踪都采用电磁跟踪系统,主要是手可以伸缩、摇晃,甚至被隐藏,而不会影响其使用,但其他跟踪技术难以适应。另外,跟踪系统体积较小,不会妨碍手的各种运动。第一个使用电磁跟踪设备的数据手套是 VPL DataGlove,它使用 Polhemus Isotrack 电磁跟踪设备获得手腕的六自由度运动信息,如图2.4所示。

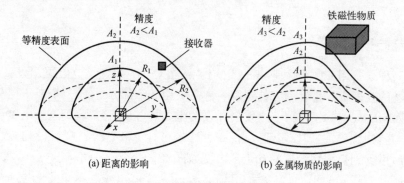

图 2.3 电磁跟踪设备的精度影响

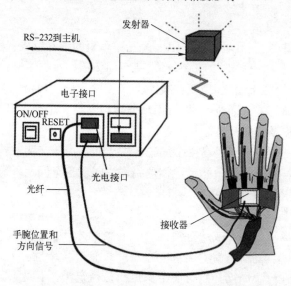

图 2.4 VPL DataGlove 中的 Polhemus Isotrack 交流电磁跟踪设备

目前,销售电磁跟踪设备的两个主要公司是 Polhemus 和 Ascension。Fasttrak 是 Polhemus 的交流电磁跟踪设备的主要产品,它的精度为 0.76mm 和 0.15°,标准发射源的测量范围为 1.52m,大范围发射源的测量范围可达 3.0m,总采样率达 120Hz(每个接收器的采样率随接收器的数目增加而降低),延迟为 4ms。一个系统可 4 个 Fasttrak 级联,最多使用 16 个接收器。Flock of Birds 是 Ascension 的直流电磁跟踪设备的高端产品,它的精度为 1.8mm 和 0.5°,测量范围可达 1.2m,大范围发射源的测量范围可达 3.0m,每个接收器的采样率达 144Hz(最多可有 30 个接收器),延迟为 30ms。

2.2.2 声学跟踪设备

声学跟踪技术是所有跟踪技术中成本最低的。从声学跟踪技术的理论上讲,可听见的声波也是可以使用的。而采用较短的波长可以分辨较小的距离,但从 50~60kHz 开始,空气衰减随频率增加很快加大。在高超声频率,难以找到全向发射器,而且话筒昂贵,并要求工作在高电压状态。一般多数系统用 40kHz 脉冲,波长约 7mm。由于使用的是超声波(20kHz 以上),人耳是听不到的,所以声学跟踪设备有时也称作超声波跟踪设备。

超声波跟踪设备与电磁跟踪设备类似,也是由发射器、接收器和电子单元三部分组成,所不同的是它的发射器由3个超声扬声器组成,安装在一个稳固的三角架上。接收器也是由安装在一个稳固的小三角架上的3个话筒组成的。三角架放置在头盔显示器的上面,如图2.5所示。当然,接收话筒也可以安装在三维鼠标、数据手套等输入设备上。由于它们的简单性,超声波跟踪设备成为电磁跟踪设备的廉价替代品。

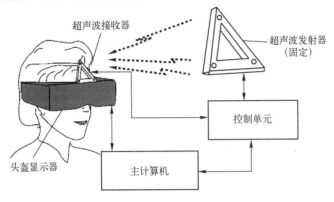

图2.5 Logitech 超声波跟踪设备

在虚拟现实系统中,主要采用测量飞行时间法或相位相干法这两种声音测量原理来实现物体的跟踪。

1. 测量飞行时间法

声速与室内气温变化之间的关系式为 $c = 167.6 + 0.6T_k$,式中 c 为声速(m/s),T_k 为热力学温标计量的空气温度。在给定温度下,声速是已知的,可以通过声音传播的时间来测量距离。超声波跟踪设备的测量是基于三角测量法,即3个扬声器周期性地逐个激活,计算它到3个接收器话筒的距离。这样,为了确定3个话筒所在平面的位置和方向,共需测量9个距离值。控制单元对话筒进行采样,并根据校准常数将采样值转换成位置和方向,然后发送给主计算机,用于更新虚拟环境。超声波跟踪设备的数据更新率约为50次/s,不到现代电磁跟踪设备的1/2。数据更新率之所以慢,是因为在新的一次测量开始之前,要等待前一次测量的回声消失,约需要5~100ms。超声波跟踪设备的工作范围取决于声波信号在空气中传播时的衰减。超声发射器的典型工作范围为1.52m,但是在相对比较潮湿的空气中,这个值还会降低很多。

2. 相位相干法

相位相干法是在各个发射器发出高频的超声波时测量到达各个接收点的相位差,由此得到点与点的距离,再由三角运算得到被测物体的位置。由于发射的声波是正弦波,发射器与接收器的声波之间存在相位差,这个相位差也与距离有关。相位相干法通过测量超声传输的相位差来确定距离。它是增量测量法,它测量的是这一时刻的距离与上一时刻的距离之差(增量),因此有误差积累问题。绝对距离必须在初始时由其他设备校准。

3. 大距离超声波跟踪

某些应用需要给用户提供一个比较大的活动空间,可能会超出一个发射器的工作范围。这种情况下的解决方案是让多个发射器和一个接收器空分多路复用。在放置发射器时,必须让它们的圆锥形跟踪空间部分重叠(图 2.6)。为了避免互相干扰,在任何时候都只能打开一个发射器。因此,主计算机必须明确接收器在哪里,并且让相应的发射器一起处于开的状态,直到切换到相邻的发射器,如此往复。此外,不需要为每个发射器使用一个控制盒,更经济的一种办法是在控制盒上添加一个由计算机控制的开关盒。只有当计算机控制给开关加电后,盒中发射器 1 的开关才会关闭,并切换到发射器 2。这个方案可以进一步扩展到使用多个发射器的情况。计算机根据预测控制激活开关盒,也就是说,根据接收器的位置、速度和加速度预测下一次应该打开哪个开关。为了避免在重叠区域几个开关陷入循环状态,还应该提供一定的滞后作用。

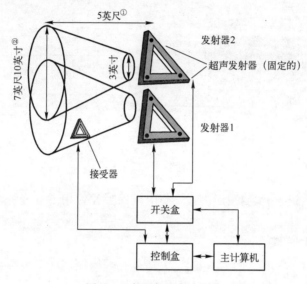

图 2.6 大距离超声波跟踪

声学跟踪设备的优点是不受电磁干扰,不受临近物体的影响,轻便的接收器易于安装在头盔上,与电磁跟踪设备相比更便宜和工作范围更大。但也有一定的缺点:工作范围还是有限,信号传输不能受遮挡,受到温度、气压、湿度的影响(改变声速造成误差),受到环境反射声波的影响,飞行时间法通常采用较低的采样率、分辨率,相位差法每步的测量误差会随时间积累,在大范围内工作效果很好。

2.2.3 光学跟踪设备

光学跟踪设备是一种非接触式的位置跟踪设备,使用光学感知来确定运动物体的实时位置和方向。

与超声波跟踪设备类似,光学跟踪设备基于三角测量,要求畅通无阻,并且不受金属物质的干扰。但是,光学跟踪设备比超声跟踪设备具有明显的优势。由于光的传播速度远远大于声波的传播速度,因此光学跟踪设备具有较高的更新率和较低的延迟。另外,它们还具有较大的工作范围,这对于现代虚拟现实系统来说是非常重要的。

---

① 1 英尺=0.3048m。
② 1 英寸=2.54cm。

如果光学跟踪设备的感知部件,如电荷耦合装置(CCD)照相机、光敏二极管或其他光传感器是固定的,被跟踪物体上装有一些能发光的主动标记或不发光的被动标记,感知部件从外面观测物体上的标记的运动变化,从而得出物体的运动状况,那么这种跟踪设备称为从外向里看的跟踪设备(图2.7(a))。位置测量可以根据感知部件获得的标记图像和发光信息直接进行,方向可以从位置数据中推导出来。跟踪设备的灵敏度随着用户身上的标记之间距离的增加和用户与照相机之间距离的增加而降低。

从里向外看的光学跟踪设备(图2.7(b))是在被跟踪物体上安装感知部件观测固定的能发光的主动标记或不发光的被动标记,从而得出自身的运动状况,就好像人类从观察周围固定景物的变化得出自己身体位置变化一样。它对于方向上的变化是最敏感的,因此在HMD的跟踪中非常有用;它的工作范围在理论上是无限远的,因此对墙式和房间式图形显示设备来说非常有用。

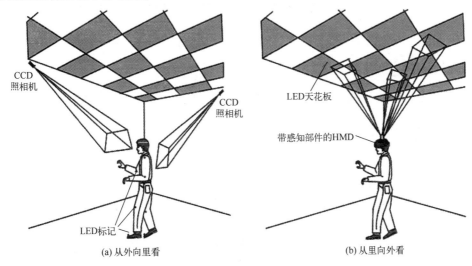

图2.7 光学跟踪设备的布设示意图

从内向外看跟踪设备比从外向内看跟踪设备更容易支持多用户作业,因为它不必去分辨两个运动物体的图像。但从内向外看跟踪设备在跟踪比较复杂的运动,尤其是像手势那样的复杂运动时就很困难,所以数据手套上的跟踪设备一般还是采用从外向内看的结构。

从外向里看的光学跟踪设备不仅用于虚拟现实中,现在还大量地运用于动画制作和生物力学的运动捕获中。图2.8所示为将标记安装在表演者身上,通过从外向里看的光学跟踪设备获取表演者的动作,再由计算机分析表演者的动作后产生动画中人物的动作效果。

光学跟踪设备最显著的优点是速度快,它具有很高的数据更新率,因而很适用于实时性强的场合。在许多军用的虚拟现实系统中都使用光学跟踪系统。

光学跟踪设备的缺点主要就是它固有的工作范围和精确度之间的矛盾带来的。在小范围内工作效果好,随着距离变大,其性能会变差。通过增加发射器或增加接收传感器的数目可以缓和这一矛盾。但这也增加了成本和系统的复杂性,会对实时性产生一定影响。光学跟踪设备容易受视线阻挡的限制。如果被跟踪物体被其他物体挡住,设备就无法准确地工作,这个缺点对手的跟踪是很不利的。另外,它常常不能提供角度方向的数据,而

只能进行 X、Y、Z 坐标轴上的位置跟踪,并且价格昂贵,一般在航空航天等军事系统中使用。

图 2.8　从外向里看的光学跟踪设备应用在动画制作中

2.2.4　机械跟踪设备

机械跟踪设备由一个串行或并行的运动结构组成,该运动结构由多个带有传感器的关节连接在一起的连杆构成,如图 2.9 所示。

机械跟踪设备的工作原理是通过机械连杆装置上的参考点与被测物体相接触的方法来检测其位置变化。它通常采用刚体结构,通过把一个端点固定在桌子或地板上,把另一个端点参考点与运动物体相接触。机械跟踪设备的关节中的测量传感器一般采用角度传感器,根据角度传感器所测得的角度变化和连杆的长度,可以得出连杆参考点在空间中的位置和运动轨迹。

对于一个六自由度的机械跟踪设备,机械结构上必须有 6 个独立的机械连接部件,分别对应 6 个自由度,将任何一种复杂的运动用几个简单的平动和转动组合表示。

X-IST 的 FullBodyTracker 是一种颇具代表性的由运用机械跟踪设备构成的机械式运动捕捉产品,如图 2.10 所示。

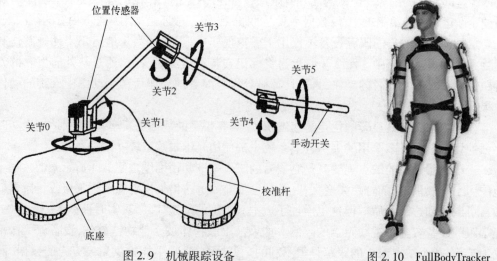

图 2.9　机械跟踪设备　　　　　　图 2.10　FullBodyTracker

与其他跟踪设备相比,机械跟踪设备是一个精确而响应时间短的系统,它不受声、光、电磁波等外界的干扰,也没有视觉阻挡问题。另外,它能够与力反馈装置组合在一起,因此在虚拟现实应用中更具有应用前景。

机械跟踪设备缺点也非常明显,最明显的一点是由于机械臂的尺寸限制,它们的工作范围有限,而且在不大的工作空间中还有一块中心地带是不能进入的(机械系统的死角)。使用起来不方便,机械结构对用户的动作阻碍和限制很大。几个用户同时工作时也会相互产生影响。

2.2.5 惯性跟踪设备

惯性跟踪设备是一个使用微机电(MEMS)系统技术的固态结构。运动物体方向(或角速度)的变化率由科里奥利陀螺仪测量。将3个这样的陀螺仪安装在互相正交的轴上,可以测量出偏航角、俯仰角和滚动角的角速度,角速度积分一次后就可以得到物体的方向。惯性跟踪设备器使用固态加速计测量平移速度的变化(或加速度)。测量运动物体的加速度需要3个共轴的加速计和陀螺仪。知道了被跟踪物体的方向(从陀螺仪的测量数据得到),减去重力加速度,就可以计算出世界坐标系中的加速度。被跟踪物体的位置通过加速度对时间的二重积分和已知的起始位置(校准点)计算得到。

惯性跟踪设备具有无源操作、设备轻便的优点。在跟踪时,不怕遮挡,没有视线障碍和环境噪声问题,没有外界干扰,理论上的操作范围可以无限大,抖动(传感器噪声)很小。即使有一点儿抖动,也可以通过积分过滤掉,不需要花费额外的时间进行滤波,因此时延较小。

惯性跟踪设备有一个明显的缺点,即快速累积误差(或偏差)。由于积分的缘故,任何一个陀螺仪的偏差都会导致跟踪的方向错误随时间线性增加;加速计的偏差会导致误差随时间呈平方关系增加。如果计算位置时使用了有偏差的陀螺仪数据,则问题会变得更复杂。惯性传感器还存在的缺点包括重力场使输出失真、测量的非线性(由于材料特性或温度变化)、角速度计敏感震动、难以测量慢速的位置变化、重复性差。

尽管可以使用基于陀螺(用于获得方向信息)和加速计(用于计算从起始点开始的距离)的传感器来测量完整的六自由度的位置变化,但由于加速计提供的是相对测量值,而不是绝对测量值,系统的错误会随时间累加,从而导致信息不正确。因此,在实际的虚拟现实应用中,这类跟踪设备仅用于方向的测量。

在虚拟现实系统中应用纯粹的惯性跟踪设备还有一段距离,但将惯性系统与其他成熟的应用技术结合,用来弥补其他跟踪系统的不足,是很有潜力的发展方向。如在高性能HMD中的跟踪应用组合惯性传感器与其他技术的混合系统,它要求精度和快速动态响应。推荐的组合是全惯性方向跟踪以及混合的惯性-声学位置跟踪。

InterSense公司提供IS300运动跟踪器和InterTrax等惯性跟踪设备,如图2.11所示。IS300使用固态惯性测量单元(称为InertiaCube)。InterTrax是实时的头部三维方向跟踪器,它使用角速度计,积分得到角。它还采用磁罗盘和重力计,防止陀螺漂移的积累。

(a) IS300　　　　　(b) InterTrax

图 2.11　惯性跟踪设备

2.2.6　综合跟踪设备

为弥补单一技术跟踪设备存在的不足,为获得更好的性能、更高的精度、更大的使用范围,在虚拟现实系统中,使用两种或两种以上位置测量技术的综合跟踪设备来跟踪运动物体。

综合跟踪设备总是利用一种跟踪设备的优点,去克服另一种跟踪设备的缺点。典型的综合跟踪设备由超声和惯性传感器组成,包括:安装在天花板上的超声发射器阵列,3个超声接收器,用于超声信号同步的红外触发设备,加速度计和角速度计,计算机。这种混合是为了达到更高的精度和更低的延迟。混合跟踪的关键技术是传感器融合算法,如采用卡尔曼滤波。

角速度陀螺得到的角速度,经积分一次得到物体的方向。这些方向角也用于测量的加速度信号的坐标变换。此外,重力对线性加速度的影响也应该消除。得到的加速度经过两次积分,给出位置。

超声传感器使用时间法或相位法,测量各发射器到各接收器的距离。由于由惯性传感器已知物体大致的位置,所以可以确定是否可接受超声测量的位置。如果接受超声测量的位置,则用扩展的卡尔曼滤波补偿惯性传感器的积分漂移。

超声传感器延迟较大,精度不高,噪声中等,不能遮挡,工作空间有限。这种超声系统不适于在大范围跟踪多目标。惯性系统则可以做全身跟踪,且延迟很小。

综合跟踪设备的系统结构如图 2.12 所示。图中上半部分为惯性传感器,下半部分为超声传感器。

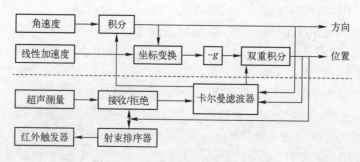

图 2.12　综合跟踪设备的系统结构

惯性跟踪设备的主要问题是积分误差。在综合跟踪设备中,利用超声跟踪设备的输出,定时校对惯性跟踪设备的输出。

综合跟踪设备的优点是改进更新率、分辨率及抗干扰性(由超声补偿惯性的漂移),可以预测未来运动达 50ms(克服仿真滞后),快速响应(更新率 150Hz,延迟极小),无失真(无电磁干扰)。

综合跟踪设备的缺点是工作空间受限制(大范围时超声不能补偿惯性的漂移),要求视线不受遮挡,受到温度、气压、湿度影响,六维的跟踪要求 3 个超声接收器。

InterSense 提供综合跟踪设备 IS-600,如图 2.13 所示,它使用惯性和超声传感器,以及传感器融合算法,提供六维的位姿跟踪,可以预测未来 50ms 的运动。

图 2.13　综合混合跟踪设备 IS-600

2.2.7　跟踪设备的性能指标

所有的三维位置跟踪设备,无论采用的是什么技术,都有一些很重要的性能参数,包括精度、抖动、偏差、延迟和更新率等。

1. 精度

跟踪设备的精度指对象真实的三维位置与跟踪设备测量出的三维位置之间的差值。

跟踪设备越精确,这个差值就越小,跟踪用户实际动作的效果就越好。对于平移和旋转运动,需要分别给出跟踪精度(单位分别为毫米和度)。精度通常不是一成不变的,而是随着离坐标系原点的距离的增加而降低。跟踪设备的工作范围可以定义为在多远的距离以内跟踪设备的精度是用户可接受的。

2. 抖动

跟踪设备的抖动指当被跟踪对象固定不变时,跟踪设备输出结果的变化。

如果被跟踪对象是固定的,那么没有抖动(并且没有偏差)的跟踪设备应该测量出一个常数值。抖动有时也称为传感器噪声,它使得跟踪设备数据围绕平均值随机变化。应该设法使跟踪设备的抖动尽可能地小,否则它会严重影响图像质量(如虚拟对象出现振动和跳动等)。有噪声时,跟踪设备很难获得正确的测量值。

3. 偏差

跟踪设备的偏差指跟踪设备随时间推移而累积的误差。

随着时间的推移,跟踪设备的不精确度不断增长,从而使数据越来越没用。因此需要使用一个没有偏差的间接跟踪设备周期性地对它进行零位调整,以便控制偏差,这是一种典型的混合跟踪设备。

4. 延迟

延迟是动作与结果之间的时间差。对跟踪设备来说,延迟是对象的三维位置的变化与跟踪设备检测这种变化之间的时间差。

仿真中需要尽量小的延迟,因为大的延迟在仿真中有非常严重的负面效应。延迟比较大的跟踪设备会带来很大的时间滞后,例如,在头盔的运动与用户所看到的虚拟场景的运动之间存在很大的时间滞后,这种时间上的滞后会导致"仿真病",包括头痛、恶心和疲劳。用户感受到的是总延迟,或者说系统延迟,包括跟踪设备测量对象位置变化的延迟,跟踪设备与主计算机之间的通信时间延迟,以及计算机绘制和显示场景所需的时间。

5. 更新率

跟踪设备的更新率指跟踪设备每秒报告测量数据集的次数。

跟踪设备的更新率越高,仿真系统的动态响应能力就越强。跟踪设备的更新率一般介于30个/s数据集到144个/s数据集之间,具体取决于所使用的跟踪技术。如果使用同一个跟踪设备测量多个移动对象,采样率会受多路复用的影响。

跟踪设备的性能指标还可以包括:是否无线操作、能否同时跟踪多个目标、抗干扰性等。从前面介绍的几种跟踪设备中可以看出,每种跟踪设备各有优缺点,因此用户在选用时应根据应用环境、性能要求以及价格等因素进行综合考虑。表2.1所列为几种常用跟踪设备比较。

表2.1 几种常用跟踪设备比较

类型	发射源	便携	精度	价格	刷新率	延迟	范围	干扰源
机械式	无	差	很高	较高	高	很小	很小	无
磁场式	有	好	较高	较低	较高	较大	单传感器小 多传感器大	金属及磁场
超声式	有	较好	时间法低 相位法高	很低	时间法低 相位法高	小	较小	空气流动和 超声噪声
光学式	有	较好	较高	昂贵	高	小	大	光反射和红外光源
惯性式	无	好	较低	昂贵	很高	较小	较大	随时间和温度漂移

2.3 数字化输入设备

在虚拟现实系统中,跟踪的运动物体可以是现实中的任何一种可移动物体,如人、动物、汽车、飞机等。汽车、飞机等刚性物体的跟踪相对比较简单,只要知道刚性物体中任一点在空间中的位置,其他点的位置就可以通过几何变换得到。人和动物是柔性物体,如果仅仅知道人体任一部位的空间位置,并不能知道其他部位在空间中的位置。利用一个六自由度的跟踪设备就可实现对刚性物体的跟踪,而柔性物体的跟踪则需要采用较多的六自由度跟踪设备才能实现。

在虚拟现实系统中,并不是跟踪设备运用越多越好:一方面是跟踪设备越多系统成本越高;另一方面受跟踪设备自身性能的限制,实时性无法达到要求。根据实现的任务不同,跟踪物体的部位和输出结果也会不同。例如,跟踪头部运动可以只包含三自由度的定位信息,或者三自由度的方向信息,或者六自由度位置信息。手是人体中最灵活的部位,一只手的5个手指就有14个关节,可以变化出不同的手势。一般不采用前面所讲述的位置跟踪设备跟踪每一个手指关节运动,而是通过数据手套跟踪手指的运动,得到不同的手势。

虚拟现实系统中,除了位置跟踪设备外,还有数据手套、浮动鼠标器、力矩球、数据衣等输入设备。

2.3.1 数据手套

手是我们与外界进行物理接触及意识表达的最主要媒介,在人机交互设备中也是如此,基于手的自然交互形式最为常见,相应的数字化设备很多,在这类产品中最为常见的就是数据手套。

数据手套是虚拟现实系统常用的人机交互设备,数据手套通过手指上的弯曲、扭曲传感器和手掌上的弯度、弧度传感器,确定手及关节的位置和方向。当操作者戴着数据手套运动时,从数据手套控制器可以输出手指各关节的位置信息,再通过软件编程对这些信息进行处理,可进行虚拟场景中物体的抓取、移动、旋转等动作,也可以利用它用作一种控制场景漫游的工具。在虚拟装配和医疗手术模拟中,数据手套是不可缺少的一个组成部分。

目前,主要的数据手套是用于测量每个手指相对于手掌的位置。各种数据手套之间的主要区别是:所使用的传感器的类型、给每个手指分配的传感器的数目、感知分辨率、手套的采样速度以及它们是无限的还是有范围限制的。

最早的数据手套是由VPL公司于1987年开发的,称为DataGlove。现在比较著名的数据手套产品有:CyberGlove数据手套、5DT数据手套、Pinch数据手套、Didjiglove数据手套等。它们都使用传感器测量某些(或全部)手指关节的角度。有些产品还内置了跟踪器,以测量用户的手腕运动。

1. DataGlove 数据手套

至今应用最多的数据手套是VPL公司的DataGlove数据手套,它也是第一个推向市场的。DataGlove使用光纤作为传感器,用于测量手指关节的弯曲和外展角度,光纤安装在轻便且有弹性的莱卡手套上。采用光纤作为传感器是因为光纤较轻便、结构紧凑,可方便地安装在手套上,并且用户戴上手套感到很舒适。DataGlove还使用位置传感设备用于三维空间中手掌的位置检测,如图2.14所示。

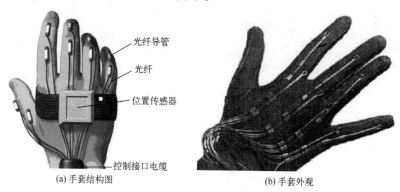

(a) 手套结构图   (b) 手套外观

图 2.14　DataGlove 数据手套

DataGlove 的手指的每个被测关节上都有一个光纤环。光纤经过塑料附件安装,使之随着手指的弯曲而弯曲。光纤环的一端与光电子接口的一个红外发射二极管相接,作为光源端;另一端与一个红外接收二极管相接,检测经过光纤环返回的光强度。当手指伸直(光纤是直的)时,因为圆柱壁的折射率小于中心材料的折射率,传输的光线没有被衰减;当手指弯曲(光纤呈弯曲状态)时,光纤壁改变其折射率,在手指关节弯曲处会逸出光纤,光的逸出量与手指关节的弯曲程度成比例,这样测量返回光的强度就可以间接测出手指关节的弯曲角度。

为了适应不同用户手的大小,DataGlove 有 3 种尺寸:小号、中号和大号。因为用户手的大小不同,导致手套戴在手指上松紧程度不一样。为了能让通过测量得到的光强数据计算出的关节弯曲程度更为准确,每次使用数据手套时,都必须进行校正。所谓手套校正就是把原始的传感器读数变成手指关节角的过程。

2. CyberGlove 数据手套

CyberGlove 是另一种手套,它也使用线性传感器,可以减小 DataGlove 固有的传感器问题。1992 年底,VPL 公司倒闭,CyberGlove 已经取代了 DataGlove。

CyberGlove 把很薄的应变电测量片放在弹性的尼龙合成材料上。手掌区(和某些模型的指尖)不覆盖这种材料,以便透气,并允许通常的活动,如打字和写字等。这样一来,手套就很轻并容易戴。

每个关节的弯曲角由一对应变片的阻值变化间接测量。在手指运动时,一个应变片受压,另一个应变片受拉。它们的电阻变化就造成电桥上电压的变化。手套上每个传感器有一个电桥电路。这些差分电压由模拟多路扫描器(MUX)进行多路传输,再放大并由模/数(A/D)转换器数字化。数字化的电压被主计算机采样,再经过校准程序得到关节角度。关节零位的位置可以用硬件改变(利用偏置电位计),也可以用软件改变(利用图形接口),如图 2.15 所示。

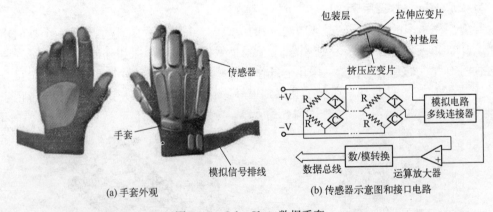

图 2.15 CyberGlove 数据手套

手套的传感器或者是矩形的(用于弯曲角),或者是 U 形的(用于外展-内收角)。对弯曲有 16~24 个传感器(每个手指 3 个),对外展-内收角 1 个传感器,再加上拇指及小指的转动,以及手腕的偏转和俯仰。传感器的分辨力是 0.5°,并在整个关节运动范围内保持不变。

数据手套使用时,连续使用是十分重要的,很多的数据手套都存在着易于外滑,需要经常校正的问题,这是比较麻烦的事,而 Cyberglove 的输出仅依赖于手指关节的角度,而与关节的突出无关。传感器的输出与关节的位置无关,因此每次戴手套时,校正的数据不变。传感器的输出与弯曲角度成线性关系,因此对关节弯曲极点分辨力也不会下降。

由于 CyberGlove 数据手套使用了大量的传感器,具有良好的编程支持,并且可以扩展成更加复杂的触觉手套,目前它已成为高性能手部测量仪器事实上的标准。

3. 5DT 数据手套

5DT 数据手套使用的传感器与早期的 VPL 公司的 DataGlove 数据手套中集成的传感器非常类似。每个手指都固定有光纤回路,允许由于手指弯曲而产生微小的平移。5DT 数据手套的 16 个选项中还为小关节以及外展和内收提供了传感器。在 5DT 数据手套最简单的配置中,每个手指都配有一个传感器,另外还有一个倾斜传感器用于测量手腕的方向。随着电子技术和小型化技术的进步,接口电路放置在用户腕部的一个小盒中,如图 2.16 所示。

图 2.16　5DT 数据手套

此外,5DT 数据手套也可以采样无线连接,能达到 20m 的无线通信距离,大大增强了用户的工作范围。无线接收器每秒可获得 100 个采样值(来自手指和倾斜传感器的数据),然后发送给主计算机,计算机处理后得到手的动作。为了使无线通信不互相干扰,左手和右手手套使用不同的频率。手套为可伸缩的合成弹力纤维制造,可以适合不同大小的手掌。

2.3.2　浮动鼠标器

普通鼠标只能感受在平面的运动,而浮动鼠标器则可能让用户感受到在三维空间中的运动。浮动鼠标器可以完成在虚拟空间中六自由度的操作,其工作原理是在鼠标内部装有超声波或电磁发射器,利用配套的接收设备可检测到鼠标在空间中的位置与方向,与其他设备相比,成本较低。

1. 电磁浮动鼠标器

电磁浮动鼠标器采用了一个像台球的东西,球体内被挖空了,里面装了一个三维电磁传感器。球下面有一个小平面,置于桌面并不会滚动。球上有一个小开关,它可被揿下以选择对象;也可把这个球握在手中,球的运动将被转换到虚拟空间中的物体运动或光标的运动,如图 2.17 所示。电磁浮动鼠标器用于短时间的导航或操作是非常有效的。

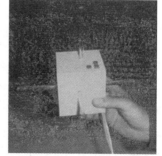

图 2.17　电磁浮动鼠标器

2. 超声浮动鼠标器

如果使用计算机辅助设计系统去建造一个三维的模型,这种既可用于二维又可用于三维的鼠标将是很有用。例如,可以用二维鼠标及普通的显示器在模型正面的一些平面上工作,如果想转动这个模型去看它的背面时,可以用立体显示装置并转换到三维鼠标以获得空间的确切位置。这种系统并不复杂,仅在标准的鼠标上增加了超声波位置传感器。这种鼠标包括两部分:第一部分是放在桌面上鼠标前面的一个三脚架构件,3个超声波发射器安装在上面;第二部分是一个标准鼠标,前面安装3个超声波接收器。这些接收器从发射器得到50Hz的脉冲信号,这些脉冲为计算机提供鼠标的具体位置信息。图2.18所示为罗技公司的超声浮动鼠标器。

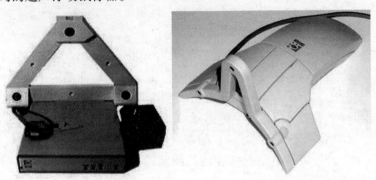

图2.18 超声浮动鼠标器的超声波发射器和鼠标超声波接收器

这种设备有着和标准桌面鼠标一样的功能。但是,当将它提起离开桌面时,该系统在三维空间跟踪鼠标的位置及方向,可以在屏幕上或立体显示器中的三维空间里操作。计算机软件必须与这种装置的使用相匹配。不少软件公司提供各种用于二维、六自由度鼠标的软件,使三维鼠标的控制变得相当方便。

2.3.3 力矩球

力矩球也称为空间球,是一种可提供六自由度的外部输入设备。力矩球安装在带有几个按键的固定底座上,转动、挤压、拉伸或来回摇摆这个小球,就能控制虚拟场景做自由漫游,或控制场景中某个物体的空间位置及其方向。

力矩球通常使用发光二极管(LED)来测量力。力矩球的中心是固定的,并装有6个发光二极管(LED),这个球有一个活动的外层,也装有6个相应的光接收器。它采用发光二极管和光接收器,通过装在球中心的几个张力器测量出手所施加的力,并将测量值转化为3个平移运动和3个旋转运动的值送入计算机中,计算机根据这些值即可计算出虚拟空间中某物体的位置和方向等。图2.19为Space Ball 5000力矩球。

还有几个按键安装在力矩球的底座上,用户的手指可以摸到它们。这些按键都是开关,并可根据应用安排其用途。例如,一个键可用于增加增益,另一个用于减小增益(物体的速度)。有的键连接或断开跟踪球与它控制的虚拟物体。某些键可用于开始或停止仿真,或者在用户迷失方向时把仿真复原到初始状态。

图2.19 Space Ball 5000力矩球

力矩球的优点是简单而且耐用,易于表现多维自由度,使用方法可由直觉获得,只要抓住球并使它向所要移动的方向移动即可,可方便地对虚拟对象进行操作。还有,因为它是放在桌子上的,当在三维空间工作时。可像浮动鼠标器那样拿在半空中。一般与数据手套、立体眼镜配合使用,可大幅度提高操作效率。

力矩球的缺点是不够直观,选取对象时不很明确,在使用前一般需要进行培训与学习。力矩球还有一个缺点是存在传感器的耦合。用户可能希望物体只平移不转动,但跟踪球使得物体既平移又转动。这是因为当用户施加力时,测量的力矩往往非零。这些不希望的运动可以由软件滤波或硬件滤波抑制。硬件滤波器就是按键,它可以使用户选择"只输入平移""只输入转动"或"只输入主要运动"。

2.3.4 数据衣

要创造角色投入的虚拟现实,需要计算机清楚地识别整个身体,即身体在何处、手臂在做什么以及如何在空间里行动。一种有效的方法是直接从人体发出的信号中获取数据。使用这种方法,用户自身就变成了输入设备。

数据衣就是一种为了让虚拟现实系统识别全身运动而设计的输入设备,它可以检测出人的四肢、腰部等部位的活动,以及各关节(如手腕、肘关节)弯曲的角度。数据衣是利用数据手套同样的原理制成的,VPL 公司研制的 DataSuit 数据衣,将大量的光纤安装在一个紧身衣服上。它能对人体约 50 多个不同的关节进行测量,通过光电转换,测量出肢体的位置,从而将身体的运动信息送入计算机进行图像重建,如图 2.20 所示。

因为每个人的身体差异较大,数据衣存在着如何协调大量传感器之间实时同步性能等各种问题,正如前面介绍的数据手套一样,在实际使用中,常常也会出现衣服滑动导致误差。数据衣可以测量整个身体的状态,为了测量全身,不但要检测肢体伸展情况,而且还需要多个位置跟踪设备来检测肢体在空间中的位置与方向,这几个位置跟踪设备相互之间还存在同步配合问题,所以实现起来有一定的困难。和数据手套一样数据衣也有延迟大、分辨率低、作用范围小、使用不便等缺点。

数据衣如今最大的应用是在运动捕捉系统,运动捕捉的原理就是把真实人的动作完全附加到一个三维模型或者角色动画上。在运动捕捉系统中,通常并不要求捕捉表演者身上每个点的动作,而只需要捕捉若干个关键点的运动轨迹,再根据造型中各部分的物理、生理约束就可以合成最终的运动画面。图 2.21 所示为 Animazoo IGS-190 运动捕捉系统演示。

图 2.20　Data Suit 数据衣

图 2.21　Animazoo IGS-190 运动捕捉系统演示

2.4 触觉与力觉反馈

在虚拟世界中，人不可避免地会与虚拟世界中的物体进行接触，去感知世界，并进行各种交互。在虚拟现实系统中，接触可以按照提供给用户的信息分成两类，即触觉反馈和力觉反馈(也称力反馈)。触觉和力觉是运用先进的技术手段将虚拟物体的空间运动转变成特殊设备的机械运动，在感觉到物体的表面纹理的同时也使用户能够体验到真实的力度感和方向感，从而提供一个崭新的人机交互界面。在虚拟现实系统，为了提高沉浸感，用户希望在看到一个物体时，能听到它发出的声音，并且还希望能够通过自己的亲自触摸来了解物体的质地、温度、重量等多种信息，这样才觉得全面地了解了该物体，再利用触觉和力觉操作和移动物体来完成某种任务，从而提高虚拟现实系统的真实感和沉浸感并有利于虚拟任务执行。如果没有触觉和力觉反馈，操作者无法感受到被操作物体的反馈力，得不到真实的操作感，甚至可能出现在现实世界中非法的操作，这样就不可能与环境进行复杂和精确的交互。

在触觉和力觉这两种感觉中，触觉的内容相对比较丰富，触觉反馈给用户提供的信息有物体表面的几何形状、表面纹理、滑动、温度等。力反馈给用户提供的信息有总的接触力、物体重量等。如果用手拿起一个物体时，通过触觉反馈可以感觉到物体是粗糙或坚硬等属性，而只有通过力觉反馈，才能感觉到物体的重量。

2.4.1 触觉装置

触觉是指来自皮肤表面敏感神经传感器的触感。触觉感觉包括温度对皮肤的刺激(温度感受)以及压力对皮肤的刺激(机械感受)。机械感受信息被神经系统过滤，使得大脑接收到压力的中间变化和长期变化信息。机械感受使大脑能够在发生某个事件时感觉到这是什么东西，或者当皮肤与对象发生摩擦时感觉到对象表面的纹理如何。

由于人的触觉系统是双向的，触觉比视觉和听觉的感觉要难得多。它不仅仅要感知这个世界，而且要影响这个世界。当人触到一个东西时，这个东西也会发生移动。这与听和看完全不同，人在听和看的时候，不会对对象产生影响。触觉是唯一一个双向感觉通道，除了味觉以外，它是唯一一个不能隔一段距离进行刺激的感觉，因此，触觉装置需要与身体直接接触。

用户通过握住或触摸与虚拟现实系统相连的触觉装置，由触觉装置产生触觉反馈形成对虚拟现实中物体的感觉，因此，只有触觉反馈装置才能使用户真正地对虚拟现实中的物体产生触感。

通常，人们很少会通过头来接收触觉感觉。大多数触觉输入都来自手和手臂，以及腿和脚(特别是当走动时)。在虚拟现实系统中，大多数触觉反馈装置都是基于手部的，也有一些属于与脚相关的触觉反馈装置。

按触觉反馈的原理，手指触觉反馈装置可分为基于视觉、电刺激式、神经肌肉刺激式、充气式和振动式。

基于视觉的触觉反馈就是用眼睛来判别两个物体之间是否接触，这是目前虚拟现实系统中普遍采用的办法。通过碰撞检测计算，在虚拟世界中显示两个物体相互接触的情景。

电刺激式是指通过向皮肤反馈宽度和频率可变的电脉冲来刺激皮肤,达到触觉反馈的目的。神经肌肉刺激式是通过生成相应的刺激信号,去直接刺激用户相应感觉器官的外壁,因此这两种装置有一定危险性,都很不安全。较安全的方法是充气压力式和振动式的触觉反馈装置。

1. 充气式触觉反馈装置

在充气式触觉反馈装置中,手套中配置一些微小的气泡,这些气泡可以按需要采用压缩泵来充气和排气。充气时微型压缩泵迅速加压使气泡膨胀而压迫刺激皮肤达到触觉反馈的目的。图 2.22 是一种充气式触觉反馈装置(TeletactⅡ手套)的原理图。TeletactⅡ手套由两层组成,两层手套中间排列着 29 个小气泡和 1 个大气泡。这个大气泡安置在手掌部位,使手掌部位亦能产生接触感。每一气泡都各有一个进气和出气的管道,所有气泡的进/出气管部汇总在一起,与控制器中的微型压缩泵相连接。在手的敏感部件如食指的指尖部位配置了 4 个气泡,中指的指尖有 3 个气泡,大拇指的指尖有 2 个气泡。在这 3 个手指部位配置多个气泡的目的是为了仿真手指在虚拟物体表面上滑动的触感,只要逐个驱动指尖上的气泡就会给人一种接触感。

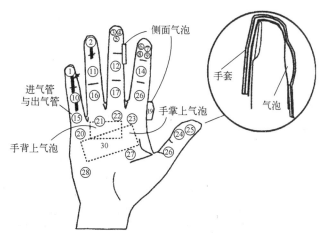

图 2.22　充气式触觉反馈装置

2. 振动式触觉反馈装置

在振动式触觉反馈装置中,手套中配置一些振动部件,通过驱动振动部件产生振动而刺激皮肤达到触觉反馈的目的。CyberTouch 能给用户提供振动触觉反馈,它带有 6 个振动触觉激励器(每个指背一个、掌心一个),如图 2.22 所示。每个激励器由一个装有直流电动机的塑料胶囊组成。与电动机转轴相连的是一个偏心轮,旋转时可产生振动。通过改变转速,就可改变振动频率(0~25Hz)。

每个激励器施加 1.2N 的一个小作用力,被皮肤的机械性刺激感受器和肌肉运动感知感受器感知。在虚拟现实系统操作过程中,CyberTouch 读取用户手部配置,通过数据总线发送给主机。这些数据和腕部三维跟踪器的数据一起,用于驱动一只虚拟手,图形显示设备继而将虚拟手显示出来,如图 2.23 所示。当虚拟手的手指或掌部与场景中的对象交互时,主机会发送命令并激活振动触觉激励器。激励器驱动单元接收到这些信号后,通过数/模转换器和操作放大器产生相应的电流驱动电动机转动,从而产生振动。

图 2.23　CyberTouch 的外观和使用情形

CyberTouch 最适合灵巧操作任务,这类操作中手与对象的操作发生在指尖,而 CyberTouch 能做到为每个手指提供反馈。与固定式的触觉反馈装置相比,CyberTouch 能提供给用户更大的运动自由度。

2.4.2　力反馈设备

力反馈设备跟踪用户身体的运动以及用户施加的力,根据这些数据,力反馈设备确定它加给用户的力。力反馈设备给用户提供了高逼真的交互。

力反馈设备与前面的触觉反馈设备有很多不同之处。它要求能提供真实的力来阻止用户的运动,这样就导致使用更大的激励器和更重的结构以确保机械坚硬度,从而使得这类设备更复杂、更昂贵。

1. 力反馈鼠标 FEELit Mouse

力反馈鼠标 FEELit Mouse(图 2.24)是给用户提供力反馈信息的鼠标设备。用户像使用普通鼠标一样,移动光标。它和普通鼠标的不同点是,当仿真碰撞时,它会给人手施加反馈力。例如,当用户移动光标进入一个图形障碍物时,这个鼠标就对人手产生反作用力,阻止这种虚拟的穿透。因为鼠标阻止光标穿透,用户就感到这个障碍物像一个真的硬物体,产生与硬物体接触的幻觉。力觉的产生是通过电子机械机构,它施加力在鼠标的手柄上。

图 2.24　力反馈鼠标 FEELit Mouse

力反馈鼠标是最简单的力反馈设备。但是它只有两个自由度,功能有限。这限制了它的应用。更复杂的功能更强的力反馈设备是力反馈手柄和力反馈手臂。

2. 力反馈手柄

Schmult 和 Jebens 发明了"高性能力反馈手柄"(图 2.25)。这个力反馈手柄很紧凑,它有一个轴连到两个驱动轴。在每个链上的可调轴支撑允许转动和滑动,这是为了补偿两个电动机轴不能精确成直角相交。这些链连接到被精确支撑的电位计。两个电动机有四极永磁转子,直接安装在电位计轴上。手柄既可在伺服方式工作,也可用作位置输入工具(相对或绝对)。计算机根据操作者的动作改变虚拟环境,当有触觉事件(射击、爆炸、惯性加速等)发生就驱动手柄提供力反馈,使操作者感到手柄的振动和摇晃,或感到由手柄产生的弹力变化。

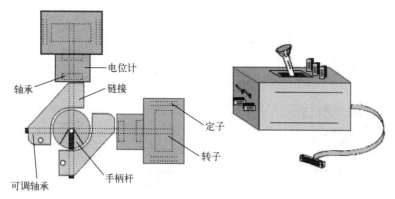

图 2.25　力反馈手柄

3. 力反馈手臂

虚拟物体重量、惯性和与刚性墙的接触,需要在操作者的手腕上产生相应的力反馈。早期对力反馈的研究使用原来为遥控机器人控制设计的大型操纵手臂。这些具有嵌入式位置传感器和电反馈驱动器的机械结构的控制回路经过主计算机后闭合。计算机显示虚拟世界的模型,并计算虚拟作用力,然后驱动反馈驱动器给用户手腕施加真实力。

在日本 MITI 的研究者已研制出专为虚拟现实仿真设计的操纵手臂。手臂有 4 个自由度,设计紧凑,使用直接驱动的电驱动器。有 6 个自由度的腕力传感器安在手柄。传感器测量加于操作者的反馈力和力矩。图形显示提供虚拟物体和由操纵手臂控制的虚拟手臂。并行处理系统用于实时控制。计算机计算的反馈力数据直接驱动电动机控制器,对操作者的手腕施加真实力。

力反馈手臂有重力和惯性补偿,因此在与虚拟环境无交互时在手柄上也不感到力。

Master Arm 是有 4 个关节的铝制力反馈手臂,它用线性位置传感器跟踪柱面关节的运动。气动的汽缸把反馈力矩加于关节上,反馈的力受到压力传感器控制。图 2.26 所示为 Master Arm 力反馈手臂。

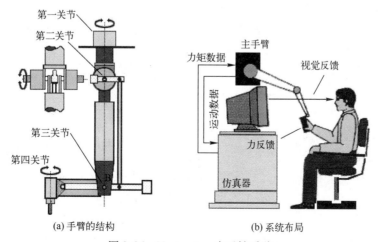

(a) 手臂的结构　　　　　　(b) 系统布局

图 2.26　Master Arm 力反馈手臂

美国 SensAble 公司的 Phantom 产品是在国外各实验室中广泛应用的高精度桌面力反馈设备。它的力反馈是通过一个指套加上的,操作者把他的手指或铅笔插入这个指套,操作者也可以直接握住操作笔杆(图 2.27)。3 个直流电动机产生在 X、Y、Z 坐标轴上的 3 个力。Phantom 力反馈设备提供高精度六自由度定位输入和逼真的反馈力输出。Phantom 是与 GHOST SDK 结作的,后者是 C++的工具盒,它提供复杂计算的一些算法,并允许开发者处理简单的高层的对象和物理特性,如位置、重量、摩擦和硬度。

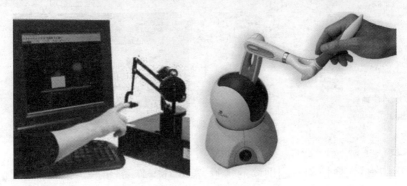

图 2.27　Phantom 力反馈设备

力反馈手臂的一个缺点是复杂,且价格高。另一个缺点是不够轻便,而且在特殊的用户姿态下难以操作。为了在研究试验室外方便且广泛地应用,需要台式的反馈系统,如手柄和鼠标。

力反馈操纵手臂,手柄和鼠标有共同的特点,它们都是放在台上或地面的设备。手柄和鼠标是一类重要的力反馈设备;另一类重要的力反馈设备,就是安装在人身体上的力反馈设备。

4. 有力反馈的 Rutgers 轻便操纵器

Rutgers 轻便操纵器是在数据手套上进行改进的力反馈设备(图 2.28)。反馈结构使用 4 个气动的微型汽缸,它们安装在数据手套手掌上的小型 L 形平台上。使用直接驱动的执行机构就不必使用电缆和滑轮。这简化了设计,减少力反馈结构的质量到仅仅 45～60g。每个汽缸与球形关节同轴安装,这就允许经球形关节直接连到气管。每个执行机构都有圆锥形的工作区,这允许手指的弯曲和外展/内收。执行机构通过尼龙搭扣带子固定在支撑手套上,这允许对用户手不同的大小进行调节。

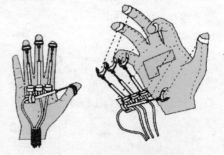

图 2.28　Rutgers 轻便操纵器

为了用于仿真,Rutgers 轻便操纵器安装在 DataGlove 的手掌上,就给这个原来开环的手套提供了反馈。控制回路使用 DataGlove 的位置数据,驱动虚拟手。当虚拟手抓取虚拟橡皮球或苏打罐头这类物体时,用户可能在手指上感到力。这些力取决于物体变形程度及其建模的弹性。

5. LRP 手操纵器

比 Rutgers 轻便操纵器有更多自由度的轻便操纵器在 Laboratoire de Robotique de

Paris（LRP）研制成功，称为"LRP 手操纵器"，它提供力反馈给手的 14 个部位（图 2.29）。

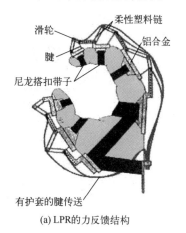
(a) LPR的力反馈结构

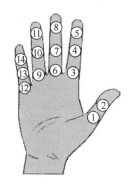
(b) 手上的施力点位置

(c) LPR手操纵器安装在手上

图 2.29 LPR 手操纵器

对多数抓取动作，由于灵巧的机械链接设计，反馈力通常加于手指的局部。执行机构远离手，以使操纵器轻些。LRP 手操纵器的控制是经过微型电缆（$\phi 0.45mm$）来实现的。电缆的运动是由安在每个电动机轴的电位计测量，分辨力为 1°。这个数据用于估计手的姿势。通过转动在手背上的电缆，手掌区就成自由状态。这就允许戴反馈操纵器时抓取真实物体，增加了其功能。

电缆和滑轮的一个问题是摩擦和间隙，这使控制很困难。过载限制为 100N 的微型力传感器安装在手掌的背面，以便监督电缆的拉紧。这样，反馈力的控制就更精确。

2.4.3 液压舱

在虚拟现实系统中，为达到沉浸感，不仅要虚拟环境的视觉、听觉、触觉具有真实感，还要使用户体感上具有真实感。在一些虚拟现实系统中，通过设计运动平台使用户体验虚拟世界的真实感觉。在这样的系统中，用户有时是控制一个物体运动，如驾驶车辆、飞机、控制鸟的飞行等，用户不仅能控制物体在虚拟环境中运动，还能根据物体运动的变化使用户所处的平台也产生变化，这样就能具有更真实的体感效果。

平台可以被设计成模仿虚拟世界中的现实世界设备，如飞机驾驶舱、汽车驾驶舱和轮船驾驶舱等，伴随着驾驶舱四周显示的虚拟世界，提供给用户的是和实物看上去一样的控制器和装备。这样驾驶模拟器就可以让用户仿佛置身于真实世界一样，使用户通过自然接口与虚拟世界进行交互。虚拟现实系统中，一般将驾驶舱安装在一个运动基座上，运动基座通过液压技术进行运动，这样的一个液压控制驾驶舱称为液压舱，图 2.30 所示为船舶驾驶训练模拟器的液压舱。虚拟现实系统中一般使

图 2.30 船航驾驶训练模拟器的液压舱

用基于三自由度运动平台的液压舱或基于六自由度运动平台的液压舱。

三自由度运动平台可以实现沿 Z 轴(垂直轴)的移动及绕 X、Y 轴(水平轴)的转动,可模拟刚体在空间的运动状态。六自由度运动平台可以实现沿 X、Y、Z 轴的移动及绕 X、Y、Z 轴的转动,该平台可以模拟出各种空间运动姿态。由于六自由度运动平台比三自由度运动平台的运动更接近现实世界,因此以六自由度运动平台作为模拟平台正逐步得到推广应用,如飞行模拟器、车辆驾驶模拟器、舰艇模拟器、海军直升机起降模拟平台等,甚至可用到空间宇宙飞船的对接、空中加油机的加油对接中。

带运动平台的虚拟现实系统的主控计算机完成空间状态的实时解算后,将解算结果送到液压缸控制器,经数/模转换后送给伺服放大器、伺服阀、伺服缸推动平台运动。伺服缸的位移和压力分别通过不同的传感器测量并经模/数转换后送给计算机,完成闭环控制。

六自由度运动平台的最大难点是传递环节多、控制过于复杂、调试困难、可靠性差、故障率高,因而国内尽管许多单位进行了研制,但大面积推广的却始终不多。而三自由度运动平台相对控制要简单些,价格也相对便宜很多,因此它的应用范围比六自由度运动平台更广。

2.5 三维扫描仪

三维扫描仪又称为三维数字化仪或三维模型数字化仪,是一种较为先进的三维模型建立设备,它是当前使用的对实物三维建模的重要工具,能快速方便地将真实世界的立体彩色的物体信息转换为计算机能直接处理的数字信号,为实物数字化提供了有效的手段。

三维扫描仪与传统的平面扫描仪、摄像机、图形采集卡相比有很大区别:①其扫描对象不是平面图案,而是立体的实物。②通过扫描,可以获得物体表面每个采样点的三维空间坐标,彩色扫描还可获得每个采样点的色彩。某些扫描设备甚至可以获得物体内部的结构数据。而摄像机只能拍摄物体的某一个侧面,且会丢失大量的深度信息。③它输出的不是二维图像,而是包含物体表面每个采样点的三维空间坐标和色彩的数字模型文件。这可以直接用于 CAD 或三维动画。彩色扫描仪还可以输出物体表面色彩纹理贴图。

三维扫描仪有接触式和非接触式、手持和固定、不同精度之分,可按不同应用环境和精度要求来选取。三维扫描仪按信息获取技术方法常见的有机械接触式、激光扫描式、图像识别式 3 种。

2.5.1 机械扫描仪

早期常用的三维机械扫描仪是坐标测量机,现在它仍是工厂的标准立体测量装备。它将一个探针装在三自由度(或更多自由度)的伺服机构上,伺服机构驱动探针沿 3 个方向移动。当探针接触物体表面时,测量其在 3 个方向的移动,就可知道物体表面这一点的三维坐标。控制探针在物体表面移动和触碰,可以完成整个表面的三维测量。其优点是测量精度高,不受表面反射特性影响。其缺点是价格昂贵,成本高,与被扫描物体是接触式,扫描速度慢,物体形状复杂时操作控制复杂,只能扫描到物体外表面的形状,而无色彩信息。

另一种三维机械扫描仪是机械测量臂，机械测量臂借用了坐标测量机的接触探针原理，把驱动伺服机构改为可精确定位的多关节随动式机械臂，由人牵引装有探针的机械臂在物体表面滑动扫描，如图 2.31 所示。利用机械臂关节上的角度传感器的测量值，可以计算探针的三维坐标。因为人的牵引使其速度比坐标测量机快，而且结构简单、成本低、灵活性好，但不如光学扫描仪快，也没有色彩信息。威力手三维扫描仪（MicroScribe）是美国 Immersion 公司研发生产的扫描设备，它的数字化率达 1000 点/s。

图 2.31　MicroScribe 机械扫描仪扫描示意图

2.5.2　激光扫描仪

人们根据激光测距原理，发展了利用激光代替探针的方法来进行三维物体的扫描，这就是激光扫描仪。激光扫描仪向被测物体表面发出信号，依据信号的反射返回的时间或相位变化，可以推算出物体表面的空间位置，称为"飞点法"，如图 2.32 所示。不少公司开发了用于大尺度测量的激光扫描仪产品（如用于战场和工地），小尺度激光扫描的困难在于信号和时间的精确测量。激光扫描仪采用无接触式，受遮挡的影响较小，但测量精度要求高、扫描速度慢，而且受到物体表面反射特性的影响。Polhemus 公司的 FastScan 作为目前业内最小的手持激光扫描仪，扫描三维物体具有快速、灵活的特点。最佳可分辨力为 0.1mm，扫描速度是 50 线/s，在 50mm/s 的移动速度下，分辨力为 1mm。

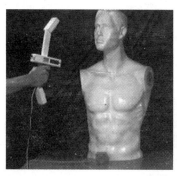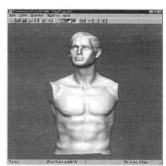

图 2.32　FastScan 便携式激光扫描仪的使用及效果图

2.5.3　图像扫描仪

基于计算机视觉原理提出了多种三维信息获取原理，包括单目视觉法、立体视觉法、从轮廓恢复形状法、从运动恢复形状法、结构光法、编码光法等。这些方法又可以分为被动式和主动式两大类：被动式的代表是立体视觉法；主动式的代表是结构光法、编码光法，而且这两种方法已成为目前多数三维扫描设备的基础，但也存在着缺陷，即光学扫描的装置比较复杂，价格偏高，存在不可视区，也受到物体表面反射特性的影响。

在工业、医学领域中采用的CT则可以测量物体内腔尺寸。它以高剂量X射线对零件内部进行分层扫描,不会破坏被扫描物体。它的缺点是精度不高、价格昂贵、对物体材料有限制,且存在放射性危害。

柯尼卡美能达RANGE7/RANGE5采用非接触式相机激光扫描头,在2s内扫描物体,激光穿过了一个切口,由131万像素的CMOS传感器接收,并提供高质量信息。而这些高质量信息随即基于三角测量原理,计算出到被扫描物体的距离,并转换为三维数据(图2.33)。一次扫描大约可以得到131万个点(1280×1024)的三维坐标数据。RANGE7的精度为±40μm,RANGE5的精度为±80μm,扫描间隔2s内扫描一次,测量间隔最小±40μm。

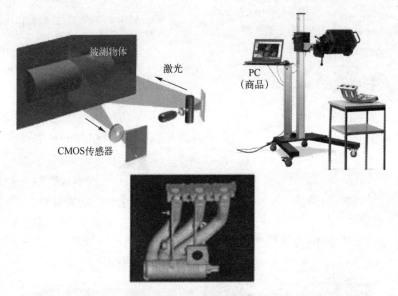

图2.33　RANGE7/RANGE5三维扫描仪的工作原理、使用及效果图

2.6　虚拟现实的音频系统

听觉信息是人类仅次于视觉信息的第二传感通道,它是多通道感知虚拟环境中的一个重要组成部分。为了提供身临其境的逼真感觉,虚拟现实系统的音频系统应使人感觉置身于立体的声场之中,能识别声音的类型和强度,能判定声源的位置。

1. 三维虚拟声音系统

在虚拟现实系统中能使用户准确地判断出声源的精确位置、符合人们在真实境界中听觉方式的音频系统称为三维虚拟声音系统。在虚拟现实系统中加入与视觉并行的三维虚拟声音,借助于三维虚拟声音可以衬托视觉效果,使人们对虚拟体验的真实感增强,即使闭上眼睛,也知道声音来自哪里。特别是在一般头盔显示器的分辨率和图像质量都较差的情况下,声音对视觉质量的增强作用就更为重要了。视觉和听觉一起作用,尤其是当空间超出了视域范围的时候,能充分显示信息内容,从而使系统提供给用户更强烈的存在和真实性感觉。

三维虚拟声音与人们熟悉的立体声音完全不同。我们日常听到的立体声录音虽然有左右声道之分，但就整体效果而言，我们能感觉到立体声音来自听者面前的某个平面。而虚拟现实系统中的三维虚拟声音，却使听者能感觉到声音是来自围绕听者双耳的一个球形中的任何地方，即声音可能出现在头的上方、后方或者前方。如战场模拟训练系统中，当用户听到了对手射击的枪声时，他就能像在现实世界中一样准确而且迅速地判断出对手的位置，如果对手在我们身后，听到的枪声就应是从后面发出的。

三维虚拟声音系统最核心的技术是三维虚拟声音的定位技术，它具有如下特征。

（1）全向三维定向定位特性。全向三维定向定位特性是指在三维虚拟空间中把实际声音信号定位到特定虚拟专用源的能力。它能使用户准确地判断出声源的精确位置，从而符合人们在真实境界中的听觉方式。如同在现实世界中，一般我们先听到声响，根据到达两耳的声音强度与相位差，来区别发声的方向与位置，然后再用眼睛去看这个地方。三维声音系统不仅允许我们根据注视的方向，而且可根据所有可能的位置监视和识别各信息源，在众多的声音中选取特定的声音。

（2）三维实时跟踪特性。三维实时跟踪特性是指在三维虚拟空间中实时跟踪虚拟声源位置变化或场景变化的能力。当用户头部转动时，这个虚拟声源的位置也应随之变化，使用户感到真实声源的位置并未发生变化。而当虚拟发声物体位置移动时，其声源位置也应有所变化。因为只有声音效果与实时变化的视觉相一致，才可能产生视觉和听觉的叠加与同步效应。如果三维虚拟声音系统不具备这样的实时能力，看到的景象与听到的声音会相互矛盾，听觉就会削弱视觉的沉浸感。

（3）沉浸感和交互性。沉浸感和交互性三维虚拟声音的沉浸感就是指加入三维虚拟声音后，能使用户产生身临其境的感觉，这可以更进一步使人沉浸在虚拟环境之中，有助于增强临场效果。而三维声音的交互特性，则是指随用户的运动而产生的临场反应和实时响应的能力。

三维虚拟声音系统是利用声音的发生源和头部位置及声音相位差传递函数，来实时计算出声音源与头部位置发生分别变动时的变化，它可采集自然或合成声音信号并使用特殊处理技术在360°的球体中空间化这些信号。例如，可以产生诸如时钟"滴答"的声音并将其放置在虚拟环境中的准确位置，用户即使头部运动时，也能感觉到这种声音保持在原处不变。用户头部的方向对于正确地判定三维声音信号起到重要的作用，因此，虚拟现实系统要为三维虚拟声音系统提供用户头部的位置和方向信号。

2. 声音硬件设备

虚拟现实系统中所采用的声音设备很多，最常用的是耳机和喇叭。

（1）耳机。不同的耳机有不同的电声特性、尺寸、重量以及安装方式。一类耳机是护耳式耳机，它是相对体积较大、较重，并用护耳垫罩在耳朵上；另一类耳机是插入耳机（又称耳塞），声音通过它送到耳中某一点。插入耳机体积很小，并封闭在可压缩的插塞中。耳机有较高声音带宽（60Hz～15kHz），有适当的线性和输出级别（高达约110dB声压级别）。

除了在娱乐应用上的工作外，在虚拟现实领域涉及听觉显示的多种研究开发集中在由耳机提供声音。一般地讲，用耳机最容易达到虚拟现实的要求，但采用耳机也有一些缺点，如它要求把设备安在用户头上，从而增加负担。另外，耳机提供的发声功率很小，只刺激听者耳膜。即使耳机能产生足够的能量震聋用户,但通过耳机的刺激不足以给用户提供声音能量去影响耳朵以外的身体部位。我们不仅希望在环境中提供真实的声音仿真(如爆破或高速飞机低空飞过),而且其他身体部位的声音仿真也是重要的(如振动用户的腹部)。

(2) 喇叭。喇叭与耳机相比具有声音大、可使多人感受等特点,同时像耳机一样,在动态范围、频率响应和失真等特征上适用于所有虚拟现实应用。它们的价格也是合适的(虽然比耳机更贵),特别是要求在很大的音量上产生很高强度声音时(如在大剧场中的强声音乐)。

在虚拟现实系统中,喇叭系统的主要问题是达到要求的声音空间定位(包括声源的感知定位和声音的空间感知特性)。喇叭系统空间定位中的主要问题是难以控制两个耳膜收到的信号,以及两个信号之差。在调节给定系统,对给定的听者头部位置提供适当的感知时,如果用户头部离开这个点,这种感知就很快衰减。至今还没有喇叭系统包含头部跟踪信息,并用这些信息随着用户头部位置变化适当调节喇叭的输入。

在虚拟现实领域中,使用非耳机形式的一个最有名的系统是伊利诺斯大学开发的CAVE。在这个CAVE系统使用4个同样的喇叭,安在天花板的四角上,而且其幅度变化(衰减)可以仿真不同的方向和距离效果。

第 3 章 立体显示

立体显示技术是虚拟现实的关键技术之一,没有深度层次的立体视觉效果就不可能有身临其境的感觉,也就不可能实现虚拟现实的基本目标,所以说立体显示是虚拟现实系统需要具备的基本条件之一。

3.1 立体成像原理

人和高级动物都具有一双并列的眼睛,单眼观察物体时,所感觉到的仅是物体的透视像,好像观察一张相片一样,如果要正确判断物体的远近,那是不可能的,只能凭经验间接的判断。1838 年,惠斯登发明了立体镜,人们才真正清楚了双眼最主要的功能在于使人有真实的深度立体感。因此,只有用双眼观察时才能直接判断物体的远近。

人的两眼能够感觉到立体影像。这主要是因为人眼之间存在 6~7cm 的距离,当观察一个特定点时,双眼均在目标处聚焦,两只眼睛看到的实际上是两幅不同的图像,即物体的像落在稍有不同角度的两眼的投影具有"双眼视差"。这两幅图像中任意相应两点的水平距离投射到视网膜上形成"位差",就是这一"位差"产生了双眼体视感觉。

如图 3.1 所示,左眼图片和右眼图片在显示屏上的位置为 L 和 R,当 R 在 L 的左边时,则 L、R 之间的距离为负位差,这样通过双眼融合,看上去空间点 A 就在显示屏之前(图 3.1(a));当 L 在 R 的左边时,则 L、R 之间的距离为正位差,这样看上去空间点 A 就在显示屏之后(图 3.1(b));当位差值减小时,深度感减小。

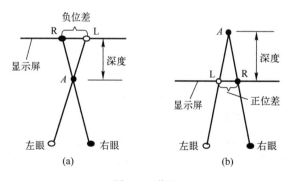

图 3.1 位差

在视网膜上投射为"位差"的两幅图像的任意相应两点的水平距离投射到我们观察的显视器上就是"视差"。这两幅具有"视差"的图像称为"立体图对"。因为"立体图对"

中视差的大小将决定它们在视网膜上成像时"位差"的大小,从而决定了体视的感觉,所以说计算机产生立体图时主要考虑的是"视差"(图3.2)。

(1) 零视差:两幅图像之间没有任何差别,对应点重合在一起。立体显示的时候,就会发现该物体似乎位于显示器的平面上一样,如图3.2中Z所示。

(2) 正视差:当两副图像之间的距离小于或等于眼距,而且我们的视线不交叉时,就会产生正视差,如图3.2中P所示。有了正视差,因为大脑能够融合这两幅图像,所以就产生了物体的三维立体图像,这时候可以看到深度层次。而且该图像看上去就像位于显视器屏幕后面的空间一样。

(3) 负视差:当眼睛的视差交叉时,就会产生负视差,如图3.2中N所示。这种情形下,被观察的物体看上去就像飘浮在眼睛和显示器屏幕之间的空间里。

(4) 发散视差:发散视差是视差取值大于两眼的间距,如图3.2中D所示。在这种情况下,即使很短的一段时间,也会使眼睛产生极不舒服的感觉,在我们的真实世界中,不会存在发散视差的可能。因此,在"体视图像对"中,应该避免出现发散视差。

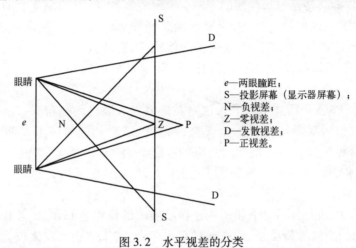

e—两眼瞳距;
S—投影屏幕(显示器屏幕);
N—负视差;
Z—零视差;
D—发散视差;
P—正视差。

图3.2 水平视差的分类

3.2 计算机立体图像

计算机生成立体图像对通常有3种算法,即平行投影法、旋转透视投影法、双中心投影法。比较这几种方法,平行投影法消除了垂直视差和图像扭曲现象,但是产生了无界的水平视差。另外,这种方法会给观察者带来一个逆透视的感觉,例如,观察一个正在运动的立方体就会发现物体离观察者越远反而越大。旋转透视法会导致左右透视图的垂直视差和垂直偏差的存在,长时间观察之后会感觉眼睛不舒适、疲劳甚至头疼。而双中心投影法计算图像对时能较好地克服以上方法带来的各种不良现象,所以实现图像的立体显示时采用双中心投影法。

如图3.3所示,在三维空间设置两个视点:左视点$L(-d/2,0,-k)$,右视点$R(d/2,0,-k)$,投影平面为XOY面。三维空间一点$P(x_0,y_0,z_0)$对于左、右眼视点L、R,在投影/成像平面$z=0$上的,左视点成像点坐标为$P_L(x_L,y_L,0)$,右视点成像点坐标为

$P_R(x_R, y_R, 0)$。

则点 $P(x_0, y_0, z_0)$ 和左视点 L 的连线的参数方程为

$$\begin{cases} x = -\dfrac{d}{2} + \left(x_0 + \dfrac{d}{2}\right)t \\ y = y_0 t \\ z = -k + (z_0 + k)t \end{cases} \quad (t \in [0, 1]) \tag{3-1}$$

在投影面上，$z=0$，即 $-k+(z_0+k)t=0$，得

$$t = k/(z_0+k) \tag{3-2}$$

将式(3-2)代入式(3-1)中，得

$$x_L = \dfrac{x_0 \cdot k - z_0 \cdot \dfrac{d}{2}}{z_0 + k} \tag{3-3}$$

$$y_L = y_0 \cdot k/(z_0+k) \tag{3-4}$$

同理，得

$$x_R = \dfrac{x_0 \cdot k + z_0 \cdot \dfrac{d}{2}}{z_0 + k} \tag{3-5}$$

$$y_R = y_0 \cdot k/(z_0+k) \tag{3-6}$$

由式(3-4)、式(3-6)可以看出，$y_R = y_L$，这样不会产生垂直视差。水平视差为

$$H = x_R - x_L = \dfrac{x_0 \cdot k + z_0 \cdot \dfrac{d}{2}}{z_0+k} - \dfrac{x_0 \cdot k - z_0 \cdot \dfrac{d}{2}}{z_0+k} = \dfrac{z_0 \cdot d}{z_0+k} \tag{3-7}$$

从理论上而言，在正常条件下，双眼能够融合的显示屏上的最大水平位差等于双眼瞳距，但对于桌面显示器而言，如果采用该位差尺度，则视者会感到不舒服，因为此时所形成的深度过大。由于双眼在浏览时，必须调焦到显示屏上，但在位差的作用下又必须聚焦到不同的深度，这样双眼就必须大范围地调节聚焦，从而易产生疲劳感。为了最大限度减小疲劳感，实际的水平位差应比瞳距小得多。在滞留时间大于 2s 时，双眼能够融合的位差是正位差对双眼的张角 $\theta = 1.57°$；负位差对双眼的张角 $\theta = -4.93°$（图 3.4）。但在滞留时间更短的情况下，双眼能够融合的位差大为减小，即 $\theta = -27' \sim 24'$。考虑到动态显示，如果设定 θ 为 $-30' \sim 30'$，那么，左、右眼图片上的对应点在显示屏上所形成的理想位差尺度应该在 $(-l/115, l/115)$（l 为双眼到显示屏之间的距离，单位 mm），在这种情况下，视者观察显示屏就可以舒适地将左右眼图片融合成为一幅具有深度感的立体图像，当两幅图片上的对应点在显示屏上的位差为 s 时，则深度为

$$T = \dfrac{sl}{d-s} \tag{3-8}$$

式中：d 为双眼瞳距。

当位差 s 为正值时，空间点 A 在屏内；当位差 s 为负值时，空间点 A 在屏外。不难看出，在显示屏上位差尺度相同的条件下，负位差产生的深度小于正位差产生的深度。

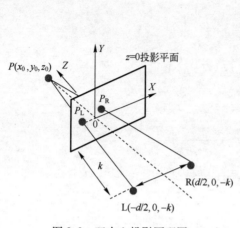
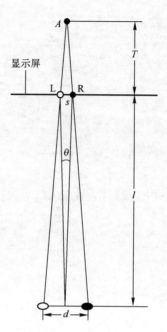

图 3.3 双中心投影原理图　　　图 3.4 深度

3.3 立体显示方法

目前,应用较广的立体成像就是根据双目视差的立体视觉原理实现的,其方法本质上就是把具有一定视差的两幅图像分别投影到双眼视网膜,最后根据双目立体视差实现立体视觉。根据人眼立体显示原理,要想实现立体效果,必须具备以下几个条件:

(1) 所观察的两幅图像必须有左右视觉差。
(2) 保证左、右眼观察到各自相应的画面。
(3) 两幅影像所放置的位置必须使相应视线成对相交,即消除上下视差。

立体图像对的生成通常有 3 种途径:

(1) 双机拍摄,用两台照相机或摄像机模拟人的双眼同时拍摄图像,从而得到含有视差的立体图像对。
(2) 软件智能模拟,就是根据原始画面利用计算机重新生成两套画面。
(3) 从三维视景中获取。在三维视景仿真中,所应用的方式就是从三维视景中获取图像对。

具有左、右视差的图像对产生之后,还必须将两幅图像分别传给对应的左、右眼,即实现分像。

3.3.1 分色法

分色法的基本原理是利用过滤三原色从而使某种颜色的光只进入左眼,另一部分只进入右眼。观众采用红绿眼镜观看图像,这样一只眼睛只能看到一种颜色的图像,从而实现了分像。我们眼睛中的感光细胞共有 4 种,其中数量最多的是感觉亮度的细胞,另外 3

种用于感知颜色,分别可以感知红(R)、绿(G)、蓝(B)3种波长的光,感知其他颜色是根据这3种颜色推理出来的,因此红、绿、蓝称为光的三原色。要注意这和美术上讲的红(R)、黄(Y)、蓝(B)三原色是不同的,后者是颜料的调和,而前者是光的调和。

显示器就是通过组合这三原色来显示上亿种颜色的,计算机内的图像资料也大多是用三原色的方式储存的。分色技术在第一次过滤时要把左眼画面中的蓝色、绿色去除,右眼画面中的红色去除,再将处理过的这两套画面叠合起来,但不完全重叠,左眼画面要稍微偏左边一些,这样就完成了第一次过滤。第二次过滤是观众带上专用的滤色眼镜,眼镜的左边镜片为红色,右边的镜片是蓝色或绿色(图3.5),由于右眼画面同时保留了蓝色和绿色的信息,因此右边的镜片不管是蓝色还是绿色都是一样的。

分色技术使用颜色较深的滤色镜,亮度损失理所当然,同时它还会损失一部分颜色信息,另外显示彩色画面时,如果镜片颜色不够深,很可能导致滤色不彻底,会影响观看效果(图3.6)。

图3.5 滤色眼镜

图3.6 分色法

3.3.2 分时法

分时技术是将左右眼图像交替显示在屏幕上,显示器在第一次刷新时播放左眼画面,同时用专用的眼镜遮住观看者的右眼,下一次刷新时播放右眼画面,并遮住观看者的左眼。按照上述方法将两套画面以极快的速度切换,在人眼视觉暂留特性的作用下就合成了连续的画面。目前,用于遮住左、右眼的眼镜用的都是液晶板,因此也称为液晶快门眼镜(图3.7),液晶眼镜左、右镜片的状态切换由一个同步信号控制且与显示器的画面的切换保持同步,该方式称为主动式立体显示。

液晶光闸眼镜立体视觉系统的工作原理是:由计算机分别产生左、右眼的两幅图像,经过合成处理后,采用分时交替的方法显示于CRT终端上。用户则佩带一副与计算机相连的液晶光闸眼镜,眼镜的左、右镜片在驱动电信号的作用下,将以与图像显示同步的速率交替"开"(透光)、"闭"(遮光),即当计算机显示左眼图像时,右眼透镜将被遮蔽,而当计算机显示右眼图像时,左眼透镜则被遮蔽。这样做可以让用户的左、右眼分别只看到相应的左、右图像。

图3.7 主动立体眼镜和同步发射器

根据双目视差与深度距离的正比关系,人的视觉生理系统就可以自动将这两幅视差图像融合成一个立体视像了。

液晶光闸眼镜是一种非常廉价的立体显示设备。它极其短促的光栅开/关时间和监视器的高刷新率形成了无闪烁图像,使得这种图像比基于液晶显示器(LCD)的头盔显示器要清晰得多,而且长时间观察也不会令人疲倦。同时,立体眼镜重量轻,使用舒适,其操作范围最远可离监视器 6m。但是,由于光栅过滤器泄漏一部分光,所以使用者看到的图像亮度不如普通屏幕好,且由于使用者没有与显示器相连,无法感觉到是被虚拟世界包围,因而沉浸感较差,通常只在桌面式虚拟现实系统或一些多用户的环境下应用。

分时式立体显示的问题之一就是立体眼镜的频繁开关闪烁带来眼睛的不适。我们观看计算机显示器时会发现,当刷新频率低于 60Hz 时我们的眼睛会感到屏幕图像在闪烁,长时间观看眼睛就会不舒服。由于现在计算机发展水平的限制,两幅图像不能同时输出,必须交替输出,因而实际上左、右图像的刷新率只能达到计算机平时图像刷新率的 1/2。如果计算机的刷新率为 96Hz,左、右眼的立体图像刷新率实际为 48Hz。分时技术还不能应用于液晶显示器,主要是因为液晶显示器的响应时间太长。

3.3.3 分光法

是利用偏振光原理只留下特定角度的偏振光,观众佩戴专用的偏振光眼镜实现不同角度的光分别进入人的左、右眼。被动式立体显示每个通道需要两台投影机并加上偏振片(图 3.8),分别投射左、右眼图像。

图 3.8 被动立体显示系统

1. 光的偏振性

光是一种电磁波,属于横波(振动方向与传播方向垂直)。光线传播时,垂直传播方向的 360°都有光波振荡传输。光的偏振实际上是利用某一特定方向的光波进行显示的原理。自然光在穿过某些物质,经过反射、折射、吸收后,电磁波的振动被限制在一个方向上,其他方向振动的电磁波被大大削弱或消除。这种在某个确定方向上振动的光称为偏振光。偏振光的振动方向与光波传播方向所构成的平面称为振动面。

2. 线偏振光

光矢量端点的轨迹为直线,即光矢量只沿着一个确定的方向振动,其大小、方向不变,称为线偏振光。直线偏振光由于光线的振动方向都在同一个平面内,所以这偏振光又称为平面偏振光。正对光的传播方向看去,这种光的振动方向是一条直线。

线性偏振技术是用偏光滤镜或偏光片滤除特定角度偏振光以外的所有光(图 3.9),让 0°的偏振光只进入右眼,90°的偏振光只进入左眼(也可用 45°和 135°的偏振光搭配)。两种偏振光分别搭载着两套画面,观众需带上专用的偏光眼镜,眼镜的两片镜片由偏光滤镜或偏光片制成,分别可以让 0°和 90°的偏振光通过,这样就完成了第二次过滤。

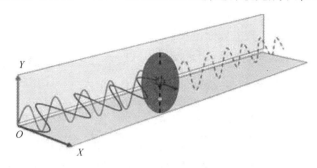

图 3.9　线性偏振过滤

线性偏振的原理是偏振片方向不动,光只能以固定的角度传输,此方法的缺点是头部不能偏移。

3. 圆偏振光

当一束光线射入各向异性的晶体中时要分裂为两束沿不同方向传播的光线,这种现象称为双折射现象。发生双折射的两束光线都是偏振光。这两束光线之一恒遵守光的折射定律,在改变入射方向时传播速度不发生变化,这条光线称为寻常光线,用 o 表示;另一束光线不遵守 Snell(斯涅耳)折射定律,当入射光线方向变化时,它的传播速度也随之变化,光的折射率不同,这束光称为非常光线,用 e 表示。

当一束偏振光产生两束偏振光(o 光和 e 光),设 N_o、N_e 分别为 o 光和 e 光的折射率,d 为晶片(又称波片,可用来改变或检验光的偏振情况)的厚度,所产生的相位差为 $\Delta\varphi$。则 $\Delta\varphi = 2\pi d(N_o - N_e)/\lambda$。改变晶片的厚度可得不同相位差的 o 光和 e 光。当 $\Delta\varphi$ 为 $\pi/2$ 的偶数倍时可产生直线偏振光;当 $\Delta\varphi$ 为 $\pi/2$ 的奇数倍时,可产生圆偏振光,圆偏振光的振动端点在光的传播方向上投影为一个圆。圆偏振光指的是在光的传播方向上任意一个场点电矢量以角速度 ω 匀速转动它的方向,但大小不变。

圆周偏振技术的原理是光的偏振方向可旋转变化,左右眼看到的光线的旋转方向相反。基于圆周偏振技术,观察者的头部可以自由活动,因为光线的方向变化不影响显示。

被动立体是通过光的偏振来实现的。光经过偏振后的利用率为 70%,经过优化后的被动立体眼镜对光的利用率为 84%,可以计算出投影机输出光线到达眼睛的利用率接近 59%。例如,SIM6(或 IQ 350 系列)单机的亮度指标是 3000lm,我们能看到的立体信号亮度能达到 1770lm。

针对上述三维显示技术的诸多缺点,最近又研究出一种新型的三维显示技术,观察者不需要佩戴任何观察仪器就可以直接看见三维图像。这种技术按实现方法分主要有透镜法和光栅法两种。在两种方法中都用了一种合成的图像,包含竖直的交替排列的图像条纹,这些条纹由具有位差的左图像和右图像构成。在透镜法或光栅法中都有一个液晶显示屏,通过排列一种普通的颜色过滤器显示合成图像,该图像由许多竖直的一个像素宽(如显示 RGB 的 3 个点)的条纹状图像组成,但是即使是在观测区域中也会引起色彩分离现象,为了防止色彩分离现象,合成图像中必须用 1 个点宽的图像条纹,这样就需要一个额外的信号转换电路。而且,这种合成图像不适合现在广泛应用于三维显示的顺序区域立体显示方法。

3.3.4 光栅法

将屏幕划分成一条条垂直方向上的栅条,栅条交错显示左眼和右眼的画面,观众左眼只看到左眼的栅条,右眼只看到右眼的栅条,从而实现了左、右眼只看到相应的图像(图3.10)。

图 3.10 自动立体显示

3.3.5 自由立体显示技术

不需要佩戴任何辅助工具的自由立体显示方式,由于各方面的优点,必然成为立体显示的发展趋势。目前,欧美等国和国际大公司的研究方向也主要集中于此。基于液晶显示器的自由立体显示技术主要有如下几种:

1. 视差照明技术

视差照明技术(Parallax Illumination)是美国 DTI(Dimension Tech nologies Inc.)公司的专利,它是自动立体显示技术中研究最早的一种技术。DTI 公司从 20 世纪 80 年代中期进行视差照明立体显示技术的研究,1997 年推出了第一款实用化的立体液晶显示器。利用视差照明实现立体显示的原理如下:在透射式的显示屏(如液晶显示屏)后形成离散的、极细的照明亮线,将这些亮线以一定的间距分开,这样人的左眼通过液晶显示屏的偶像素列能看到亮线,而观察者的右眼通过显示屏的偶像素列是看不到亮线的,反之亦然(图 3.11)。因此观察者的左眼只能看到显示屏偶像素列显示的图像,而右眼只能看到显示屏的奇像素列显示的图像。这样观察者就能接受到视差立体图像对,产生深度感知。

2. 视障技术

夏普公司欧洲试验室的工程师们经过 10 年的研究开发出了能在三维/二维模式间转换的自动立体液晶显示器,并于 2002 年底成功推向市场。夏普公司的立体显示技术是视差障技术。视差障技术的实现方法是使用一个开关液晶屏、一个偏振膜和一个高分子液晶层,利用一个液晶层和一层偏振膜制造出一系列的旋光方向成 90°的垂直条纹。这些条纹宽几十微米,通过这些条纹的光就形成了垂直的细

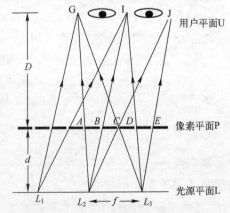

图 3.11 视差照明技术原理

条栅模式。夏普公司称为"视差障栅"。在立体显示模式时,哪只眼睛能看到液晶显示屏上的哪些像素就由这些视差障栅来控制。应该由左眼看到的图像显示在液晶显示屏上时,不透明的条纹会遮挡右眼;同理,应该由右眼看到的图像显示在液晶显示屏上时,不透明的条纹会遮挡左眼(图3.12)。如果把液晶开关关掉,液晶显示器就能成为普通的二维显示器。

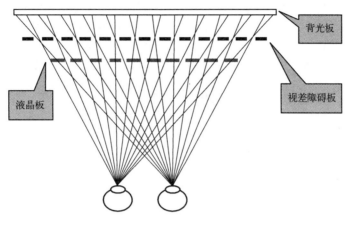

图 3.12　视障技术原理

3. 微透镜投射技术

飞利浦公司对立体显示技术的研究是基于传统的微柱透镜方法。该公司的自动立体液晶显示器是在液晶显示屏的前面加上一层微柱透镜,使液晶屏的像平面位于透镜的焦平面上。在每个柱透镜下面的图像的像素被分成几个子像素,这样透镜就能以不同的方向投影每个子像素,双眼从不同的角度观看显示屏,就看到不同的子像素(图3.13)。但同时像素间的间隙也被放大了,因此不能简单的叠加子像素。更好的做法是使一组子像素交叉排列,这是一个创新。飞利浦的另一个改进让柱透镜与像素列不是平行的,而是成一定的角度。这样做是为了使每一组子像素重复投射视区,而不是只投射一组视差图像。

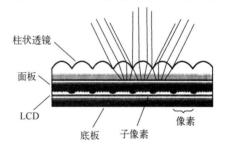

图 3.13　微透镜投射技术原理

3.4　典型立体显示系统

对虚拟世界的沉浸感主要依赖于人类的视觉感知,因而三维立体视觉是虚拟现实技术的第一传感通道。为了达到大视野、双眼的立体视觉效果,需要一些专门的立体显示设备来增强用户在虚拟环境中视觉沉浸感的逼真程度。

3.4.1　头盔显示器

头盔显示器(Head Mounted Display,HMD)是虚拟现实系统中普遍采用的一种立体显示设备。HMD一般由以下几部分组成:图像信息显示源(显示器)、图像成像的光学系统、电路控制及连接系统、头盔及配重装置。它通常安装在头部,并用机械的方法固定,头与头盔之间不能有相对运动。

虽然现在市面上有很多的HMD产品,其外形、大小、结构、显示方式、性能、用途等有较大的差异,但其原理是基本相同的。HMD通常由两个显示器分别向两只眼睛提供图像,这两个图像由计算机分别驱动,两个图像存在着微小的差别,类似于"双眼视差"。显示器的图像经过凸状透镜使图像因折射产生类似远方效果,利用此效果将近处物体放大至远处观赏而达到全像视觉。通过大脑将两个图像融合获得深度感知,得到一个立体的图像。封闭式头盔显示器可以将生成的虚拟环境与用户所处的真实环境完全隔离,而通透式HMD则可以将生成的虚拟环境直接叠加到用户所处的真实环境中,因而HMD已成为沉浸式虚拟现实系统与增强式虚拟现实系统不可缺少的视觉输出设备。

图3.14所示为HMD立体显示的光学模型,图中的一个目标点,在两个屏幕上的像素分别为A_1和A_2,它们在屏幕上的位置之差,就是立体视差。这两个像素的虚像分别为B_1和B_2,通过双眼的视觉融合,人就感到这个目标点在C点,就是感觉看到的点。

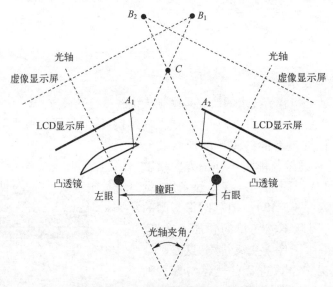

图3.14 HMD立体显示的光学模型

在头盔式显示器中有立体显示和平面显示两种工作方式。立体显示方式为两眼分别计算具有视差的不同的图像,平面显示方式为两眼提供相同的图像。显示器有CRT、背光LCD、LED、虚拟现实平台(VRD)、等离子管、硅超大规模集成电路(VLSI)显示器等多种,在现阶段主要应用的是CRT和LCD这两种,而VRD、硅VLSI显示器等是今后新型HMD的一个发展方向。CRT具有高分辨率、高亮度、快的响应速度和低成本等特性,其不足之处是功耗较大、体积大、重量重。而LCD的优点是功耗小、体积小、重量轻,其不足之处是亮度较低、响应速度较慢。

头盔式显示器的显示屏距离人的双眼很近,因此需要有专用的光学系统使人眼能聚集在如此近的距离而不易疲劳。同时,这种专用镜头又能放大图像,向双眼提供尽可能宽的视野,这种专用的光学系统称为利普(LEEP)光学系统,如图3.15所示,它是以第一家研制这一系统的公司命名的。LEEP 光学系统实质是一个具有极宽视野的光学系统,其广角镜头能适应用户瞳孔间距的需要,使双眼分别获得的图像能自然会聚在一起,否则就要安装机械装置来调节光学系统左右两个光轴的间距,这样做既麻烦,又增加了成本与重量。LEEP 光学系统的光轴间距应比常人瞳孔间距略小一些,以实现双眼图像的会聚效应。塑料制成的菲涅耳棱镜起到使双眼图像进一步相互靠近以及会聚它们的作用。

在 HMD 上一般都装有位置跟踪设备,它固定在头盔上,能实时检测出头部的位置,并将这个位置传送到计算机中。虚拟现实系统中的计算机能根据头部的运动在头盔显示器的屏幕上显示出反映当前位置的场景图像。因为人眼对视景图像的变化特别敏感,所以头盔位置跟踪设备要求灵敏度高、延迟小。

HMD 的基本参数主要包括:显示模式、可视角度、显示分辨率、眼到虚拟图像的距离、眼到目镜距离、光轴夹角、瞳孔间距、焦距、图像像差、视觉扭曲校正、重量、视频输出等。

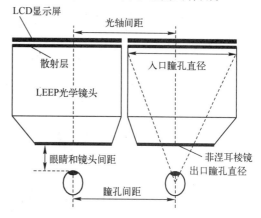

图 3.15　HMD 的 LEEP 光学系统

HMD 的重量、舒适度和价格是对市场中各种产品进行比较时的一些附加标准。头盔显示器和相关的光学镜片的小型化技术已经取得了巨大的进步。下面介绍几种典型的 HMD。

(1) 5DT HMD 800。5DT HMD 800 系列 HMD 能提供用户虚拟场景的沉浸效果,功能包括头顶和脑后固定带子的松紧调节装置,头戴追踪设备的安装底座及显示屏可以随时上翻便于了解外界实际情况的设计(图 3.16)。5DT HMD 800 系列 HMD 每个彩色显示屏的分辨力为 800×600,电源和信号均为有线输入,质量接近 600g。5DT HMD 800 系列的显示信号输入为 SVGA、PAL、NTSC 三种,双声道立体声输入。其中 5DT HMD 800-26 提供二维和三维版本,视角为 26°;5DT HMD 800-40 只提供三维版本,视角为 40°。

(2) SimEye SX100。SimEye SX100 是通透式 HMD,它的光学组件安装于经设计改进的新型头盔带上,佩戴舒适自如,具有出色的向下浏览功能和平衡性(图 3.17)。SimEye SX100 HMD 每个彩色显示屏的分辨率为 1280 像素×1024 像素,视角达到 112°,光学透视率大于 20%。电源和信号均为有线输入,质量为 1.14kg。SimEye SX100 的显示信号输入为 SVGA、DVI-I 两种,双声道立体声输入。它主要用于增强现实及模拟训练应用领域。

图 3.16　5DT HMD 800 HMD

图 3.17　Sim Eye SX100 HMD

（3）Cy-Visor DH-4400VP。图 3.18 所示的 Cy-Visor DH-4400VP，质量仅为 155g。这类 HMD 与眼镜很像，因此也称为带在脸上的显示器（Face-Mounted Displays，FMD）。Cy-Visor DH-4400VP HMD 每个彩色显示屏的分辨率为 800×600，视角为 31°。Cy-Visor DH-4400VP 的两个显示器中输入的图像一样，因此它是平面 HMD。在 Cy-Visor DH-4400VP 上看到的图像相当于在 2m 的距离上看 44 英寸的图像。Cy-Visor DH-4400VP 的显示信号输入为 SVGA、VGA、PAL、NTSC 和 S-VHS，双声道立体声输入。由于 FMD 的重量较轻、图像显示较大、价格比立体显示 HMD 便宜很多，因此 FMD 除了用于虚拟现实系统外，还被大量应用于模拟训练应用和娱乐领域。

图 3.18　Cy-Visor DH-4400VP HMD

3.4.2　Stereo Monitor

Stereo Monitor 是最常见的立体显示系统，由立体监视器和立体眼镜组成（图 3.19），是常见的台式立体监视器显示系统，监视器屏幕以一定频率交替显示生成的左、右眼视图，用户需佩戴立体眼镜，最终观察到系统中形成立体图像。

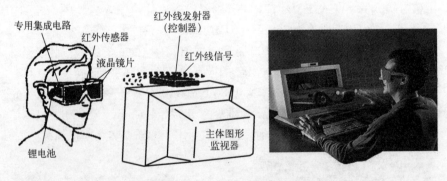

图 3.19　Stereo Monitor

该系统的优点为价格低廉、分辨率高、用户可以自由地操作键盘和鼠标，系统可方便接入其他外设。其缺点是沉浸感不强、用户活动范围受限。

3.4.3　ImmersaDesk

ImmersaDesk 是桌面兼做显示屏，由投影仪、一个大的反射镜和一个既作桌面又作显示屏的特殊玻璃组成。响应台前部为显示屏,后部桌面下安装一台投影仪,显示屏下面安装一个大的反射镜,后部的投影仪将立体图像投影到反射镜面上,再由反射镜将图像反射到显示屏上,用户佩戴眼镜观察时,具有较强的立体感。由于 ImmersaDesk 具有较大的显示屏,因此允许多个用户共同参与,如图 3.20 所示。双面响应工作台立体显示装置,是在普通的 ImmersaDesk 上增加了一个垂直的显示屏,使桌面的立体图像的成像高度有较大提高,进一步改善了立体效果和显示质量。

ImmersaDesk 的优点是具有高分辨率和多用户参与,缺点为用户运动范围受限。

图 3.20 ImmersaDesk

3.4.4 手持式显示器(BOOM)

BOOM(Binocular Omni Orientation Monitor)是一种可移动式显示器。它由两个互相垂直的机械臂支撑,这不仅让使用者可以在半径约 2 m 的球面空间内自由移动,还能将显示器的重量加以巧妙的平衡而使之始终保持水平,不受平台的运动影响(图 3.21)。在支撑臂上的每个节点处都有位置跟踪器,因此 BOOM 和头盔显示器一样有实时的观测和交互能力。

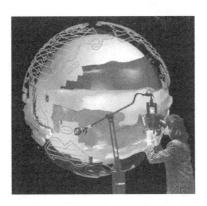

图 3.21 BOOM

与头盔显示器相比,BOOM 采用高分辨率的 CRT 显示器,因而其分辨率高于 HMD,且图像柔和。BOOM 的位置及方向跟踪是通过计算机械臂节点角度的变化来实现的,因而其系统延迟小,且不受磁场和超声波背景噪声的影响。虽然它的沉浸感稍差些,但使用这种设备可以自由地进出虚拟环境,使用者只要把头从观察点转开,就离开虚拟环境而进入现实世界,因此具有方便灵活的应用特点。BOOM 的缺点是使用者的运动受限,这是因为在工作空间中心的支撑架造成了"死区"。

3.4.5 洞穴式虚拟环境（CAVE）

CAVE(Cave Automatic Virtual Environment)是一种由投影显示屏包围而成的一个像小房子那样的虚拟现实的立体显示装置(图 3.22),可容纳 3~6 人。通常 CAVE 立体显示装置的显示屏幕由立方体的 4~6 个面组成,用户位于立方体之中,他们的视线所及的范围均为背投式显示屏上显示的计算机生成的立体图像,从而使用户产生身临其境的视觉感受。

CAVE 具有高分辨率和高沉浸感,但用户交互时活动范围受限。将投影面设计成球状(图 3.23),用户在运动时,球进行滚动,视景随之变换,而用户实际位置并未改变,因而增大了视野范围。

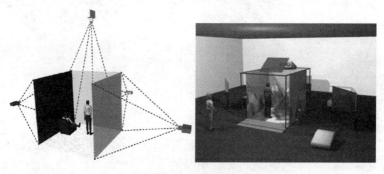

图 3.22 CAVE

图 3.23 球形 CAVE

3.4.6 PowerWal

前面几种立体显示系统最多只能供为数不多的用户同时使用。如何能使更多观众共享立体图像呢,一种自然的解决方案就是采用大屏幕投影系统组成的 PowerWal 立体显示系统(图 3.24)。PowerWal 可设计成主动立体显示系统和被动立体显示系统,由于采用多投影通道,所以还涉及大屏幕的拼接等问题。对于这两类系统,用户只需佩戴立体眼镜即可。

图 3.24 PowerWal

第4章 纹理映射

现实世界中的物体,其表面往往有各种表面细节,即各种纹理,如刨光的木材表面上有木纹,建筑物墙壁上有装饰图案,机器外壳表面有文字说明它的名称、型号等,同样机型的作战飞机,由于纹理不同,可以表示不同参战方的战斗实体(图4.1)。这些通过颜色色彩或明暗度变化体现出来的表面细节,称为颜色纹理;

图4.1 不同纹理的同型号飞机

另一类纹理则是由于不规则的细小凹凸造成的,例如橘子皮表面的皱纹,是粗糙的表面,称为几何纹理,是基于物体表面的微观几何形状的表面纹理,一种最常用的几何纹理就是对物体表面的法向进行微小的扰动来表现物体表面的细节。对于不规则或者不规则动态变化的自然景象,如云彩、烟雾、火焰、战场环境中的爆炸效果等则采用过程纹理表示(图4.2)。

(a) 爆炸引起的水柱　　　　　　(b) 被击中的坦克在燃烧

图4.2 过程纹理

无论是几何纹理还是颜色纹理,可以用纹理映射的方法给计算机生成的图像加上纹理。图4.3(a)为添加纹理之前的模型图,图4.3(b)为添加纹理后的效果图。

纹理映射最简单的方式就是在物体表面贴一幅图像、一张图片或一个图案。例如,纹理映射可以在盒子外面贴一个标签或者在布告板上贴一张真实的图片,或者也可以贴上类似木纹或石头这样的半重复图案。更一般地,一块纹理可以包含任何一种影响物体外貌的信息;例如,纹理可以是一个预先计算好的查找表,而相应的纹理映射的过程就简化为在绘制过程中从查找表中提取影响每一特定点的信息。如果不采用纹理映射,物体表面要么非常光滑、简单,要么就必须采用很小的多边形来绘制以便清楚地表达表面的细微特征。

纹理根据其定义域可以分为二维纹理和三维纹理,根据其表现形式可分为颜色纹理、几何纹理和过程纹理。

(1) 颜色纹理是通过颜色色彩或明暗度的变化体现出来的表面细节,如桌面的木纹、墙壁上的装饰图案等。

(2) 几何纹理是由物体表面的凹凸不平形成的表面细节。如褶皱的橘子皮表面、未磨光石块表面凹痕等。

(3) 过程纹理表示不规则或者不规则动态变化的自然景象。如云彩、烟雾、火焰等。

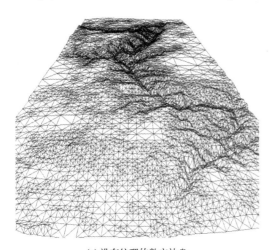
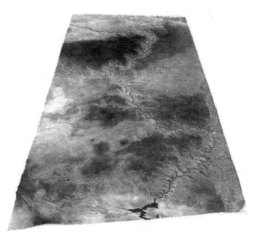

(a) 没有纹理的数字沙盘　　　　　　　　(b) 加上纹理的数字沙盘

图 4.3　纹理映射场景

4.1　纹理的定义

可用离散法、连续函数法和参数法定义等不同的方法定义纹理。

4.1.1　离散法定义

用离散法定义纹理较为常用,使用一个二维数组来定义纹理,这个数组可以代表一个用于光栅图形显示的字符位图,可以是程序生成的图形、交互式绘图系统绘制的各种图案、扫描仪输入的数字化图像等。用这种方法定义的纹理,方法灵活,修改也方便,比较适合于交互式系统的纹理映射显示。

将纹理定义在一个二维数组中,代表纹理空间中行间隔、列间隔固定的一组网络点上的纹理值,网格点外的纹理值可以通过插值获得,如图4.4所示。

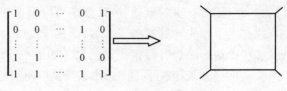

图 4.4 离散法定义纹理

4.1.2 连续函数法定义

任何定义在二维空间($u \in [0,1], v \in [0,1]$)的函数均可作为纹理函数。纹理函数用于生成纹理数据,实际应用中常采用一些特殊函数用于模拟现实生活中的一些常见纹理,如下面的纹理函数可以模拟粗布纹理:

$$f(u,v) = A(\cos(pu) + \cos(qv))$$

式中:A 为 $[0,1]$ 区域上的随机变量;p,q 为频率系数。

而下面的函数定义一个棋盘方格纹理函数:

$$g(u,v) = \begin{cases} b(\lfloor u \times 8 \rfloor + \lfloor v \times 8 \rfloor \text{为奇数}) \\ a(\lfloor u \times 8 \rfloor + \lfloor v \times 8 \rfloor \text{为偶数}) \end{cases} \quad (4-1)$$

式中:$0 \leq a < b \leq 1$;$\lfloor x \rfloor$ 表示小于 x 的最大整数。

4.1.3 参数法定义

用一些参数定义纹理模型,纹理模型可以用文本性文件描述,尤其适合于对构成一个场景的各景物定义各自的纹理模型,例如室内布置中对沙发定义的纹理、对家具定义木纹纹理、对地面定义大理石纹理等。纹理使用时,由一个通用的解释程序(它再分别调用相应的过程)对纹理先解释再映射(因此也可以称为过程式纹理定义)。

4.2 二维纹理映射

在纹理映射技术中,最常见的纹理是二维纹理。二维纹理映射就是从二维纹理平面到三维物体表面的映射。无论是几何纹理还是颜色纹理,可以用纹理映射的方法给计算机生成的图像加上纹理。

4.2.1 纹理坐标值的确定

二维纹理定义在平面区域上,二维纹理平面是有范围限制的,在这个平面区域内,可以用数学函数解析式表示,也可以用数字图像离散表示,即函数纹理和图像纹理。图像纹理是将二维纹理图案映射到三维物体表面,绘制物体表面上一点时,采用相应的纹理图案中相应点的颜色值,或用数学函数定义随机高度场,生成表面粗糙纹理即几何纹理。

纹理一般定义在单位正方形区域($0 \leq u \leq 1, 0 \leq v \leq 1$)之上,称为纹理空间(Texture space)。纹理映射是确定物体表面一点 P 在纹理空间中的对应点 (u,v),从而纹理空间中的点 (u,v) 处的纹理值就是物体表面一点 P 的纹理属性。纹理映射过程为:纹理空间(u,v)→物体空间(Object space)(x_0,y_0,z_0)→屏幕空间(Screen space)(x_s,y_s)(图 4.5)。

屏幕上显示的像素的颜色可通过下面的映射得到：

F:纹理空间→对象空间

T:对象空间→屏幕空间

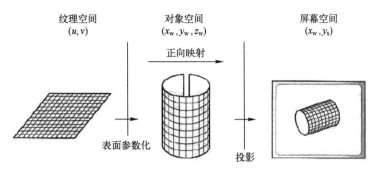

图 4.5 纹理映射过程

只要确定了物体表面的纹理属性，接着就是将物体表面上各点所对应的纹理值作为光照明模型中的相应参数进行光强度计算，再绘制画面。

首先考虑将纹理映射到各面均为平面的物体表面的情况。由于物体各面和二维的纹理均为平面，将纹理映射到物体表面的过程不会产生任何的非线性拉伸或变形。对于这样的简单情形，一般纹理坐标可以手工直接指定。

如式(4-1)的纹理图像模拟国际象棋上黑白相间的方格(图 4.6)。

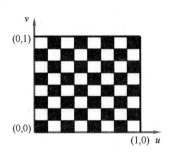

图 4.6 黑白相间纹理

在将纹理映射到其他的非平面表面时，如果表面可以被某参数函数 $P(s,t)$ 表示，其中 (s,t) 定义在 $\mathbf{R}^2$ 区域上，则纹理坐标 (u,v) 可以被设成 s 和 t 的函数。

如将纹理坐标映射到圆柱表面上。这里仅考虑如何将纹理映射到圆柱侧面，圆柱的顶和底面并不考虑。假设圆柱体高为 h，半径为 r，将纹理映射到圆柱侧面使之裹住圆柱，则有：

（1）圆柱方程为

$$x^2+y^2=r^2 \quad (0 \leqslant z \leqslant h) \tag{4-2}$$

（2）参数化方程为

$$P(\theta,z)=(r\cdot\cos\theta,r\cdot\sin\theta,z) \quad (0\leqslant\theta\leqslant 2\pi)$$

令

$$\begin{cases} u = \dfrac{\theta}{2\pi} \\ v = \dfrac{z}{h} \end{cases} \quad (4-3)$$

这样,纹理按比例缩放而没有任何变形地贴到了柱面。

4.2.2 两步法纹理映射

1986年,Bier 和 Sloan 提出了一种独立于物体表面的纹理映射技术,将纹理空间到物体空间的映射分为两个简单的映射复合。两步法纹理映射的核心是引进一个包围物体的中介三维曲面作为中间映射媒体,主要过程分两步:

(1) S-映射:将二维纹理映射到一个简单的三维物体表面,采用不同的中间映射媒体生成的纹理效果是不同的,如平面、球面、圆柱面、立方体表面等,要根据目标物体表面选择。

$$S:(u,v) \rightarrow (x',y',z')$$

例如,上述高为 h,半径为 r 的圆柱体,S-映射为

$$\begin{cases} x = r\cos 2\pi u \\ y = r\sin 2\pi u \\ z = h \cdot v \end{cases} \begin{pmatrix} 0 \leqslant u \leqslant 1 \\ 0 \leqslant v \leqslant 1 \end{pmatrix} \quad (4-4)$$

又如,半径为 r 的球的 S-映射为

$$\begin{cases} x = r \cdot \cos 2\pi u \\ y = r \cdot \sin 2\pi u \cdot \cos 2\pi v \\ z = r \cdot \sin 2\pi u \cdot \sin 2\pi v \end{cases} \begin{pmatrix} 0 \leqslant u \leqslant 1 \\ 0 \leqslant v \leqslant 1 \end{pmatrix} \quad (4-5)$$

(2) O-映射:将 S-映射的三维物体表面上的纹理映射到目标物体表面:

$$O:(x',y',z') \rightarrow (x,y,z)$$

O-映射一般有4种,如图 4.7 所示。

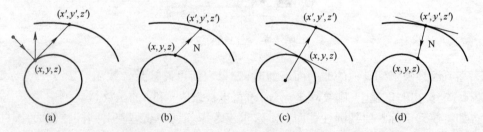

图 4.7 O-映射

图(a)取视线在物体表面可见点 (x,y,z) 处的反射与中间映射媒体表面上的交点 (x',y',z') 作为 (x,y,z) 的映射点。

图(b)取物体表面可见点 (x,y,z) 处的法线与中间映射媒体表面上的交点作为映射点。

图(c)取物体中心到可见点 (x,y,z) 的射线与中间映射媒体表面上的交点作为映射点。

图(d)中间映射媒体表面上的点(x',y',z')处的法线与物体表面的交点为(x,y,z)，(x',y',z')为(x,y,z)的映射点。

4.2.3 几何纹理映射

两步法纹理映射方法只能实现物体表面的颜色(花纹)纹理，但不能实现物体表面几何形状的凹凸不平而形成的粗糙质感。为此，出现了无需修改物体模型就能实现物体表面凹凸不平效果的纹理技术——几何纹理或称凹凸纹理映射(Bump mapping)。

凹凸纹理最初由 Blinn 提出，是用来使一个光滑的表面具有凹凸感，凹凸纹理通过使用修改表面法向的"高度纹理"来达到这个效果。由于物体表面的光强度是由物体表面的法向量决定的，凹凸纹理映射通过对物体表面各采样点的法向量做微小的调整来改变物体表面的光强度，达到凹凸不平的效果(图4.8)。

设由参数化函数 $P(u,v)$ 表示的理想光滑表面，物体表面各采样点的法向量为

$$N(u,v) = \frac{\partial P(u,v)}{\partial u} \times \frac{\partial P(u,v)}{\partial v} \tag{4-6}$$

式中：$N(u,v) \neq 0$。

对物体表面各采样点的法向量做微小的不规则的 $F(u,v)$ 调整达到凹凸不平效果，此时表面各采样点的位置为

$$P^*(u,v) = P(u,v) + F(u,v)N(u,v) \tag{4-7}$$

法向量为

$$N^*(u,v) = \frac{\partial P^*(u,v)}{\partial u} \times \frac{\partial P^*(u,v)}{\partial v}$$

$$\frac{\partial P^*(u,v)}{\partial u} = \frac{\partial [P(u,v) + F(u,v)N(u,v)]}{\partial u}$$

$$= \frac{\partial P(u,v)}{\partial u} + \frac{\partial F(u,v)}{\partial u} N(u,v) + F(u,v) \frac{\partial N(u,v)}{\partial u}$$

$$\frac{\partial P^*(u,v)}{\partial v} = \frac{\partial [P(u,v) + F(u,v)N(u,v)]}{\partial v}$$

$$= \frac{\partial P(u,v)}{\partial v} + \frac{\partial F(u,v)}{\partial v} N(u,v) + F(u,v) \frac{\partial N(u,v)}{\partial v}$$

由于 $F(u,v)$ 是微小的量，有

$$\frac{\partial P^*(u,v)}{\partial u} \approx \frac{\partial P(u,v)}{\partial u} + \frac{\partial F(u,v)}{\partial u} N(u,v)$$

$$\frac{\partial P^*(u,v)}{\partial v} \approx \frac{\partial P(u,v)}{\partial v} + \frac{\partial F(u,v)}{\partial v} N(u,v)$$

$$N^*(u,v) \approx \frac{\partial P(u,v)}{\partial u} \cdot \frac{\partial P(u,v)}{\partial v} + \frac{\partial P(u,v)}{\partial u} \cdot \frac{\partial F(u,v)}{\partial v} N(u,v) + \frac{\partial P(u,v)}{\partial v}$$

$$\cdot \frac{\partial F(u,v)}{\partial u} N(u,v) + \frac{\partial F(u,v)}{\partial u} N(u,v) \cdot \frac{\partial F(u,v)}{\partial v} N(u,v)$$

由于 $N(u,v) \times N(u,v) = 0$，从而得到新的表面法向量

$$N^*(u,v) \approx N(u,v) + \frac{\partial P(u,v)}{\partial u} \cdot \frac{\partial F(u,v)}{\partial v} N(u,v) + \frac{\partial P(u,v)}{\partial v} \cdot \frac{\partial F(u,v)}{\partial u} N(u,v)$$

(4-8)

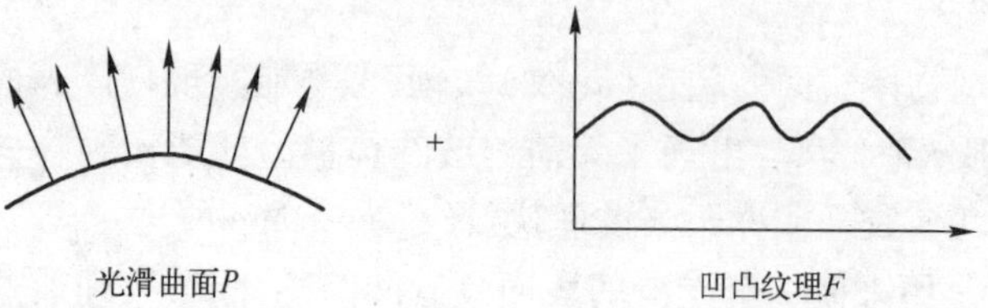

光滑曲面P　　　　凹凸纹理F　　　　映射后P*

图4.8　凹凸纹理映射

对于函数 $P(u,v)$ 可以用一张凹凸图离散给出各点的值。图4.9为应用凹凸纹理映射得到的地球。

图4.9　凹凸纹理映射的地球

4.3　环境映射

环境映射又称反射映射,是两步法纹理映射的特例。环境映射是近似的模拟光线跟踪,但没有光线跟踪那么复杂,所以能大大提高光线跟踪算法的效率。

Blinn 和 Newell 于1976年最先提出了环境映射技术。他们假设环境是由距离为无穷远的景物和光源组成,被绘制物体遮挡部分环境情况可以忽略不计。这样,在不跟踪反射光线的情况下,可以近似模拟光线跟踪效果,大大提高了光线跟踪算法的效率。

在环境映射中,计算都与光线的反射矢量 R 有关(图4.10),这里反射采用了镜面反射。

图4.11所示为环境映射的过程。对于一个被中介曲面包围的镜面物体,视点的光线经过1像素的4个角点投射到物体表面,视线 V 经过该物体的表面后生成一条反射光线 V_r,V_r 交中介曲面于 E,经物体表面的反射到达中介曲面,中介曲面记录了物体表面的纹理值,所以,该景物表面在视线的入射点 P 处的镜面反射分量由 E 点的颜色纹理值决定。

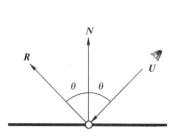 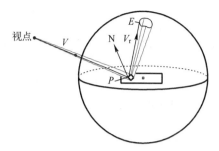

图 4.10　光线的镜面反射　　　　图 4.11　环境映射的过程

利用反射矢量 **R** 与球形、立方体以及对偶抛物面的相交,环境映射可以分为以下 3 类,即立方体映射、球面映射和对偶抛物面映射(图 4.12)。

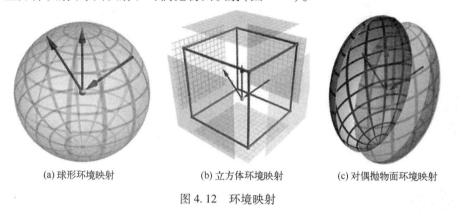

(a) 球形环境映射　　　(b) 立方体环境映射　　　(c) 对偶抛物面环境映射

图 4.12　环境映射

不同的环境映射技术采用不同的几何图形以及不同数量的纹理,球形映射用一个纹理图,立方体映射采用 6 个纹理图,对偶抛物面映射采用 2 个纹理图。

4.3.1　立方体环境映射

立方体映射由 Ned Greene 于 1986 年提出,利用 6 个面的纹理图,每一个纹理对应立方体相应的面。立方体全景图储存环境的 6 个面的纹理,每个纹理代表从立方体中心向外的视景的每个面。立方体环境映照通过把摄像机置于立方体的中心,然后把环境投影到立方体的面上。立方体上的图像作为环境图,其映射过程简单地将入射光线束通过物体表面片投射到立方体上,入射光线束形成的锥和立方体表面的交集就是该物体表面片的纹理(图 4.13)。

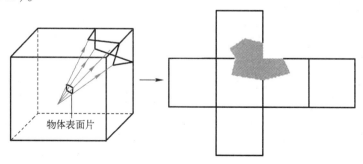

图 4.13　反射光束在立方体表面所张的区域

在实用中,场景需要绘制 6 次(立方体的每个面一次),摄像机置于立方体的中心,以 90°的视角看立方体的面。

虽然视景是由连续的像素构成,但是在立方体映射当中通常用 6 个独立的纹理,每一个纹理都有与之相对应的面。和球面及抛物面相同,立方体映射的深度是一定的,整个环境置于离立方体中心无穷远处。图 4.14 所示为纹理与立方体面对应图。

图 4.14　立方体环境映射结果

对于多边形的顶点,反射矢量是计算与视点相关的多边形的顶点的 3 个分量(R_x,R_y,R_z)。对多边形的中心,是通过顶点反射矢量线性插值进行计算,如图 4.15 所示。

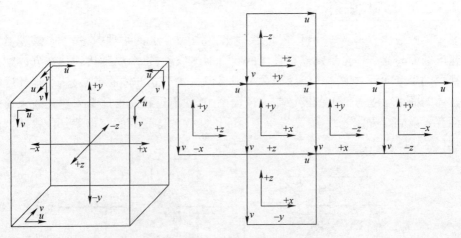

图 4.15　立方体环境映射纹理坐标系

4.3.2　球面环境映射

球面映射是指环境被映射到一个大球的内侧,被绘制的物体处于球心,纹理图像通过正投影观察一个纯反射球面的外形来得到,故得到的纹理称为球面图(sphere map)。生成真实环境球面图的一个方法为对一个发亮的球面(shiny sphere)拍照。得到的圆形图像有时也称为光探测器(Light Probe),因为它反映了球面位置的光照情况。

球面的参数方程是一个由经纬度坐标决定的二维函数。景物表面上的一点在环境球面上的对应点可以这样确定:从视点(投影中心)出发,向被绘制的物体上的点发出一条光线,求在该视点的反射光线与环境球的交点,即为该点在环境球面上的对应点(图 4.16)。

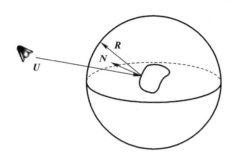

图 4.16　球面环境映射过程

从视点到顶点的矢量记为 U,规格化后记为 U'。在视点坐标系内,视点在原点,顶点的坐标为 U(图 4.17)。法线 N 转换到视点坐标系内,规格化后为 N'。

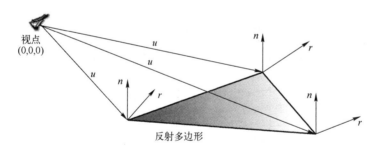

图 4.17　球面环境映射反射矢量计算

反射矢量 R 为

$$R = U' - 2(N' \cdot U')N' \tag{4-9}$$

定义

$$p = \sqrt{R_x^2 + R_y^2 + (R_z + 1)^2} \tag{4-10}$$

由于 N' 和 U' 是规格化的矢量,则 R 也为规格化矢量,即 R 可以认为是单位球上的点。为了将三维空间点投影到二维纹理坐标中,将 R 向 $R_z = 0$ 的平面投影,因此将 R_x,R_y 除以 p,得到 $\frac{R_x}{p} \in [-1, 1]$,$\frac{R_y}{p} \in [-1, 1]$。但对于纹理坐标值应在 $[0, 1]$ 之间,因此,将尺寸缩为 $\frac{1}{2}$,并且也平移了 $\frac{1}{2}$。则纹理坐标为

$$\begin{cases} u = \dfrac{R_x}{2p} + \dfrac{1}{2} \\ v = \dfrac{R_y}{2p} + \dfrac{1}{2} \end{cases}$$

(s,t) 到 $\boldsymbol{R}$ 的逆映射为

$$\begin{cases} R_x = 2\sqrt{-4u^2+4u-1-4v^2+4v} \times (2v-1) \\ R_y = 2\sqrt{-4u^2+4u-1-4v^2+4v} \times (2u-1) \\ R_z = -8u^2+8u-8v^2+8v-3 \end{cases}$$

对于单位球上的点 $\boldsymbol{P}(u,v)$,有

$$\begin{cases} P_x = u \\ P_y = v \\ P_z = \sqrt{1.0-P_x^2-P_y^2} \end{cases}$$

该点的法向矢量 $\boldsymbol{N}=\boldsymbol{P}$,若该点指向视点的矢量为 $\boldsymbol{E}$,则反射矢量 $\boldsymbol{R}$ 为

$$\boldsymbol{R} = 2\boldsymbol{N}(\boldsymbol{N} \cdot \boldsymbol{E}) - \boldsymbol{E}$$

若视点在 z 轴的负方向上,即 $\boldsymbol{E}=(0,0,1)$,上述方程可改写为

$$\begin{cases} R_x = 2N_xN_z \\ R_y = 2N_yN_z \\ R_z = 2N_zN_z - 1 \end{cases}$$

将纹理坐标系中以 v 为常数的水平线映射为球面上纬度坐标为 φ 的纬线,以 u 为常数的垂直线映射为球面上经度坐标为 θ 的经线(图 4.18)。

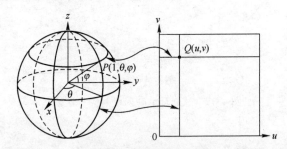

图 4.18 整体球面的映射

设纹理平面为单位正方形,球面半径取为 1,纹理平面坐标 (u,v) 与球面经纬坐标 (ϕ,θ) 间的映射函数为

$$\begin{cases} u = \dfrac{0.5\theta}{\pi} \\ v = 0.5 + \dfrac{\varphi}{\pi} \end{cases}$$

利用上式将一矩形方格纹理平面对整个球面做映射,其结果如图 4.19 所示(视线与 z 轴夹角为 45°)也可用基于等面积的映射算法,即球面的经度坐标与纹理横坐标呈正比,将纹理平面上面积相等的纹理图案映射到球面后,其面积仍然相等(图 4.20)。球面纬度

坐标的正弦与纹理纵坐标呈线性关系：

$$\begin{cases} u = \dfrac{0.5\theta}{\pi} \\ v = 0.5 + 0.5\sin\varphi \end{cases}$$

和

$$\begin{cases} u = \dfrac{0.5\theta}{\pi} \\ v = 0.5 + \dfrac{\varphi}{\pi} \end{cases}$$

图 4.19 矩形方格纹理平面对整个球面做映射

图 4.20 面积等比方法

4.4 mip-map 纹理映射

4.4.1 mip-map 纹理映射技术

纹理映射常常需要将纹理图案映射到不同大小的物体表面,理想的是物体表面大小和纹理图案大小一致。但实际物体表面大于或小于纹理图案的情况很多,这时必须取这区域的纹理属性值(如像素颜色的平均值)作为对应表面的纹理属性,但当物体表面形状复杂时,计算平均值并不能精确得到物体表面的纹理属性。

另外,将一张黑白的世界象棋图映射到物体表面,当物体表面小到接近单位像素时,表面只能显示黑色或白色,当物体位移或旋转时,会出现黑白闪烁现象。

mip-map 方法在确定屏幕上每一像素内的可见面的平均纹理颜色时需要计算 3 个参数,即屏幕像素中心在纹理点的坐标(u,v)和屏幕像素内可见表面区域在纹理平面上所映射区域的边长 d,其中(u,v)取为屏幕像素内可见表面在纹理平面上近似正方形映射区域的中心,d 取为该近似正方形的边长。显然,d 决定了应在哪一级分辨率的纹理图像平面上查取 mip-map 表。mip-map 的算法描述为:假设纹理空间的参数范围为$[0,1] \times [0,1]$。若纹理图像的初始分辨力为 512×512,则其纹理像素边长为 $l = 2^{-9}$。取 mip-map 表为 1024×1024 多分辨力纹理组,显然第 k 级分辨力的纹理图像像素边长为 $l = 2^{k-10}$。当 $2^{k-10} < d < 2^{k-9}$时,相应分辨力的纹理图像为第 k 和 $k+1$ 两级分辨力的纹理图像的线性插值,插值因子 d 满足

$$d = 2^{k-10} + d(2^{k-9} - 2^{k-10}) \tag{4-11}$$

所以

$$d = \frac{1}{2^{10-k}-1} \tag{4-12}$$

为了减小系统运行过程中纹理走样现象,利用 Minification Filter 中的基于 mip-map 的 mip-map Trilinear 压缩过滤方式自动创建一系列不同大小的纹理图像(图 4.21),分别计算其屏幕上每一个像素的颜色值;然后再分别对距离像素中心最近的 4 个纹理元进行加权平均,这样获得两幅经过加权平均的纹理图像;最后再对这两幅纹理图像屏幕像素的颜色值进行插值后获得的纹理元作为该像素的纹理映射单元映射到该像素上。

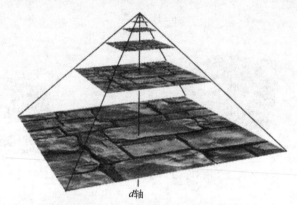

图 4.21 金字塔结构:downsample 直到子纹理的任意维为一个纹素为止

为了计算的简便,通常是将原纹理按 2 的幂次方不断地缩小。mip-map 的存储是以一张查找表的形式存储的,如图 4.22 所示,一张 64×64 的纹理图案的查找表的大小是 128×128。存储时先提取纹理图案中每像素的 R、G、B 值,然后对 R、G、B 值逐级压缩得到。

图 4.22 mip-map 表的存储

4.4.2 mip-map 纹理映射算法实现

mip-map 确定屏幕上可见表面的纹理过程如下:

(1) 计算屏幕上可见表面的中心在纹理空间上的映射点坐标(u,v)。

(2) 确定纹理空间中以(u,v)为中心,边长为 d 的正方形,要求正方形能覆盖表面在纹理空间中映射的区域(实际这样计算 d 太复杂,一般 d 为表面在纹理空间中映射的区域的最大边长)。

(3) 根据 d 的大小确定使用哪一级的纹理 map。

因为 mip-map 中的纹理图案存储的是特定的图案,即只有边长 $d = 2^k (k = 0,1,\cdots)$,对于在 $2^k < d < 2^{k+1}$ 的边长 d,mip-map 通过线性插值第 k 层的纹理和第 $k+1$ 层的纹理得到。

为了减少纹理所占的存储空间,我们只能对原纹理进行有限次的分级,然而多边形与观察者之间的距离却有无数种情况。解决方案有双线性过滤、三线性过滤。

(1) 双线性过滤。

$$b(p_u,p_v)=(1-u')(1-v')t(x_l,y_b)+u'(1-v')t(x_r,y_b)\\+(1-u')v't(x_l,y_t)+u'v't(x_r,y_t) \quad (4-13)$$

假设一多边形对应的 mip-map 为 5.7×5.7(图 4.23),那么我们将在 8×8 与 4×4 的 mip-map 中选择较小的(4×4)。当我们在填充这个多边形时得到一个纹理空间坐标(0.3,0.6)其对应的 4×4mip-map 的纹理元素为(1.2,2.4)。

不是将其简单的取整,而是在它的周围取 4 个点 $C_1(1.0,2.0)$,$C_2(1.0,3.0)$,$C_3(2.0,2.0)$,$C_4(2.0,3.0)$,然后对这 4 个点在 X,Y 方向上进行插值。

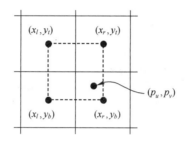

图 4.23 双线性过滤

(2) 三线性过滤。与双线性过滤的区别在于它还要在两个 mip-map 之间进行插值。例如,一个多边形及其对应的一个 5.7×5.7 的 mip-map。这时我们不是取 4×4 的 mip-map 而是同时取 8×8 和 4×4 两个 mip-map。在用扫描线法填充多边形时分别计算一个屏幕像素对应在这两个 mip-map 上的纹理元素,然后对这两个纹理元素分别进行双线性插值后得到两个纹理元素,然后对这两个纹理元素进行插值来得到最后的纹理元素。

4.4.3 clip-map 纹理

Tanner 提出了一种称为 clip-map 的数据结构。其原理是把整个数据库看成 mip-map,但在任何一个特定的视域,只有一小部分低层次的 mip-map 是需要的,即通过存取一庞大的图像数据库来进行高分辨率地形纹理贴图,通过 clip-map 减少一次所需的数据量,因此可根据视域对 mip-map 结构进行裁剪,得到所需要的部分。

由于 clip-map 包含 L 层,每一层又包含几何采样,可把采样的 (c,y,z) 信息分为两部分:(x,y) 坐标储存为常量顶点数据和 z 坐标储存为一个单通道(single-channel)的二维纹理,为每层都定义一个高度图,这些纹理都将在 clip-map 层次根据观察点变换时更新。

clip-map 的层次是统一的二维网格,(x,y) 坐标也是规则的,同时,变换和比例也是常量。定义了一组只读的顶点和索引缓冲,用来表示二维"footprints",同时,在每个层次都重复使用这些 footprints。

预先定义一组顶点和索引缓冲常量,为 clip-map 的网格(x,y)编码。对 $0\sim L-1$ 中的每一层分配一张高度图(单通道浮点二维纹理)和一张法线图(四通道 8bit 二维纹理),以上所有数据结构都保存在显存中。

由于每层的外边界都必须覆盖在下一个粗糙层次的网格上,网格尺寸 n 必须是奇数。当纹理尺寸是 2 的幂时,硬件可以进行优化,所以选择 $n=2k-1$,保留一行一列作为未使用的纹理。选择 $n=2k-1$ 还有一个优点就是较好的层次永远不会位于下一个粗糙层次的中心。

把网格的 (x,y) 值作为顶点数据,同时,z 方向的高度值保存为单通道的浮点纹理。为每层的环定义一个单独的顶点缓冲来保存 (x,y) 数据,为了减少内存空间和实现可视区域裁剪,再把环分为一些小的 footprint 片。

大部分环都由 12 个 $m \times m$ 的渲染单元块(block)组成,如图 4.24 中的灰色区域,这里 $m=(n+1)/4$。因为二维网格是规则的,同一个层中的 (x,y) 都进行同样的变换。此外,不同层次之间也可以使用统一的缩放值。因此,使用一个只读的顶点和索引缓冲,以及一些额外的参数,就可以让 vertex shader 对每个渲染单元块进行缩放和变换,完成所有渲染。

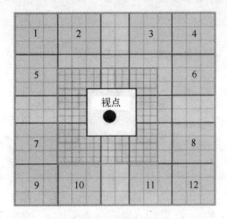

图 4.24 clip-map 渲染单元块组成图

由于 12 个渲染单元块并不能完全覆盖整个环,还要使用一些小的二维 footprint 填充这些裂缝。首先,环每条边的中间都有 $(n-1)-((m-1)\times 4)=2$ 个方格的裂缝,可以使用 4 个 $m\times 3$ 的固定区域来填充。把这些区域编码为一个顶点和索引缓冲,并且对所有层复用这个缓冲。其次,在内层环的两条边界处会产生一个方格大小的裂缝,以满足较好层次中心偏移的效果。这条 L 形的裂缝可能出现在 4 个位置(左上,左下,右上,右下),将使用 4 个顶点以及一个索引缓冲来填充这条内部的裂缝,使用对所有层次复用这几个缓冲。

图 4.25 所示为通过存取一庞大的图像数据库来进行高分辨率地形纹理贴图,通过 clip-map 减少一次所需的数据量。

4.25 clip-map 实现的战场环境

第 5 章 多分辨率模型

5.1 LOD 概述

图形的实时绘制是虚拟现实的一项基本要求。对于作战仿真系统的显示系统来说，最重要的是整个仿真的延时，显示系统的延时与场景（包括战场地理环境、作战实体等）的复杂度有着密切的关系，场景的复杂度取决于场景中多边形的数量，场景越真实，包含的多边形数目就越多，系统延时就越长。目前在作战仿真系统的显示系统中，在场景绘制时，对系统的计算与存储要求远远超出硬件的能力，这些场景结构复杂，即使对于很小的一部分场景仍需要大量的多边形来表示。而在实际应用中，许多可见的多边形，在屏幕上的投影显示非常小，甚至小于一个像素，其细节特征根本无法察觉，完全可以合并这些可见面而不损失画面的视觉效果。

为了在现有的硬件上既能快速显示场景又不影响场景的逼真度，1976 年，Clark 提出了细节层次(Level of Detail，LOD)模型的概念，认为当物体覆盖屏幕较小区域时，可以使用该物体描述较粗的模型，并给出了一个用于可见面判断算法的几何层次模型，以便对复杂场景进行快速绘制。

5.1.1 LOD 的基本思想

当场景中的物体远离观察者时，它们经过观察、投影变换后在屏幕上往往只是几个像素而已，完全没有必要为这样的物体去绘制它的全部细节，可以适当地合并一些三角形而不损失画面的视觉效果。对于一般的应用，通常会为同一个物体建立几个不同细节层度的模型，图 5.1 最左边的有最高的细节层度，而最右边的则经过了相当的简化，称之为多分辨率模型(Multi-Resolution)。

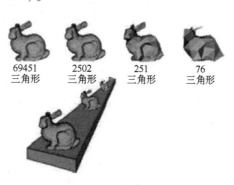

图 5.1 多分辨率模型

LOD 的基本思想是:对场景中不同的物体或物体的不同部分,采用不同的细节描述方法,在绘制时,如果一个物体离视点比较远,或者物体比较小,就可以采用比较粗的 LOD 模型绘制。反之,如果一个物体离视点比较近,或者物体比较大,就必须采用比较精细的 LOD 模型绘制。同样,场景中运动的物体,对于运动速度较快或处于运动中的物体,采用比较粗的 LOD 模型绘制;对于静止的物体,采用比较精细的 LOD 模型绘制。就其简化标准,可分为以下几种:

1. 距离 LOD

根据对象距视点的距离(Distance)(如欧几里得距离)作为标准,离视点近的采用精细模型,距视点远的采用比较粗的模型(图 5.2)。

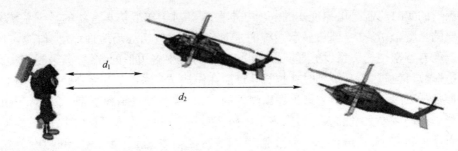

图 5.2　距离远近决定模型的分辨率

2. 大小 LOD

根据显示分辨率及对象在投影后在屏幕上区域大小(Size)作为标准,显示区域大的,分辨率高的采用精细模型,反之采用比较粗的模型(图 5.3)。

图 5.3　在屏幕上显示区域大小决定模型的分辨率

3. 偏心率 LOD

研究结果表明,人们在观看场景时,80%的注意力集中在以视线中心 $\theta=10°$ 范围以内的物体,因此可以用离视线中心偏心率(Eccentricity)作为标准,在视线中心的采用精细模型,偏离视线中心的采用比较粗的模型(图 5.4)。

4. 速度 LOD

以对象的运动速度(Velocity)作为标准,对于运动速度较快或处于运动中的物体采用比较粗的 LOD 模型绘制;对运动速度较慢或静止的物体采用比较精细的 LOD 模型绘制(图 5.5)。

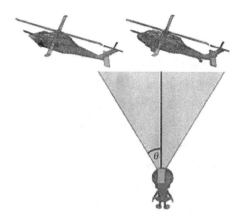

图 5.4　视线中心偏心率决定模型的分辨率

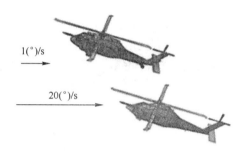

图 5.5　运动速度快慢决定模型的分辨率

5. 景深 LOD

人眼在观察物体时,注意力在特定的一段距离内(就像照相机的景深),在景深(Depth of Field)内采用比较精细的 LOD 模型绘制,小于景深或者超出景深范围的多采用比较粗的 LOD 模型绘制(图 5.6)。

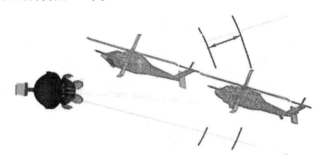

图 5.6　景深决定模型的分辨率

5.1.2　LOD 分类

LOD 技术在不影响画面效果的条件下,通过逐次简化景物的表面细节来减少场景的几何复杂度,从而提高绘制算法的效率。该技术通常对每一个原始模型建立一组不同逼近精细模型的几何模型。按其建立方法,LOD 有离散(Discrete)LOD,连续(Continuous)LOD 和基于视点(View-dependent)LOD 等形式。

1. 离散 LOD

离散 LOD 是一种传统的形式,其模型构建方法是首先采取离线(offline)方式对原始模型进行预处理,即在建模初期对模型构建一组不同分辨率的模型(图 5.7),在运行时,根据 LOD 准则选取相应分辨率的模型。由于模型的分辨率固定、有限,因此称为离散 LOD。离散 LOD 具有编程简单,不涉及读分辨率算法(实时调用不同分辨率模型),绘制渲染速度快等特点,至今仍被广泛采用。但离散 LOD 需要保存多个预处理的中间简化模型,所以占用存储空间大,并且在简化预处理时无法考虑视点及实时运行环境因素等要求,只能根据模型本身信息进行简化,因而简化效率不高,预简化生成的 LOD 模型数量不可能过多,粒度不可能太细,在不同分辨率模型切换时会出现"弹突"效应,使得场景过渡不连续;另外,对于大规模场景,在同一模型中既有近又有远,无法进行建模,必须细分,破坏了整体感。

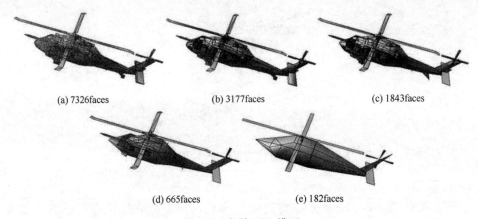

(a) 7326faces (b) 3177faces (c) 1843faces
(d) 665faces (e) 182faces

图 5.7 离散 LOD 模型

2. 连续 LOD

连续 LOD 技术是对传统的离散 LOD 技术的改进和发展,连续 LOD 是在运行过程中,系统根据需要,利用模型的数据实时计算产生的(图 5.8)。其优点是实现无需建立更多模型,只需建立最精细模型,其他比较粗的 LOD 模型是在精细模型上实时简化得到,可以实现连续分辨率模型和模型的平滑过渡,避免了离散 LOD 的"弹突"效应和多余的面片,

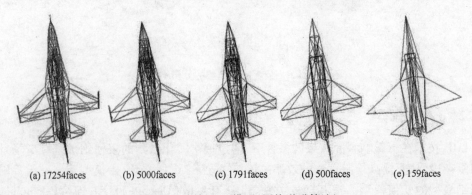

(a) 17254faces (b) 5000faces (c) 1791faces (d) 500faces (e) 159faces

图 5.8 连续 LOD 模型(网格递进算法)

并可实现网络传输。因此,连续 LOD 技术具有更高的 LOD 粒度表示,占用空间也较小,运行时画面连续性较好等优点。但由于运行时需要进行简化模型的生成处理,需要模型简化算法和实时计算,因此实时显示速度受到一定影响。

3. 基于视点 LOD

基于视点(视点相关)LOD 技术是连续 LOD 技术的进一步扩展,基于视点 LOD 允许用不同分辨率的网格模型表示同一模型的不同部分,该技术根据视点相关简化条件动态的生成与当前视点观察相对应的层次细节模型,也可以根据远近、大小、轮廓区域和可见性等视点相关参数对网格模型的各不同区域进行细节层次的生成和选择,因此具有更高的简化逼真度和简化效率。基于视点 LOD 的优点是可以根据模型在场景中的位置和重要性来动态调整模型不同部分的分辨率,可以构造较大的对象模型和大场景(如图 5.9 大规模战场地形),不同分辨率间的过渡平滑。但由于实时显示绘制时需要进行相关处理和判断,因此计算更为复杂频繁。

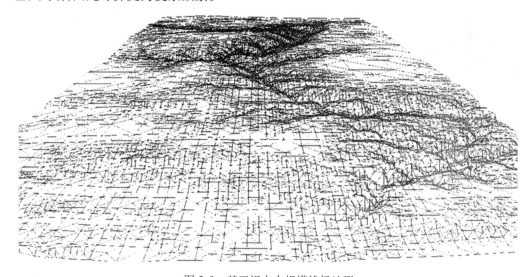

图 5.9 基于视点大规模战场地形

5.2 误差测度

由于网格模型大部分由三角面片表示,而且即使原始模型不是三角面片,也可以对其进行三角化,因此网格模型简化的本质是:在尽可能保持原始模型特征的情况下,最大限度地减少原始模型的三角形和顶点的数目。它通常包括两个原则。

(1) 顶点最少原则(Min-#):即在给定误差上界的情况下,使得简化模型的顶点数最少。

(2) 误差最小原则(Min-ε):给定简化模型的顶点个数,使得简化模型与原始模型之间的误差最小。

一般来说,最小误差简化算法其实很难达到最小误差的效果,因为从顶点数目固定的角度很难找到衡量原始网格与简化网格在形体上差别大小的定量标准,更不要说找到那个具有最小"误差"的简化网格。最小顶点数目算法则不一样,它是先给出一个衡量误差的标准,在这个标准下尽量删除顶点或多边形,得到一个在这个标准范围内的具有最少顶点数目的简化网格。这样,简化网格逼近原始网格的程度就可通过这个标准来判定。

误差测度是用来量化输入模型和输出模型的差异,它引导模型化简,使得化简后的误差在用户允许误差范围之内。因此,它对模型的简化过程和最后的简化结果都具有重要的影响。大多数简化算法采用对象空间(object-space)的一种或综合几种形式的几何误差(geometric error)作为误差测度,一些视点相关算法通常将对象空间的误差值转换为屏幕空间(screen-space)的误差值作为误差测度,有些算法也考虑模型的颜色、法向矢量和纹理坐标等属性误差(attribute error)。

5.2.1 几何距离误差

在高度场数据中,一个点的重要性可定义为

$$\text{Distance} = |H(x,y) - S(x,y)| \tag{5-1}$$

式中:Distance 为距离误差;$H(x,y)$ 为点在原有模型的高度值;$S(x,y)$ 为点在近似模型中的高度值。

距离误差越小,产生的近似模型的质量就越高。这种误差的度量方法简单、快速,且只用到局部信息。

1. 欧几里得距离

对于两点 $a(x_1,y_1,z_1)$ 和 $b(x_2,y_2,z_2)$,欧几里得距离 $d(a,b)$ 定义为

$$d(a,b) = \sqrt{(x_1-x_2)^2 + (y_1-y_2)^2 + (z_1-z_2)^2} \tag{5-2}$$

对于两个点集,Euclidean 距离的代数形式可以描述为

$$d(A,B) = \min_{a \in A}\{\min_{b \in B}\{d(a,b)\}\} \tag{5-3}$$

由此可以看出,图 5.10 两个三角形距离相同。

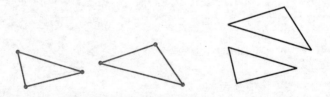

图 5.10 两对三角形间的 Euclidean 距离

欧几里得距离通常有:顶点-顶点(Vertex-Vertex distance)、顶点-平面(Vertex-Plane Distance)、顶点-面(Point-Surface Distance)、面-面(Surface-Surface Distance)之间距离几种形式。

由于模型的表面是由三角形面片构成,计算 Euclidean 距离显得比较繁琐,同时欧几里得距离忽略了三角形面片之间的拓扑关系。

2. 豪斯多夫距离

Hausdorff 距离是源于拓扑学概念,该距离广泛应用于图像处理、表面建模等领域。Hausdorff 距离是现有算法中常常用到的度量顶点到表面、表面到表面距离的几何误差测度,该距离为两个模型的顶点之间的最小距离中的最大值。Hausdorff 距离的代数形式可以描述为给定两个点集 A,B:

$$\begin{cases} H(A,B) = \max_{a \in A} \{\min_{b \in B} \{d(a,b)\}\} \\ H(B,A) = \max_{b \in B} \{\min_{a \in A} \{d(b,a)\}\} \end{cases}$$

或

$$\begin{cases} H(A,B) = \max_{a \in A} \{\min_{b \in B} \|a-b\|\} \\ H(B,A) = \max_{b \in B} \{\min_{a \in A} \|b-a\|\} \end{cases}$$

由不对称性(图 5.11),可知:

$$H(A,B) \neq H(B,A)$$

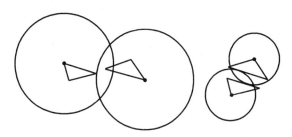

图 5.11　两对三角形间的豪斯多夫距离

豪斯多夫距离给出了两个表面间最紧包围盒的最大距离,但不能给出两个表面的逐点对应关系。

3. 映射距离

对于点与点之间的对应关系,可以用映射来描述。

给定一个连续的映射 $F:A \to B$

顶点在 A 经映射 F 到 B 后,两点间的映射距离(Mapping Distance)定义为

$$D(F) = \max_{a \in A} \|a - F(a)\| \tag{5-4}$$

假设映射 F 可通过相应的二维参数域进行完整的映射,则称该映射距离为参数距离(parametric distance),如图 5.12 所示。

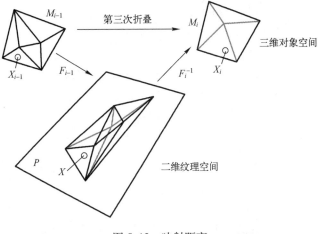

图 5.12　映射距离

由图 5.12 可见,映射距离为

$$D(F) = \max_{x \in P} \| F_{i-1}^{-1}(x) - F_i^{-1}(x) \| \tag{5-5}$$

式中:x 为二维参数域上的点;F^{-1} 为点从二维到三维表面的映射。

5.2.2 曲率

由于曲率(curvature)可以很好地区分表面的一些特征,曲率往往代表区域的平滑程度。因此在进行简化时,在高曲率处保留尽量多的几何元素,在低曲率处删除尽量多的几何元素。空间任意点的曲率包括高斯曲率、平均曲率和曲率状态。

对于函数 $H(x,y)$ 给定的表面,曲率可以定义为

$$曲率 = \left(\frac{\partial^2 H}{\partial x^2}\right)^2 + 2\left(\frac{\partial^2 H}{\partial x \partial y}\right)^2 + \left(\frac{\partial^2 H}{\partial y^2}\right)^2 \tag{5-6}$$

1. 离散点高斯曲率

图 5.13 中,对于简单顶点,有

$$K = \frac{2\pi - \sum_{i=1}^{k} \varphi_i}{A/3}$$

对于边界顶点,有

$$K = \frac{\pi - \sum_{i=1}^{k} \varphi_i}{A/3}$$

式中:面积 $A = \sum_{i=1}^{k} f_i$ 为与此顶点相关所有三角形面积之和;φ_i 为三角形在此顶点的角度。

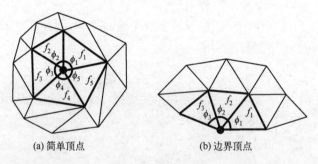

(a) 简单顶点　　　　　　　　(b) 边界顶点

图 5.13　曲率计算

2. 平均曲率

平均曲率可用下式计算:

$$H = \frac{\sum m(e_i)}{A/3} \tag{5-7}$$

式中:e_i 为顶点的边;$m(e_i)$ 为边 e_i 的曲率函数(图 5.14),其表达式为

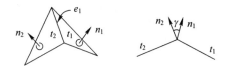

图 5.14 平均曲率

$$m(e)=\begin{cases} \gamma & (e\ 为凸面) \\ 0 & (e\ 为平面) \\ -\gamma & (e\ 为凹面) \end{cases} \tag{5-8}$$

式中：γ 为相邻两个平面法线夹角。

3. 曲率状态

曲率状态算法公式为

$$R=\sqrt{2H^2-K} \tag{5-9}$$

5.2.3 屏幕误差

距离计算的是三维物体在三维空间的误差，在绘制显示时，三维物体经过透视投影在二维屏幕上进行显示，此时误差变成了屏幕误差。

图 5.15 中，θ 为全部视野范围，d 为视点沿视线方向到模型简化中心为 c，半径为 r 的表面包围球的距离，x 为屏幕的分辨率，w 为距视点距离 d 的平截头体的宽度。若在包围球前方有一个长度为 ε，方向垂直于视线的向量，在屏幕上投影为 p。

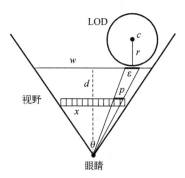

图 5.15 屏幕误差计算

根据显示三角形原理，有

$$\frac{\varepsilon}{w}=\frac{p}{x}$$

可解出 p，即

$$p=\frac{\varepsilon x}{w}=\frac{\varepsilon x}{2d\tan\frac{\theta}{2}}$$

给定最小分辨率 $t(t\geqslant p)$，即

$$\varepsilon = p\frac{2d\tan\frac{\theta}{2}}{x} \leq t\frac{2d\tan\frac{\theta}{2}}{x}$$

此外,d 可以表示为

$$d = l_{(c-Eye)} \cdot v - r \tag{5-10}$$

式中:v 为视线的单位向量;Eye 为视点的位置。

5.2.4 属性误差

由于三维模型不仅包含了几何信息,而且还包含属性信息,在模型的简化的过程中,模型几何形状改变的同时,其属性也发生了相应的变化。模型的属性信息主要包括模型表面的颜色、法向和纹理。

1. 颜色

颜色以 (R,G,B) 形式存储,取值范围为 $0\sim1$。为简化计算行动实体模型表面的颜色属性引起的误差,把 RGB 颜色空间看作欧几里得空间,通过下式计算两个相应点 (r_1,g_1,b_1) 和 (r_2,g_2,b_2) 之间的 RGB 距离为

$$\text{dis} = \sqrt{(r_1-r_2)^2 + (g_1-g_2)^2 + (b_1-b_2)^2} \tag{5-11}$$

在简化过程中,通常将 R、G、B 作为 3 个独立的分量来考虑,并忽略它们的非线性特点,所以可能会出现简化后点的颜色值超出了 $0\sim1$ 的范围,此时则可以对顶点作出调整,以保证在允许的范围内。如图 5.16 所示,坐标系的横坐标代表三维模型顶点的位置,纵坐标代表顶点对应的 RGB 颜色值。黑色顶点为原始模型中的顶点,白色顶点为通过一定的简化准则得到的顶点。由于简化后的顶点的颜色值超出了 $0\sim1$ 的范围,因此,要将简化后的顶点调整为灰色顶点,以保证简化后的顶点的颜色值为 $0\sim1$。

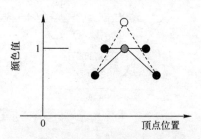

图 5.16 简化中对点颜色值的调整

2. 法向

法线方向的变化量也可以作为简化的误差标准,法线距离限定在某一阈值内。法线距离计算可以运用高斯球(Gaussian sphere),如图 5.17 所示,其表达式为

$$d = \arccos[(n_{1x},n_{1y},n_{1z}) \cdot (n_{2x},n_{2y},n_{2z})] \tag{5-12}$$

式中:n_{ix},n_{iy},n_{iz} 分别为法向量 i 的 x,y,z 向分量;运算符号"·"表示矢量点积运算。

3. 纹理坐标

在纹理空间中,多边形表面的纹理坐标以 (u,v) 的形式定义顶点的纹理映射。纹理坐标与颜色值一样,取值范围为 $0\sim1$,与颜色坐标不同的是纹理坐标 u 和 v 不是相互独立的。

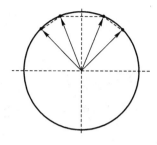

图 5.17　高斯球

一般也是采用欧几里得距离求解方法来计算纹理坐标误差：

$$d=\sqrt{(u_1-u_2)^2+(v_1-v_2)^2} \tag{5-13}$$

纹理坐标描述了模型表面和纹理空间之间的一一映射关系，在模型简化过程中要保持该关系的成立。如图 5.18 所示，折叠原始模型的边(u,v)后，由于新顶点 o 的特殊位置，简化模型中边(o,p)与边(q,t)相交，导致$\triangle opq$ 面的法向量非面向视点，该区域纹理产生交叠，影响简化模型的视觉效果。

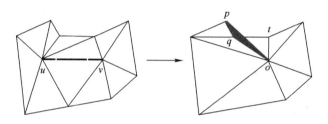

图 5.18　边折叠操作引起的一对多映射

5.3　视点相关计算

视点相关的 LOD 允许用不同复杂度的网格来表示同一个模型的不同部分，这样可以根据模型在场景中的位置和重要性来动态调整网格的复杂度。视点相关可以使同一场景根据离视点的远近不同从而选取不同分辨率显示从而提高视觉效果减少渲染量。

5.3.1　视区内外判断

视区内外判断(View frustum)准则是为了简化不在观察者视区内的对象。在场景绘制过程中，网格的简化还与视区有关。如果网格场景中的对象不在视区内，可以用较粗的网格表示，若对象在视区内，就对其进行细化。对于一个顶点而言，用一个包围球把与这个顶点相关的网格区域包围起来，判断该包围球是否完全在观察区域外，如果不是，则可能需要进行顶点分裂；反之，当其父节点的包围球在观察区域外，则可进行顶点的删除或边折叠操作。

如图 5.19 所示，对于视区外的顶点可以分为两类：一类是不可见顶点；另一类是无关顶点。不可见顶点至少包含可见三角形的一个顶点,因此是不能随意被简化的。无关顶点由于与可见部分无关,可以被忽略。

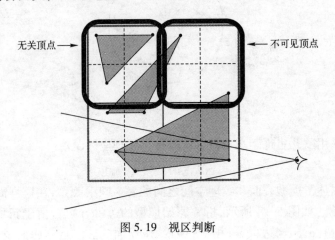

图 5.19　视区判断

计算过程(图 5.20)如下:

(1) 计算每一个 $v_s \in \hat{V}$ 的包围球 S_v,包围球包含的范围为当前模型中 v_s 其及其相邻点间的范围。

(2) 计算其最大的包围球 S_v 的半径 r_v。

(3) 若计算所得到的包围球 S_{v_s} 的球心不在顶点 v_s,计算其最大的包围球 S_v 的球心 v。

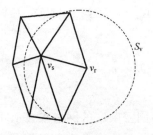

图 5.20　顶点包围球

如图 5.21 所示,设包围球的半径为 r_v,球心在 $\boldsymbol{v}=(v_x,v_y,v_z)$,视点 e 的半圆锥角为 ω、方向为 $\boldsymbol{n}$,有

$$c=\boldsymbol{n}\cdot(\boldsymbol{v}-\boldsymbol{e})$$
$$d=|\boldsymbol{v}-\boldsymbol{e}-c\boldsymbol{n}|$$
$$a=c\tan\omega$$
$$b=r_v/\cos\omega$$

包围球在平头截体之外,即无关顶点的条件为

$$d-a>b$$

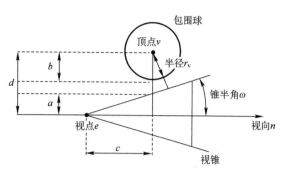

图 5.21　包围球视区内外判断

5.3.2　表面方向判断

表面方向判断(Surface orientation)准则是为了简化网格中背离观察者视点方向的对象。表面方向判断准则适用的判断方法是通过计算视线和对象表面的外法线两个矢量的点积是否位于对象网格相关区域法向量空间的背面来判断对象表面是否可见。

针对观察者的视点位置和视线方向,可以把表面划分为可见节点、边界节点和不可见节点 3 种形式。

(1) 图 5.22 为简化前的一个节点,分别计算出与顶点 v 相关的面的法向量。

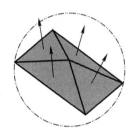

图 5.22　节点包围球及每个三角形的法向量

(2) 让这些法向量通过 v 点,计算其半角为 θ_n (图 5.23)。

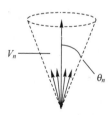

图 5.23　节点面法线包围圆锥

(3) 计算上述法向量与单位球 S^2 在球面上的交点,如图 5.24 做最小的包围球 S'_v 包围它们。

(4) 对于给定视线 V_v,计算视线的半圆锥角为 θ_v (图 5.25)。

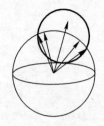
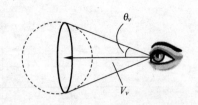

图 5.24 节点面法线包围球　　图 5.25 视线包围圆锥与节点面法线包围球

(5) 计算视线的包围圆锥与法线包围圆锥的夹角为 φ(图 5.26)。

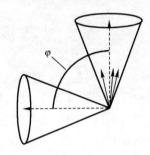

图 5.26 视线的包围圆锥与节点面法线包围圆锥

对象的可见面积最大时,有
$$\varphi = 0 \Rightarrow \cos\phi = 1 \tag{5-14}$$
对象的可见面积最小时,有
$$\phi + \theta_v = 90° \Rightarrow \cos(\phi + \theta_v) = 0 \tag{5-15}$$
对象为不可见面,即背面(backfacing),则顶点无需细化,有
$$\phi + \theta_v < 90° - \theta_n$$
$$\Rightarrow \cos(\phi + \theta_v) > \cos(90° - \theta_n) \tag{5-16}$$
$$\Rightarrow \cos(\phi + \theta_v) > \sin\theta_n$$

对于轮廓部分(部分面在"前面",部分面在"后面"),其信息较为重要,在一定程度上需要细化,即
$$|\sin(90° - \phi - \theta_v)| < \sin\theta_n \Rightarrow (\cos(\phi + \theta_v))^2 < (\sin\theta_n)^2 \tag{5-17}$$

5.3.3 对象屏幕投影判断

对象屏幕投影判断(Screen-space geometric error)准则是为了简化那些在投影到屏幕后所占面积很小的对象。有些对象虽然比较大,但在投影到屏幕以后,所占的面积却很小,因而其细化程度要求并不高,可以对其进行简化。在引入误差时,考虑到一个顶点可以代表一些顶点的聚类(或边的折叠),那么聚类中两个相距最远定点的距离矢量可以作为屏幕空间误差的阈值,如果该阈值超出规定的阈值时,必须使用适当的约束防止模型被过分简化。通常可以使用半径为 τ 的包围球,当所有顶点在包围球内,就可以进行聚类(简化),否则就必须细化。

对象在投影到屏幕以后,有的所占的面积很小,产生大量微小的三角形。对这些三角形进行简化,可以显著提高系统的效率。给定屏幕容许误差 τ,可以删除许多投影面积足够小的三角形。在边折叠中,与顶点包围球的半径 r_v、包围圆锥的半角 α_v 以及顶点的法线 n_v 有关。

图 5.27 中,对于给定视点 e,在对象的可见面积最大时,有
$$\gamma = 0 \Rightarrow \cos\gamma = 1$$
对象的可见面积最小时,有
$$\gamma = 90° \Rightarrow \cos\gamma = 0$$

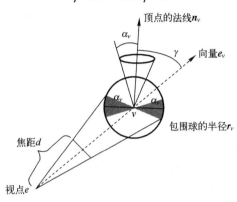

图 5.27 对象屏幕投影判断

因为法线可在范围为 α_v 内变化,对于 $\gamma<90°$ 情况,可见区域最大在 $\cos(\gamma-\alpha_v)=1$ 时,这样,对于 $\gamma\leqslant 90°\Rightarrow\cos\gamma\geqslant 0$,$\gamma\geqslant\alpha_v\Rightarrow\cos\gamma\leqslant\cos\alpha_v$,面积为 πr_v^2 的包围球区域,最大可见面积为 $\cos(\gamma-\alpha_v)\cdot\pi r_v^2$。距离视点距离为 d 的对象在视平面上的范围为

$$\cos(\gamma-\alpha_v)\cdot\frac{\pi r_v^2}{|v-e|^2}d^2$$

因为
$$\cos(\alpha)=\sin(90°-\alpha),\sin(\alpha+\beta)\leqslant\sin\alpha+\sin\beta$$
所以
$$\cos(\gamma-\alpha_v)\leqslant\cos\gamma+\sin\alpha_v$$
对于 $\gamma\leqslant 90°$,$\gamma\geqslant\alpha_v$ 的情况,投影面积范围可如下计算:

$$(\cos\gamma+\sin\alpha_v)\cdot\frac{\pi r_v^2}{|v-e|^2}d^2 \tag{5-18}$$

如果上述计算值小于给定的屏幕容许误差 τ,则可进行折叠操作。

对于 $\gamma\leqslant\alpha_v$ 情况,可见区域最大在 $\cos\gamma+\sin\alpha_v=1$ 时。

5.4 典型的 LOD 模型生成算法

近年来,国内外许多研究者提出了很多各具特色的模型简化算法,下面以各种简化算法所采用的不同技术和方法为线索,对部分具有代表性的重要算法进行简要介绍。

5.4.1 近平面合并法

Hinkler 等的几何优化方法检测出共面或近似共面的三角面片,将这些三角面片合并为大的多边形,然后用较少数目的三角形将这个多边形重新三角化。这种算法可以由用

户自己控制简化模型的误差,且可以保持模型的拓扑结构,但是由于无法避免带洞超面的产生,且重新三角剖分计算复杂,影响了算法的运行效率。

近平面合并法实现的步骤如下:

(1) 迅速地将面片分类为近似共面的集合。

(2) 快速合并这些集合中的面片。

(3) 简单而且鲁棒的三角化。

面片分类依据的是它们各自的法线之间的夹角。该算法的误差衡量标准可以归为全局误差,但是由于它仅仅依据法线之间的夹角,它的误差评估准确性较差,不能保证一定误差限制。

5.4.2 几何元素(顶点/边/面)删除法

1992年,Schroeder提出了顶点删除的网格简化方法,此后,基于边折叠、基于三角形删除等几何元素删除的方法被相继提出。这些方法的共同特点是以几何元素的删除实现模型的简化,即根据原模型的几何拓扑信息,在保持一定的几何误差的前提下删除对模型几何特征影响相对较小的几何"图元"(顶点/边/面)。

1. 顶点删除法

在三角网格中,若一顶点与它周围三角面片可以被认为是共面的(这可以通过设定点到平面距离的阈值来判断),且这一点的删除不会带来拓扑结构的改变,那么就可将这一点删除,同时所有与该顶点相连的面均被从原始模型中删除,然后对其邻域重新三角化,以填补由于这一点被删除所带来的空洞(图5.28),继续这种操作直到三角网格中无满足上述条件的顶点为止。

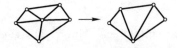

图5.28 顶点删除

Schroeder的顶点删除算法通过删除满足距离或者角度标准的顶点来减小三角网格的复杂度。删除顶点留下的空洞要重新三角化填补。该算法速度快,但不能保证近似误差。它估算局部误差,未考虑新面片同原始网格的联系和误差积累。几何元素删除法由局部几何优化机制驱动,要计算每次删除产生的近似误差。

这种算法计算较快,也不需要占用太多的内存,但是由于重新三角化需要将局部表面投影到一个平面,这种算法只适用于流形,而且它在保持表面的光滑性方面存在一定困难。

2. 边折叠法

边折叠简化算法是指在每一次简化操作中以边作为被删除的基本几何元素(图5.29)。在进行多次的选择性边折叠后,面片就可以被简化到我们想要的任何程度了。点分裂是边折叠的逆变换,可以用来恢复被简化掉的信息。Hoppe通过边折叠和点分裂构建了渐进网格(Progressive Mesh,PM)模型,实现了多分辨率(multi-resolution)的层次细节模型的实时生成。

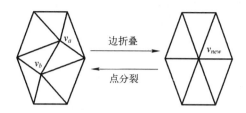

图 5.29　边折叠与点分裂

Hoppe 渐进网格算法包含基于边折叠的网格简化方法、能量函数优化和新的多分辨率表示。算法采用了单步和可逆的边折叠操作，可以将整个简化过程存入一个多分辨率数据结构（称为渐进网格表示）。PM 方案由一个简化网格 M^k 和一系列细化记录（通过与从原始网格 M_0 得到简化网格 M^k 的简化步骤的相反的步骤得到），这些细化记录可以使网格 M^k 通过逐步求精得到任意精确度的网格 M^i。在简化过程中，将每条边按照其折叠的能量代价排序得到一个优先级队列，通过这个队列实现边折叠操作。该算法也是采用全局误差度量。

3. 三角形折叠简化方法

三角形折叠简化方法是指在简化时三角面作为被删除的基本元素，它是边折叠算法的延续，一次三角形折叠可以删除 4 个三角形、2 个顶点（图 5.30）。

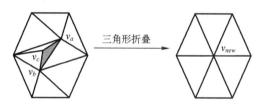

图 5.30　三角形折叠

5.4.3　重新划分算法

Turk 的重新划分算法先将指定数量的点根据各个三角形面积的大小分布到原有网格上，然后新点与老顶点生成一个中间网格，最后删除中间网格中的老顶点，并对产生的多边形区域进行局部三角化，形成以新点为顶点的三角形网格。其中分布新点采用排斥力算法，即先随机分布新点，然后计算新点之间的排斥力，根据排斥力在网格上移动这些新点，使它们重新分布。排斥力的大小与新点之间的距离、新点所在三角形的曲率和面积有关。这种方法对那些较光滑的模型是很有效的，但对于那些不光滑的模型，效果较差；由于根据排斥力重新分布新点，涉及平面旋转或投影，计算量和误差都较大。

5.4.4　聚类算法

Rossignac 等的顶点聚类算法通过检测并合并相邻顶点的聚类来简化网格。每个聚类被一个代表顶点取代，这个代表顶点可能是顶点聚类的中心或者聚类中具有最大权值的顶点（定义顶点的权值是为了强调相对的视觉重要性）。然后，去除那些由于聚类操作引起的重叠或者退化的边或者三角形。算法简化引入的误差由用户定义的准确度控制，这个标准用来驱动聚类尺寸的选择。该算法实现简单、速度快，但是没有考虑到保持原始网格的拓扑和几何结构,有可能生成非常粗糙的近似网格。

5.4.5 小波分解算法

Eck 等的基于小波变换的多分辨率模型使用了带有修正项的基本网格,修正项称为小波系数,用来表示模型在不同分辨率情况下的细节特征。

算法主要原理就是利用小波分析的方法将一个三维模型分解成低分辨率部分和细节部分,低分辨率部分是原始模型的一个子集,顶点为原始模型中对应顶点的邻域的加权平均,通常用低通滤波来实现,因此表现为低频信号。细节部分通常包含抽象的小波系数、这些系数通过高通率波来得到,表现为高频信号重建过程就是通过选择适量的高频信号与低频信号以合成相应精度的三维模型通过略去其余的更高频分量来达到简化的效果。这种算法简单、高效,可分为 3 个主要步骤:

(1) 分割:输入网格 M 被分成一些(数目较少)三角形的区域 $T_1,\cdots,T_n$,由此构成的低分辨率三角网格称为基本网格 K_0。

(2) 参数化:对于每个三角区域 T_i,根据它在基本网格 K_0 上相应的表面进行局部参数化。

(3) 重新采样:对基本网格进行 j 次递归细分就得到网格 K_j,并且通过使用参数化过程中建立的参数将 K_j 的顶点映射到三维空间中得到网格 K_j 的坐标。

此算法可以处理任意拓扑结构的网格,而且可以提供有界误差、紧凑的多分辨率表示和多分辨率尺度下的网格编辑。但是它只适用于具有细分连通性的三角网格,要求有正则、分层变换的支持,且小波变换执行效率并不是最好。

第6章 大规模战场地形建立

在战场地形环境生成中,模型数据量往往是很庞大,很复杂,是多分辨率的,主要包括与地形环境相关的信息,如作战区域内的标高、河流、湖泊、沟渠、居民地、树林、耕地、高地等地形数据,地形数据模型是战场环境模型的重要组成部分,所以这部分数据模型的建模好坏将直接影响整个战场环境的建模效果。

6.1 概述

人们认识周围环境从传统的二维思维方式转向立体空间的思维方式,开始构建三维的、实时交互的、可"进入"的虚拟地理环境,相继提出"3DGIS""VRGIS"以及相关三维GIS的概念。

所谓地形就是地表起伏的形态,如山地、平原、丘陵、盆地、河谷、沙丘等,是在内外力作用下长期塑造而成的。自然地形表面千变万化,具有高度复杂性、变化不规则性、细节多样性等特点,很难用简单的数学曲面反映地形的变化特征。因为理论上说任何复杂曲面都可以用高次多项式逼近,所以理想情况下,在数学上可以把地形建模为三维空间的连续表面,用 xy 水平面内连通域 $\mathbf{R}$ 上的一个二变量实值连续函数 $z=\varphi(x,y)$ 表示,把地形定义为 $D \equiv (\mathbf{R}, \varphi)$。但由于高次多项式求解难度的限制,这也只是对地形进行简化的理想的数学地形模型,实际很少利用高次多项式来模拟地形,而是按照一定的规律对区域 $\mathbf{R}$ 进行分割,成为若干便于使用低次多项式描述的单元。φ 是一个二变量连续函数族,任意点 $(x,y) \in \mathbf{R}_i$ 处的地形高程可以根据某一个函数 ϕ_i 通过对离散分割点上的高程进行插值得到,确保地形描述的完整性。而且,对于任意 $(x,y) \in \mathbf{R}_i \cap \mathbf{R}_j$ 都假设有 $\phi_i(x,y) = \phi_j(x,y)$,提供地形上任意点高程的唯一性。

为了逼真地反映战场环境的地形地貌信息,要对地形表面进行大量的采样,采样模型主要分为规则格网模型(Regular Square Grid,RSG)和不规则三角网模型(Triangulated Irregular Networks,TIN),通过对这些采样数据的三角化就可以获得地形的表面模型。由于地形 RSG 模型中(如数字方程模型(DEM))顶点分布的规则性,使得这种模型在大规模战场环境仿真中比 TIN 模型具有更大的应用价值。

DEM 采样数据量庞大和高度数据的冗余,给地形的实时绘制与处理带来了巨大困难,要获得高分辨率的地形数据无论在存储还是绘制上,均存在着问题,例如,500km×500km 的地形以 10m 的分辨率进行采样,将会有 2500M 数据点,如果以 1m 的分辨率进行采样,那么会有 250GB 的数据点,如果每个数据用 4B,那么地形数据将达到 1TB 的容量。而三角形的数目也达到 500GB。要提高模型的绘制效率,就要在一定的误差控制下对模型进行简化,多层次细节技术是当前解决这一问题的最好办法,可以有效地应用到地形数据的简化中,该方法在大规模战场地形三维建模中得到广泛使用。

这是一个 LOD 的特殊领域,但也是可以追溯到很久一段历史并且受到广泛的关注。对于现实飞行模拟器或者基于地形的作战模拟来说,它具有特殊的作用。同样,对于 GIS 和军事任务计划应用也具有特殊的作用。事实上,早期的飞行模拟器是一些第一代运用 LOD 的任意实际感官系统。例如,在对早期飞行模拟器领域进行的广泛调查研究中,Schachter 讨论了表示一个场景所需要的原始的图形表示的数量,并且陈述了当物体远离的时候以低精度描述是很常见的现象。在地理信息系统领域,一般性问题已经同样引起了广泛的兴趣并且实质上和 LOD 是一样的事情(如不同地图比例下地图信息的简化)。

早期的 LOD 地形绘制方法采用固定的分辨率模式,在程序运行前对地形数据进行多分辨率处理,根据当前的视点位置装载数据,并进行相应的存储。由于地形的不同部分可能采用不同的分辨率模型,因而会导致裂缝的出现。如 NPSNET 军事仿真系统,将地形分解成若干个 16×16 相邻的地块,采用固定的距离作为标准(图 6.1),将地形用 4 级分辨力表示,并预先进行计算存储在硬盘中。固定的 LOD 方法算法简单,可以预先计算,也可以最大限度地利用硬件,所以至今仍在广泛使用(特别是针对网络应用),其缺点是不

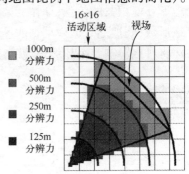

图 6.1　NSPNET 地形多分辨率绘制

能提供连续的 LOD 模型,也不能进行裂缝消除。为了克服固定的 LOD 方法的缺点,产生了连续的层次细节模型算法,模型中没有显式的细节层次存在,在绘制过程中,由绘制算法自动地生成对应于当前视点的细节层次。

在某些方面,地形要比专门的三维模型容易处理得多,因为几何图形更加受约束,通常由复杂的网格组成。这样可以使算法更具有特定功能,并且其本身更为简单。然而地形数据往往带来一些额外的复杂因素。举例子来说,由于它具有连续性的特质,从任何角度它都可能有大量的地形可见物,并且在一段距离内都为可视的。这使得可视化 LOD 技术对于任何真实时间系统都具有不可或缺的重要性。更进一步地讲,地形网格可以是极度密集的,需要利用内存分页技术以使用户能在一台普通配置的台式计算机上浏览。

地形模型主要分为 RSG 和 TIN。RSG 采用规则空间中 x 和 y 相一致的一列高度值,然而 TIN 则允许最高点之间存在不同的间隔。图 6.2 对这两种方法进行了说明,RSG 中 65×65(等于 4225)高度值和顶点 512 TIN 表示同样的精度。

TIN 可以比别的方案用更少的多边形,就能大概达到所需要的表面精度。例如,TIN 允许用一个粗略的样本描述大面积平面区域,然而对高低不平的区域采用更高精度来描述。相比而言,规则的网格似乎远远没有 TIN 有优势,由于它对整个地形区域采用同样的分辨率,在平地区域和高曲度的区域用一样的分辨率。TIN 同样提供了范围内的高适应性和样本可被建模的高精度,如最大值、最小值、山脉、溪谷、海岸线和山洞。然而,规则网格的优势是它们简单便于存储和操作。例如,确定任意点的海拔高度可通过对相应 4 个点进行双线性插值得到。另外,同样数量的点它们需要较少的存储空间,因为仅有一列的 z 值需要存储而非相关的 (x,y,z) 全部,如海平面。由于 TIN 缺乏同一空间组织形式,使得碰撞检测、动态地形等计算带来困难,同时 LOD 适用性没有规则网格系统的效率高。

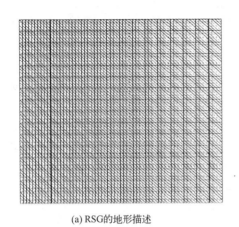 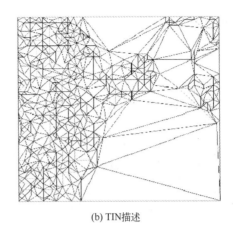

(a) RSG 的地形描述　　　　　　　　(b) TIN 描述

图 6.2　RSG 和 TIN

由于地形 RSG 模型中顶点分布的规则性，使得这种模型比 TIN 模型具有更大的应用价值（如在地形分析中一般都选用 RSG 模型），但也同时带来较大的数据冗余，这些数据冗余，给建立实时交互的虚拟地形提出了挑战。为了最大限度地提高场景的绘制速度，应尽可能地简化场景的复杂长度，就要选择合适的网格简化方式和较好的控制误差阈值。

Lindstrom 提出了四叉树（Quad Tree）的结构用于描绘地形碎片，一个四叉树递归把一个地形分割成一个一个小块（tessellates）并建立一个近似的高度图。四叉树非常简单但很有效。Duchaineau 提出了一个基于三角形二叉树结构的法则——实时优化自适应网格（Real-time Optimally Adapting Meshes, ROAM）。这里每一个小片（patch）都是一个单独的直角等腰三角形，从它的顶点到斜边的中点分裂成两个新的直角等腰三角形，分裂是递归进行的，对子三角形重复分裂直到达到希望的细节等级。ROAM 法则简单、可扩展性强，可以在连续的范围实现从最基本的平面到最高级的优化，而且 ROAM 分裂成小方块的速度非常快，并且可以动态更新高度图。

6.2　地形分割

地形数据规模的庞大造成了存储与调用的困难，直接将地形数据作为整体存储在一个巨大的三角形坐标数组是不可行的。通常采用的方法是在对地形数据进行处理后通过树形等层次结构对数据进行组织，在进行裁剪、调用和筛选时提高查找和查询效率。常见的分割结构形式有四叉树、二叉树等。

6.2.1　网格构网方式

渲染一块三维地形，一般需要地形表面各处的高度值与纹理图两种数据。其中，高度值可以通过采集的 DEM 数据得到。三维地形通过大量网格三角形表现出真实地形，三角形的构网方式可以分为 TIN 与 RSG。

不规则三角构网方法构网迅速，而且能够随地形表面的粗糙程度改变采样点的密度与位置，在有效保留如山脊、山谷线、地形变化线等地形特征的同时，又可以避免平坦地形的数据冗余。另外，该方法采用不规则三角构网生成的三角形面片数目较少，在采样点较密集的情况下地形的精确度较高。但是需要从区域内有限的点集生成连续的三角面网络来表达地形,不仅需要存储顶点的高程值,还需要存储坐标以及顶点间、三角形间连接的拓扑关系等,占用内存空间较大且容易产生细长三角形,不利于场景的管理。不规则构网方式形成的网格三角形在顶点的分布之间没有特定的联系,完全由采样点决定,形成的网格复杂而不规整,在大规模地形渲染时不易构建 LOD 分层结构。

相对不规则构网,规则构网方法缺乏灵活性,细分程度过低,容易丢失山顶、山脊等地形细节,细分程度过高则会造成平坦地区的资源浪费。但是规则构网方法在矩形网格的基础上进行三角化描述地形,顶点的坐标等数据都可以通过计算得到,数据结构较简单,不需要进行大量顶点间和三角形间连接关系的存储,计算过程相比较简单。构建形成的网格较为整齐,顶点坐标的计算相比不规则构网方式较为简单,更加适合作为大规模地形的绘制方式。

TIN 与 RSG 各有优缺点,但是 RSG 形成的网格更加规整,更容易对地形进行区域和层次上的划分,在结合 LOD 模型进行地形简化时更加简单,容易达到实时绘制的要求,而且相对而言 RSG 方式更适合大规模地形的绘制,因此,在这里采用规则网格构网方法。

6.2.2 四叉树结构

以规则网格方式构网,通常需要将地形进行分割,结合多分辨率层次结构以达到简化地形的目的。四叉树结构简单而有效,在结构比较平衡时具有较高的空间插入与查询效率,而且四叉树节点由于结构简单,适合对大规模的地形进行分割存储,因此采用四叉树进行地形分割的算法是 LOD 地形渲染算法的主流。

Lindstrom 在 1996 年使用了四叉树结构描述地形并将地形分割(图 6.3),通过对原始高度图进行多次采样建立层次模型。在四叉树结构中,子节点的数量通常是父节点的 4 倍,但同时父节点覆盖面积与 4 个子节点覆盖面积之和相同,父节点可以通过对子节点进行降采样得到,相似地,子节点也可以通过对父节点升采样得到。

由于树形结构的天然特性,四叉树中不同层次细分的节点大小都不相同,在进行地形绘制时容易产生 T 形连接与裂缝,因此,在四叉树的基础上,Pajarola 提出了限制四叉树。在限制四叉树中,每个顶点都与两个已生成的顶点共同构成一个三角形,在进行三角剖分时,顶点之间需要满足以下约束关系,如图 6.4 所示。

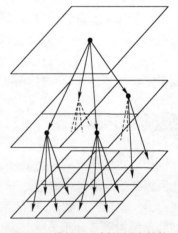

图 6.3　线性四叉树的层次结构

(1) 每个四叉树节点的中心顶点与对角线顶点之间具有约束关系。当中心顶点存在时,其对角线顶点必然存在。

(2) 每个四叉树节点的边界顶点与中心顶点具有约束关系。边界顶点与中心顶点在节点进行迭代剖分时同时产生。

随着面向图形处理器(GPU)地形算法的出现,地形的组织结构也对应采用更加适合 GPU 处理的形式。Ulrich 将地形分为多个地形块,每个地形块中包含了一组三角形集,在实时绘制时根据误差度量调用相应层级的地形块,这种结构称为分块四叉树(Tiled Quad

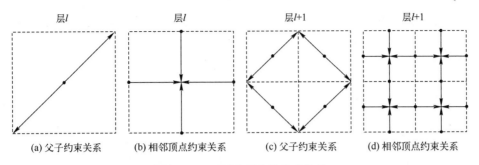

图 6.4 四叉树中顶点的约束关系

Tree)结构,如图 6.5 所示。由于对地形进行了分块处理,在块与块之间具有独立性,可以更好地利用 GPU 的并行处理来加速块内数据的调用和渲染。在每个地形块中以三角形带的形式存在大量的三角形,可以进行批量的处理与渲染,能够更加有效利用 GPU 的批处理能力。但是由于块间的不连续性,分块四叉树易导致裂缝的出现,需要额外进行"裙边"的添加,而且处理之后的地形会在原裂缝处形成"悬崖"。

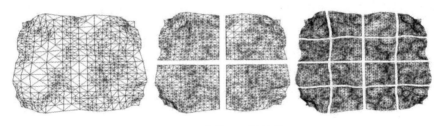

图 6.5 分块四叉树结构

6.2.3 二叉树结构

Duchaineau 在实时优化自适应网格中采用二叉树的结构对地形进行描述。地形根节点表示为两个等腰直角三角形,在进行分割时通过直角顶点与对应斜边的连线将父三角形分为两个子三角形,进行递归操作将三角形分裂至相应层次。对于分割形成的大量小三角形,在逻辑上形成一组相连的邻居(左右邻居)。在每个二叉树节点的数据结构中保存了 5 个基本数据,其中不仅具有细分后形成子节点的数据,同时还保存了左右邻居及根邻居的数据。二叉树的组织形式和分裂规则简单易行,能够对节点进行连续快速的分裂。图 6.6 所示为二叉树细分过程。

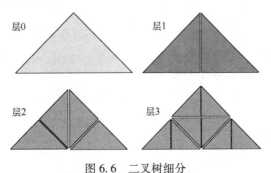

图 6.6 二叉树细分

为了避免裂缝的出现,同时采用了"钻石"的邻节点关系对节点进行强制分割,即只有在当前节点与它的根邻居呈相互下邻关系时才对当前节点进行分割,如图6.7中当前节点与根邻居处于相互下邻关系,则可以进行分割生成新顶点,这种结构有效避免了裂缝的出现。

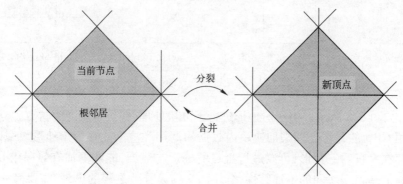

图6.7　钻石结构

在实时优化自适应网格中,为了确保所有的二叉树节点达到指定的误差阈值范围,对节点进行强制分割,当分割节点时,存在以下3种情况:

(1) 当前节点与其根邻居构成"钻石"结构时,对当前节点与其根邻居进行分割。

(2) 当前节点与其根邻居不构成"钻石"结构时,对其根邻居进行强制分割。

(3) 当前节点是网格的边,则分割到此节点结束。

分割操作是通过对网格中所有节点进行遍历强制进行的,当对当前节点分割时发现其与根邻居不构成"钻石"结构时,对当前节点进行分割,并对根邻居调用分割操作,使其形成"钻石";不断进行递归操作,直到根邻居已经是网格的边或者根邻居已经形成"钻石"结构。图6.8是一个完整的强制分割操作,图中最左边的网格经过遍历与分割操作后形成图中最右边的网格结构。

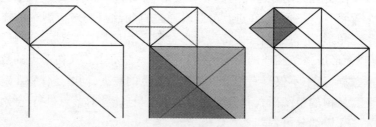

图6.8　强制分割操作

无论是二叉树结构的节点存储还是分割操作,都需要对周围节点的信息进行高效的存储与查询,这并不利于对地形进行分割、并行化处理。在GPU中节点的顶点变换与片元处理都是独立进行,在实时绘制时对相邻节点进行信息查询需要浪费大量资源。因此,二叉树结构并不适合进行GPU加速,此方面的研究成果也几乎没有。

6.3　误差度量

在通过LOD技术对模型进行简化时,需要对一些图元(顶点、边或三角形)进行移除。为了保证在简化图元后仍能够保持模型的基本特征,通常需要对图元的重要性进行度量,根据图元重要性进行简化。图元的重要性可以由简化形成的模型误差表示,而模型误差则可以通过部分顶点在简化前后的高度差进行量化。模型误差的度量影响着在距离视点不同高度、不同位置的网格密度和实时渲染时顶点的分裂与合并。合理的误差度量能够有效减少顶点在不同细分等级进行切换时所产生的跳突现象(popping)。误差的度量方式主要可以分为基于视点距离的误差、几何空间误差和屏幕投影误差等。

6.3.1 基于视点距离的误差度量

对地形进行实时渲染时,距离视点较远的网格投影在屏幕空间上只占据了很小的面积,与距离视点较近的网格相比,很多细节的展现对于最终的渲染效果影响较小。因此,根据视点位置,可以在牺牲部分视觉精度的情况下对地形进行简化。

Losasso 与 Hoppe 在几何体剪切图(Geometry Clipmaps)中通过一个 l 层的 mip-map 棱锥对地形进行分层采样,并且以视点为中心通过嵌套的"环"将地形表达成多分辨率结构。在嵌套栅格结构中,中心的环状结构分辨率较高,外层环状的分辨率依次下降。对于不同层次网格的连接问题,算法在每个"环"的外围引入了过渡区域将几何体与纹理平滑地变形以达到在两个层次间平滑过渡的目的。随着视点移动,环状结构的位置与地形的分辨率进行动态更新。几何体剪切图将地形看作二维的高程图,因此 LOD 函数的计算只考虑了顶点和地形块到视点的二维距离因素。

Strugar 在基于连续距离的 LOD(CDLOD)模型中把高度因素考虑到视点距离的计算中。在相同的二维坐标位置下,随着视点高度的上升与下降,地形的分辨率同样会随之改变,更加符合人眼观察的性质。CDLOD 引入了 morphK 因子解决在不同层次间的过渡问题。在相邻两个层次的混合区域中,通过 morphK 因子对网格位置进行移动进而达到网格细化或粗化的目的。

基于视点距离的误差度量实现较为简单,且相邻层次之间通常只相差一个层次,视觉差异较小,更加平滑,但是通常需要在不同层次间进行额外的过渡处理以避免裂缝的出现,而且单一的视距度量方式不能表现出地形粗糙度的影响。

6.3.2 基于几何空间误差的度量方式

几何空间误差又称为对象空间误差,形成原因是地形网格进行不同细分层次的切换时,由于增加或删减顶点所造成的顶点在几何空间的高程偏差。

近似误差指的是删除节点高度与父节点线性插值高度的几何空间误差。在进行模型简化时,如果所有删除节点的近似误差都符合设定的阈值范围,就可以执行简化过程进行顶点删除与三角形合并。近似误差度量的计算是在四叉树初始化过程中进行的,在单次计算中,对于顶点的近似误差是否符合阈值可以做到精确判定,但是随着模型的不断简化,将会形成累积误差,造成误差判定的不可预知性。因此,基于近似误差度量的简化模式并不满足单调性。图 6.9 为累积误差的示意图。

基于几何空间误差的度量方式针对不同层次的地形简化模型在几何空间的误差而设计,可以有效改善网格分布,使得地形表面曲率较大的区域网格分布更密,可以为平坦地形留出更多的资源,但是其容易造成累计误差,需要加以改进使得模型简化符合单调性的要求。

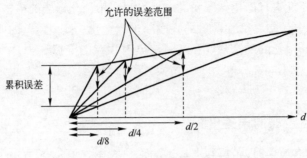

图 6.9　累积误差

6.3.3　基于屏幕投影误差的度量方式

屏幕投影误差又称图像空间近似误差,是三维地形模型的几何空间误差在屏幕空间上的投影与真实地形的误差。屏幕投影误差除了与几何空间误差有关,还与视点位置相关,综合考虑了地形粗糙度与视点位置等因素。

如图 6.10 所示,AB 为顶点的几何空间误差,投影到屏幕空间上,形成屏幕空间误差 CD。屏幕空间投影误差可由相似三角形原理计算得出,即

$$\varepsilon_{\text{screen}} = \frac{W\varepsilon_{\text{geometry}}}{2\tan(\theta/2)D} \tag{6-1}$$

式中:$\varepsilon_{\text{geometry}}$ 为几何空间误差;W 为投影平面横向上的像素数量;θ 为横向的视锥体角度;D 为到视点的三维距离。

由于综合考虑了各种因素,使用投影误差既可以让地形网格得到更加合理的分布,提高细分层次的利用率,又可以针对视点移动做出动态优化,是使用较广泛的度量方式。

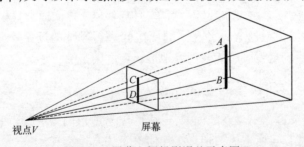

图 6.10　屏幕空间投影误差示意图

6.4　基于硬件细分的 LOD 地形算法

为有效减少地形绘制时的数据量,通常采用多分辨率细节层次模型对地形进行表达,根据视点与地形相对位置的不同删减离视点较远网格中不必要的顶点,选择低细分层次的网格,减小网格冗余来简化地形。

早期的 LOD 算法主要面向 CPU 进行地形网格的构建,以四叉树或二叉树的形式将地形分割为层次结构,并在每个四叉树或二叉树节点处存储顶点数据,在实时绘制时通过

几何空间或屏幕投影误差等度量方式确定地形各处网格的简化层次。因此,算法得到的往往是近似最优的渲染顶点树,在牺牲部分视觉精度的同时最大限度地简化了地形模型。但由于 CPU 的串行机制,在处理大量数据时效率并不高,因此,地形算法整体的实时性并不强。

随着性能的提升,尤其是其对顶点坐标变换的支持,GPU 渲染三角形的能力得到很大提升。地形渲染算法的主要瓶颈已不再是需要绘制的数据量,而转变为 CPU 到 GPU 的通信带宽限制。在出现对浮点运算的支持以及具备高带宽的显存传输速度之后,图形硬件的性能得到更大的提升。可编程着色器出现之后,在渲染管线中可以对数据进行更加灵活的操作。为了有效地利用网格,国内外很多学者研究了在地形渲染中使用基于着色器的曲面细分方法。

6.4.1 硬件构网的地形渲染算法

图 6.11 所示为基于硬件细分的算法流程图。在 CPU 端,算法主要进行四叉树分层结构的构建,在视点移动时实时判断节点是否为活动节点并通过视锥体裁剪剔除不需要继续进行细分与渲染的地形块。在 GPU 端,根据细分层次的不同,粗糙网格的地形块在细分控制着色器中被赋予不同的细分因子,然后在细分计算着色器中根据质心坐标计算细分后生成的新顶点的坐标,并读取高度图对地形赋予高度。

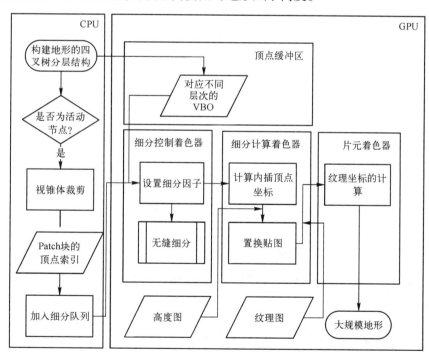

图 6.11 算法流程图

6.4.2 分块四叉树组织结构

四叉树结构较为简单,在结构平衡时具有较高的空间插入与查询效率,而且四叉树节点所在的深度与 LOD 的层次具有一致性,子节点可以通过对父节点进行降采样得到,分层结构建立比较方便,因此常作为地形绘制算法的索引组织结构。

为了便于进行硬件细分,这里采用分块四叉树的结构来组织地形的粗糙网格,四叉树中每个节点为一个地形块 Patch,网格的细分以地形块 Patch 为单位进行。在粗糙网格中,不同层次的节点具有同样的拓扑结构但是大小不同,因此必然存在不同层次的四叉树地形块相邻,导致 T 形连接的出现。T 形连接并不会导致裂缝的出现,因为顶点的高度分量并未赋值,而且在经过细分过程后,T 形连接就会消失。整个地形块的分层四叉树结构由根节点自上而下递归分裂得到,生成过程如下:

(1) 由根节点地形块 Patch 左下角顶点坐标 (x_0, y_0) 和边长 gridLen 得到其他 3 个点的坐标,即四叉树深度为 0 的节点坐标。

(2) 对四叉树中上一层节点递归进行升采样得到所有下一层节点的顶点坐标,直到粗糙网格最大细分等级 maxLevel。

(3) 将所有四叉树节点分层存储至不同的顶点缓冲对象(Vertex Buffer Object,VBO)中。

四叉树的生成方法分为自顶向下与自底向上两种。自顶向下方法由最精细层开始,通过逐渐简化生成分层结构;相反地,自底向上方法由最粗糙层开始,通过逐渐增加细节生成分层结构。考虑到仅使用四叉树结构生成粗糙网格的分层结构,这里采用自底向上的方法生成四叉树层次结构。

由于仅细分至较粗糙的等级,而且节点并未存储顶点高度数据和空间误差等数据,整个四叉树结构占用内存较小,相比对地形进行完全的四叉树构建可以节约 30%～80% 的内存占用空间。为了保证四叉树结构的平衡,提高节点查询效率,将整个四叉树结构存储至 GPU 的顶点缓冲区中,在进行下一步的细分时根据顶点索引对顶点进行筛选,相比在 CPU 内存中存储的方式可以有效减少渲染时 CPU 向 GPU 传输的数据量。

这里采用基于视点三维距离的 LOD 判别函数,Patch 块是否进行更深层次的细分,由 4 个顶点到视点三维距离的最小值与 LOD 判别阈值的比较结果决定。顶点 LOD 计算公式为

$$\text{disRatio}_{V_i} = \sqrt{\sum_{k=1}^{3} (\text{vPoint}^k - \text{verCoor}_{V_i}^k)^2 / \varepsilon_{\text{maxLevel}}} \quad (6-2)$$

式中:k 为空间坐标系的 3 个坐标分量;vPoint^k,$\text{verCoor}_{V_i}^k$ 分别为视点坐标与顶点 V_i 坐标在 k 分量上的值;disRatio_{V_i} 表示顶点 V_i 到视点三维距离相对最大细分 maxLevel 层次覆盖半径 $\varepsilon_{\text{maxLevel}}$ 的距离比例。

对于 Patch 顶点的 LOD 层次,可由各顶点距离比例最小值 ε_{V_i} 与不同层次阈值比较得到。若 $\varepsilon_{V_i} \geq l$ 层的阈值小于 $l-1$ 层的阈值,则 Patch 块属于 l 层,反之则进行下一细分层次阈值的判定,即

$$\varepsilon_{V_i} = \min_{i=0,1,2,3} (\text{disRatio}_{V_i}) \quad (6-3)$$

$$\varepsilon_l \leq \varepsilon_{V_i} < \varepsilon_{l-1}, \quad l > 1 \quad (6-4)$$

由于四叉树相邻层次之间节点数量具有 4 倍的关系,因此一般设定当前细分层次的覆盖半径 ε_l 应是上一层次覆盖半径距离 ε_{l-1} 的 1/2。由于在硬件细分过程中需要使用节

点的细分层次计算节点的细分因子,为节省在硬件细分过程的计算量,将顶点距离比例 $disRatio_{V_i}$ 写入顶点坐标四分量的高度分量中,在细分过程中作为顶点坐标传入细分着色器中。

Morton 码是四叉树最常用的地址码,其中最流行的是四进制与十进制的 Morton 码。下面采用四进制 Morton 码作为四叉树的地址码,如图 6.12 所示。四进制 Morton 编码将地形块的行、列号转换为二进制数 I_b 与 J_b,由 $M_q = 2 \times I_b + J_b$ 即可得节点的四进制 M 码。当前 Patch 块的 M 码索引 indexId 删除最后一位即可得其父节点的索引值,反之,在末尾增加一位即可得子节点的索引值,如图 6.13 所示。

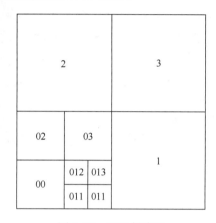

图 6.12 四进制编码

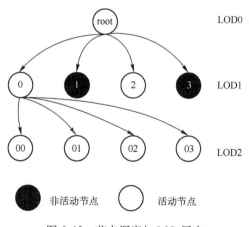

图 6.13 节点深度与 LOD 层次

6.4.3　活动节点的判定与视锥体裁剪

为了快速地对需要硬件细分的地形块 Patch 进行筛选,将布尔判断标志 isActive 引入节点结构中。在进行筛选时,通过检测布尔标志来确定节点是否需要细分。活动节点的判定同样采取自底向上的顺序,从根节点开始进行递归判定。由 LOD 判别公式得到当前视点位置下 Patch 块的细分层次,若计算得到的细分层次与 Patch 块的四叉树深度一致,则认为该地形块需要进行下一步的操作,将 isActive 设为 1,并不再进行子节点是否活动的判定,反之,则将该地形块的 isActive 值设为 0,继续该节点的 4 个子节点的判断,如果节点没有子节点,则视为判定到叶子节点,回溯到父节点的兄弟节点进行判断,直到所有节点都已完成,如图 6.13 所示。

细分着色器可以并行高效地对经由图形总线送入 GPU 的粗糙网格进行细分,但是细分过程依然是损耗硬件资源的,因此为提高算法性能,在根据 LOD 函数进行活动节点判定后进行视锥体裁剪。采用视锥体裁剪可以减小 DP(DrawPrimitive)调用中的索引数据量,还能降低需要进行细分的 Patch 块规模。

根据 Patch 块与视锥体的关系可分为范围内、相交、范围外 3 种类型,若处于范围外则直接进行剔除,对于相交和范围内的节点进行保留。视锥体剔除的结果通过判断标志 isActive 保存,对于需要剔除的活动节点,将标志值设为 0,如图 6.14 所示,灰色区域为剔除的活动节点。

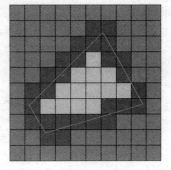

图 6.14 视锥体裁剪

视锥体共有 6 个裁剪平面(左、右、上、下、远、近)。每个平面都可以由方程 $Ax+By+Cz+D=0$ 表示,区别在于系数不同,视锥体裁剪平面的位置根据视点位置在实时改变,平面方程的系数也随之改变,由 6 个裁剪面确定的裁剪区域为 6 个平面定义的半空间的交集。

6.4.4 细分队列的生成与更新

随着视点的移动,视锥体所观察到的范围也在不断改变,粗糙网格的结构与网格细分层次随之发生变化,进行细分的 Patch 块需要每帧进行更新。为充分发挥 GPU 的并行处理能力,将相似图元组织在一起,受文献[31]中渲染队列的启发,下面的算法将粗糙网格中同一层次为活动节点的 Patch 块放入同一细分队列中。算法对于裂缝的出现没有采用在着色器中查询邻域节点细分等级的判断方法,因此不需要额外建立辅助队列存储所有 Patch 块的细分等级。这里粗糙网格最大细分等级为 maxLevel,对应的 LOD 层次有 maxLevel 层,最多有 maxLevel 条渲染队列。根节点由于覆盖半径过大,通常不进行细分,一般只有 maxLevel-1 条渲染队列。

由于粗糙网格结构已经保存在 VBO 中,在向细分队列添加指定 Patch 块时仅需添加地形块的顶点索引。因此队列的更新十分迅速,而在需要调用地形 Patch 块时,则可以通过顶点索引查询到相应地形块的顶点缓存对象。设地形 Patch 块对应的四叉树编码为 indexId,indexId 的长度即为地形块对应的四叉树节点深度 n,则写入细分队列 queue[n] 的 4 个顶点索引为

$$\begin{cases} \text{index}_{V_0} = \sum_{j=0}^{n-1} [\text{indexId}[j] \cdot \text{pow}(4, n-j)] \\ (\text{index}_{V_0}, \text{index}_{V_0}+1, \text{index}_{V_0}+2, \text{index}_{V_0}+3) \end{cases} \quad (6-5)$$

式中:pow(·)为幂次方函数;index_{V_0} 为 Patch 块左下角顶点的索引值。

6.4.5 基于连续视点距离的地形块细分

使用 LOD 模型相比直接渲染有效地精简了地形,提高了程序的实时性,为 CPU 节省

出大量的资源进行其他操作。但同时也带来了一些问题,随着视点移动,地形块在进行不同级别切换时,顶点会在高度分量上发生跳跃(popping)现象。CDLOD 算法通过在顶点着色器中对节点坐标的计算引入变形因子 morphK 来解决网格顶点平滑过渡到下一层次的问题,由于顶点高度随着视点距离增加逐渐变化,过渡过程比较平滑,但是在过渡区域会形成大量的狭长三角形,不利于场景的管理,且在同层次内三角形细分程度一致,没有很好地利用逐顶点的到视点三维距离计算结果。如图 6.15 所示为 CDLOD 算法中层次间的平滑过渡,虽然有效避免了裂缝,但出现了大量狭长的三角形。

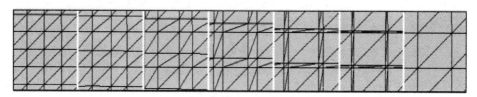

图 6.15 CDLOD 算法中的层次过渡效果

针对 CDLOD 算法的不足,下面采用在细分着色器中基于连续视点距离的细分策略,根据各顶点带小数部分的距离比例进行 Patch 块连续细分因子的设置。相比 CDLOD 算法中设定过渡区域的范围的方式,能够实现地形块不同 LOD 层次间自动平滑地过渡。

各顶点的距离比例已在粗糙网格 LOD 判别阶段计算并存储至高度分量中,因此在细分控制着色器中不再进行到视点距离的计算。基于 LOD 离视点较近的网格密度较大的思想,顶点距离比例与细分系数成反比。设细分控制着色器接收来自顶点着色器传递的 Patch 块各顶点坐标为 tcPosition[i],对应的高度分量值为 tcPosition[i].z,Patch 块外部细分因子 gl_TessLevelOuter 由比例系数 ratio 与每条边两个顶点的平均高度值相除得到,横竖两个方向的内部细分因子 gl_TessLevelInner 则由 ratio 与 4 个顶点双线性插值的结果相除得出:

$$\text{gl\_TesslevelInner}[\ ] = \text{ratio} / \sum_{j=0}^{3} (0.5 \times \text{tcPosition}[j].z) \quad (6\text{-}6)$$

顶点高度比例经过双线性插值后,每个 Patch 的内部细分程度与 Patch 块中心点的距离比例成反比。对于整块地形,形成以视点为中心,视锥体为界,细分程度逐渐递减的 Patch 块分布。细分过程伪代码如下:

```
for each Patch
    for i = 1:4
        Disratio[i] = k/tcPosition[i].z;
        Disratio[i+1] = k/tcPosition[i+1].z;
        gl_TessLevelOuter[i] = (Disratio[i] + Disratio[i+1])/2;
    end
    for m = 1:2
        gl_TessLevelInner[m] = ratio/∑_{j=0}^{3}(0.5×tcPosition[j].z)
    end
end
```

6.4.6 Patch 地形块间的无缝细分

由于在本节算法中,用来进行细分的面片 Patch 块为正方形,因此细分控制着色器中控制每个 Patch 块的细分因子共有 6 个,除了控制正方形内部横竖两个方向的两个细分因子,还有控制 4 条边的外部细分因子。内部的 2 个细分因子决定了整个 Patch 的细分密度,外部的 4 个细分因子则决定了在 4 条边内插顶点的个数。

在不同 LOD 等级的节点相邻时,由于细分程度不一致会造成内插顶点个数的不一致,对顶点进行高度域的改变后易形成裂缝,如图 6.16(a)中椭圆所指区域。对于分块地形,添加"裙边"的裂缝处理方法十分有效,但是处理过的地形并不连续,会在接缝处形成"悬崖",由于接缝过小,在视觉上并不能够察觉,但是在基于地形数据进行空间计算与分析时,往往得不到正确的结果。在硬件细分过程中通过强制设置 Patch 块的外部细分因子可以有效解决裂缝问题,一种简单有效的方法是各边的细分因子实行整数二次幂的设定原则,即将各边的细分因子设为整数,且相邻两个 Patch 块层次较高的细分因子为较低层次的细分因子的两倍。而层次较高的 Patch 块的共享边长度为层次较低节点的两倍,因此采用整数二次幂的设定原则,细分过程中相邻节点在同一段共享边上的内插顶点数量相同,坐标也相同,有效避免了裂缝,图 6.16(b)所示为本节算法中共享边细分处理后的效果。

(a) 相邻不同层次的Patch块　　　　(b) 处理后的共享边

图 6.16　裂缝处理

对于图 6.16(a)中相邻两个层次的 Patch 中,Patch1 的外部细分因子为 Patch2 的两倍,外部细分因子可由式(6-7)得出,即

$$gl\_TessLevelOuter[\ ] = pow(2, \varepsilon_{patch}) \qquad (6-7)$$

式中:ε_{patch} 为整个 Patch 的 LOD 层次。

由于细分阶段是在 GPU 中针对多个 Patch 独立并行计算,无法得到相邻 Patch 的信息,因此无法判断当前 Patch 是否与不同层次的 Patch 相邻。文献[43]中给出了一种在 CPU 计算的方法,但是需要在细分时将相邻信息传输至 GPU 中,这无疑增加了 CPU 到 GPU 之间的通信开销。这里的算法虽然采用较简单的整数二次幂的外部细分因子设置方法,牺牲了部分边进行细分的精度,但是减少了计算量和通信开销,并且能够有效避免裂缝的出现。

6.4.7 细分计算着色器中的置换贴图

在细分控制着色器中对粗糙网格中各 Patch 块的细分因子进行设置后,由细分图元生成器对网格进行细分,生成新顶点并将其相对 4 个顶点的 uv 质心坐标传入细分计算着色器中,根据顶点的局部 uv 坐标和经过细分控制着色器传递而来的各顶点世界空间坐标,通过插值求得新顶点的世界空间坐标。

经过细分计算着色器中坐标计算之后,精细网格的高度分量上仍然保存着各顶点的距离比例,与地形高度图上的高度并不符合,需要采用置换贴图[44]技术对顶点高度值进行改变。置换贴图又称为位移映射,与一般的贴图方式不同,置换贴图不仅可以改变模型表面的纹理,同时可以对表面的几何结构进行改变。置换贴图的实现需要着色器支持纹理检索的功能,在现有的着色器模型中只有顶点着色器与细分计算着色器支持,而顶点着色器在可编程渲染管线中位于细分计算着色器的前部,若进行回溯则相当于又进行了一次渲染流程,因此为了提高性能,在细分计算着色器中精细网格坐标计算之后,直接进行置换贴图过程对网格顶点的高度分量进行偏移。

置换贴图过程需要对各顶点对应纹理坐标处的高度图进行纹理检索,将得到的纹理值与缩放系数相乘后即可得顶点的真实高度值,缩放系数则由高度图的类型和高度数据的保存方式而定。置换贴图过程如下:

$$\text{newPoints}.z = \text{texture}(\text{heightMap}, \text{texCoord}.xy) \times \text{scale} \tag{6-8}$$

式中:newPoints 为新顶点的坐标;heightMap 为传入的高度图;texCoord 为新顶点对应的纹理坐标;scale 为高度图纹理的缩放系数。

图 6.17 为对 Pudget Sound 数据集进行地形渲染时的效果。

(a) 算法网格图的渲染效果　　(b) 算法纹理图的渲染效果

图 6.17　算法渲染效果

第7章 仿真实体模型的动态控制

在虚拟战场中,由于用户的交互和物体的运动,物体间经常可能发生碰撞,此时为保持环境的真实性,需要及时检测到这些碰撞,并计算相应的碰撞反应,更新绘制结果,否则物体间会发生穿透现象,破坏仿真的真实感。在每次碰撞检测过程中,还有两个主要问题需要解决:一是检测到碰撞和碰撞的位置,二是计算碰撞后的反应。碰撞检测的目的是发现碰撞并报告;碰撞响应是在碰撞发生后,根据碰撞点和其他参数促使发生碰撞的对象做出正确的动作,以反映真实的动态效果。碰撞响应涉及力学反馈、运动物理学等领域的知识。

7.1 碰撞检测技术

7.1.1 碰撞检测技术基本原理

碰撞检测系统的输入模型是构成几何对象的基本几何元素(通常是三角形)的集合,其任务是确定在某一时刻两个模型是否发生干涉,即它们的交集是否不为空,如发生碰撞,还需确定碰撞部位(参与碰撞的基本几何元素)。从几何上讲,碰撞检测表现为两个多面体的求交测试问题;按对象所处的空间可分为二维平面碰撞检测和三维空间碰撞检测。平面碰撞检测相对简单一些,已经有较为成熟的检测算法,而三维空间碰撞检测则要复杂得多。按照是否考虑时间参数,碰撞检测又可分为连续碰撞检测和离散碰撞检测。

通常碰撞检测还可以分为静态碰撞检测、伪动态碰撞检测和动态碰撞检测3类。其中静态碰撞检测是判断一活动对象在某一特定的位置和方向是否与环境对象相交;伪动态碰撞检测是根据活动对象的运动路径检测它是否在某一离散的采样位置方向上与环境对象相交;动态碰撞检测则是检测活动对象扫过的空间区域是否与环境对象相交。静态碰撞检测一般没有实时性的要求;动态碰撞检测的研究一般都考虑到四维时空问题或结构空间精确的建模;而伪动态碰撞检测有关于时间点和运动参数之间的信息,可以通过开发时空相关性获得较好的性能。虚拟现实系统中的碰撞检测一般属于伪动态碰撞检测的范围。

虚拟现实系统中的碰撞检测问题简化描述如下:碰撞检测系统的输入模型为一个静态的环境对象(三维空间 R,用三维几何坐标系统 F_w 表示)和一组动态的活动对象的几何模型,它们均为基本几何元素的集合。动态的活动对象有 N 个运动模型,它们的空间位置和姿态随着时间而改变,F_i 表示第 i 个模型所占的空间。随着时间的变化形成四维坐标系统 C_w,模型 F_i 沿着一定的轨迹运动形成四维坐标系统 C_i,碰撞检测就是判断下式是否成立:

$$C_1 \cap C_2 \cap \cdots \cap C_n = \emptyset \qquad (7-1)$$

在场景漫游中,由于视点的不断移动,视点与物体会发生碰撞,此时为了保持系统的真实性,需要及时检测到这些碰撞,并计算相应的碰撞反应,更新绘制结果。

基于物体空间的碰撞检测算法一直是人们研究的重点,已有相当多的研究成果。根据所用空间结构的不同可将它们分为两类,即空间剖分法(space decomposition)和层次包围体树法(hierarchical bounding volume trees)。这两类方法都是通过尽可能减少进行精确求交的物体对或基本几何元素的个数来提高算法效率的。不同的是,空间剖分法采用对整个场景的层次剖分技术来实现,而层次包围体树法则是对场景中每个物体建构合理的层次包围体树来实现。

空间分解法是将整个虚拟空间划分成相等体积的小的单元格,只对占据了同一单元格或相邻单元格的几何对象进行相交测试。空间分解法比较典型的例子有 k-d 树,八叉树,BSP 树,四面体网和规则网格等。采用层次划分方法进行空间分解,如八叉树、BSP 树等,可以进一步提高算法的速度。空间分解法通常适用于稀疏的环境中分布比较均匀的几何对象间的碰撞检测。

碰撞检测算法在处理包含大量物体的复杂场景时,或者首先将多数明显不相交的物体对进行快速排除,然后再对可能相交的物体对进行进一步检测,或者采用场景空间剖分(如场景八叉树)来快速确定可能存在物体相交的区域,然后在这些潜在的相交区域中进行下一步操作。把这个过程统称为碰撞检测算法的初步检测阶段。而对于初步检测阶段的后继阶段,称为碰撞检测算法的详细检测阶段。在详细检测阶段,基于层次包围体树的碰撞检测算法首先会同时遍历物体对的层次树,递归检测层次树节点之间是否相交,直到层次树叶子节点,进而精确检测叶子节点中所包围的物体多边形面片或基本体素之间是否相交。而基于空间剖分的碰撞检测算法在详细检测阶段则逐步地对潜在相交区域进行细分,并检测细分后的子区域内是否有物体相交,直到细分子区域中发现有不同物体的基本体素或多边形面片之间发生精确相交。分析这些算法在详细检测阶段的步骤,可将其划分为两个层次:一是逐步求精层;二是精确求交层。在逐步求精层中算法进行层次树的遍历或者逐步细分潜在的相交区域。而精确求交层中算法主要处理多边形面片或基本体素之间的精确相交检测。

包围盒层次法是碰撞检测算法中广泛使用的一种方法,它曾经在计算机图形学的许多应用领域(如光线跟踪等)中得到深入的研究。其基本思想是用体积略大而几何特性简单的包围盒来近似地描述复杂的几何对象,进而通过构造树状层次结构可以越来越逼近对象的几何模型,直到几乎完全获得对象的几何特性。在对物体进行碰撞检测时,先对包围盒求交,由于求包围盒的交比求物体的交简单,因此可以快速排除许多不相交的物体,若相交则只需对包围盒重叠的部分进行进一步的相交测试,从而加速了算法。

对给定的 n 个基本几何元素的集合 S,定义 S 上的包围盒层次结构 $BVT(S)$ 为一棵树,简称包围盒树,它具有以下性质:

(1) 树中的每个节点 v 对应于 S 的一个子集 $S\_v(S\_v \subseteq S)$。

(2) 与每个节点 v 相关联的还有集合 S_v 的包围盒 $b(S\_v)$。

(3) 根节点对应全集 S 和 S 的包围盒 $b(S)$。

树中的每个内部节点(非叶节点)有两个以上的子节点,内部节点的最大子节点数称为度,记为 δ。节点 v 的所有子节点所对应的基本几何元素的子集合构成了对 V 所对应的基本几何元素的子集 S_v 的一个划分。

称一棵包围盒树为完全的当且仅当包围盒树中的每一个叶节点对应于 S 个单元素子集,即只包含一个基本几何元素时。由以上描述可知,包围盒树最多有 $2n-1$,其中有 n 叶节点。

假设物体 A 和 B 要进行碰撞检测,则首先建立它们的包围盒树。包围盒树中,根节点为每个物体的包围盒,叶节点则为构成物体的基本几何元素(如三角片),而中间节点则为对应于各级子部分的包围盒。包围盒层次法碰撞检测算法的核心就是通过有效的遍历这两棵树,以确定在当前位置下,对象 A 的某些部分是否与对象 B 的某些部分发生碰撞。

下面给出基于包围盒树的碰撞检测算法。它主要由一个递归调用函数 BoundTree(V_A, V_B) 组成,V_A 为活动对象包围盒树中的当前节点,V_B 为环境对象包围盒树中的当前节点。算法的原始输入为活动对象包围盒树的根节点 A、环境对象包围盒树的根节点 B。S_A 和 S_B 分别为节点 V_A 和 V_B 所对应的基本几何元素的子集,$b(S_A)$ 和 $b(V_B)$ 分别为它们的包围盒。

对于 A,B 包围盒树中的节点 V_A,V_B,设它们的包围盒分别为 $b(V_A),b(V_B)$,A 和 B 包围盒树的双重遍历算法伪代码为

```
CollisionTrees(V_A, V_B)
{
    if b(V_A) 与 b(V_B) 的交不为空集
        if V_A 是叶子
            if V_B 是叶子
                for V_A 中的每个几何元素 P_A
                    for V_B 中的每个几何元素 P_B
                        检测 P_A 与 P_B 的交点;
            else
                for V_A 中的每个子节点 V_a
                    CollisionTrees(V_a, V_B);
        else{
            for V_B 中的每个子节点 V_b
                CollisionTrecs(V_A, V_b);
}
```

对于不同的包围盒类型,评价其好坏的标准采用耗费函数分析,即

$$T = N_v \cdot C_v + N_p \cdot C_p + N_u \cdot C_u + C_d \tag{7-2}$$

式中:T 为碰撞检测的总耗费;N_v 为参与重叠测试的包围盒的对数;C_v 为一对包围盒作重叠测试的耗费;N_p 为参与求交测试的几何元的对数;C_p 为一对几何元做求交测试的耗费;N_u 为物体运动后其包围盒层次中需要修改的节点的个数;C_u 为修改一个节点的耗费;C_d 为当对象发生变形后更新包围盒树所需的代价。

由以上的耗费函数可以看出,选择包围盒的要求如下:

(1) 简单性好。包围盒应该是简单的几何体,至少应该比被包围的几何对象简单。简单性不仅表现为几何形状简单、易于计算,而且包括相交测试算法的快速简单。包围盒越简单,C_v 越小。

(2) 紧密性好。在各个层次上应尽量和原物体及其子部分逼近。紧密性可以用包围盒与被包围对象之间的 Hausdorff 距离 H 衡量,H 越小,紧密性越好,可以减小 N_v,N_p。

(3) 当物体平移或旋转时,支持对其包围盒层次中节点的快速修改,以减小 C_u。

由上可知,包围盒层次法的核心就是如何构造包围盒树及快速地进行碰撞检测,算法种类主要有以下几种:轴向包围盒 AABB、包围球、方向包围盒 OBB、离散方向多面体 k-dop 等算法(图 7.1)。

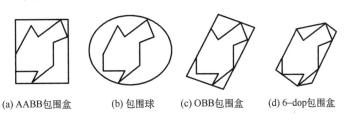

(a) AABB 包围盒　　(b) 包围球　　(c) OBB 包围盒　　(d) 6-dop 包围盒

图 7.1　几种典型包围盒的构造方式

7.1.2　轴向包围盒的碰撞检测

沿坐标轴的包围盒(Axis-Aligned Bounding Boxes,AABB)在碰撞检测的研究历史中使用得最久最广,一个给定对象的 AABB 被定义为包含该对象且各边平行于坐标轴的最小的六面体。描述一个 AABB,仅需 6 个标量。在构造 AABB 时,需沿着物体局部坐标系的轴向(x,y,z)来构造,只需分别计算组成对象的基本几何元素集合中各个元素的顶点的 x 坐标、y 坐标和 z 坐标的最大值和最小值即可,即 $a_{\min}^i \leqslant i \leqslant a_{\max}^i, i \in \{x,y,z\}$,如图 7.2 所示。

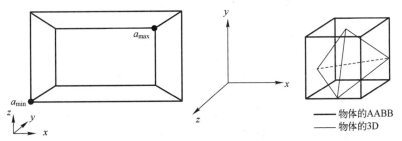

图 7.2　AABB 包围盒

因此计算 AABB 只需 6 次比较运算,存储 AABB 只需 6 个浮点数。但是,AABB 的紧密性相对较差,尤其是对于沿斜对角方向放置的瘦长形对象,用 AABB 将留下很大的边角空隙,从而导致大量冗余的包围盒相交测试。

因为 AABB 总是与坐标轴平行,同一物体的不同方向,AABB 也可能不同。如图 7.3 所示,一个 3D 的细长刚性直棒,不同的朝向包围盒都不一样而且精度也会随之改变,所以不能在旋转物体时简单地旋转 AABB,而是应该重新计算。

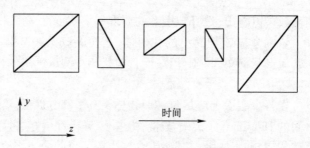

图 7.3　不同方向的 AABB

根据定义 AABB 的 6 个最大最小值 $\{x_{\min},y_{\min},z_{\min},x_{\max},y_{\max},z_{\max}\}$ 的组合,可以得到 AABB 的 8 个顶点,根据旋转后的顶点 $\{x'_{\min},y'_{\min},z'_{\min},x'_{\max},y'_{\max},z'_{\max}\}$ 计算新的 AABB:

$$\begin{bmatrix} x' \\ y' \\ z' \\ 1 \end{bmatrix} = \begin{bmatrix} m_{11} & m_{12} & m_{13} & m_{14} \\ m_{21} & m_{22} & m_{23} & m_{24} \\ m_{31} & m_{32} & m_{33} & m_{34} \\ 0 & 0 & 0 & 1 \end{bmatrix} \begin{bmatrix} x \\ y \\ z \\ 1 \end{bmatrix} = \begin{bmatrix} m_{11}x+m_{12}y+m_{13}z+m_{14} \\ m_{21}x+m_{22}y+m_{23}z+m_{24} \\ m_{31}x+m_{32}y+m_{33}z+m_{34} \\ 1 \end{bmatrix} \quad (7-3)$$

式中:$[x,y,z]^\mathrm{T}$ 为原 AABB 的 8 个顶点中的任意一个。

要找出 $\{x'_{\min},y'_{\min},z'_{\min},x'_{\max},y'_{\max},z'_{\max}\}$,需要分析变换矩阵中的元素 $m_{ij}(i \in 1,\cdots,3;j \in 1,\cdots,4)$ 和坐标元素 $a(a \in \{x,y,z\})$,若要去最小值,相应的 m_{ij} 与 a 的乘积取最小,反之取最大值。

变换 AABB 得出新的 AABB 要比变换物体的运算量小,但是也会带来一定的误差,如图 7.4 所示。比较图中原 AABB(灰色部分)和新 AABB(右边比较大的方框),它是通过旋转后的 AABB 计算得到的,新 AABB 几乎是原来 AABB 的两倍,如果从旋转后的物体而不是旋转后的 AABB 计算新 AABB,它的大小将和原来的 AABB 相同。

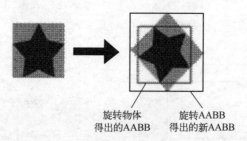

图 7.4　AABB 的变换

对于复杂的物体可以构造 AABB 树,构造 AABB 树是基于 AABB 的二叉树,按照自顶向下的方法细分构造而成的。将物体的 AABB 作为根节点,在每一次细分过程中,下一个节点将上一个子节点沿所需的剖分面将物体分为两部分,将节点的原始几何元素分别归属到这两部分,依次剖分,直到每一个叶节点只包含物体的一个基本几何元素为止。具有 n 个几何元素的 AABB 树包含有 $n-1$ 个非叶子节点和 n 个叶子节点。

两个 AABB 间的相交测试,可根据两个 AABB 相交当且仅当它们在 3 个坐标轴上的投影区间均相交。通过投影,可以将三维求交问题转化为一维求交问题。考察两个包围盒分别向 3 个坐标轴的投影的重叠情况,即可得出测试结果。一般来说,这种测试的目的是为了返回一个布尔值。碰撞的示意如图7.5所示。

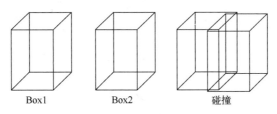

图7.5 包装盒的碰撞

7.1.3 包围球的碰撞检测

包围球是一种与AABB的包围盒相类似的包围盒检测方法,其主要特点是简单性好,紧密性差。包围球定义为包含该对象的最小的球体。

计算给定对象的包围球,首先需分别计算包围球中所有元素的顶点的x坐标、y坐标和z坐标均值,以此来确定包围球的球心C,再由球心与3个最大值坐标所确定的点间的距离计算半径r。包围球的计算时间要多于AABB的计算时间,但存储一个包围球只需两个浮点数,缩小了包围盒所需的存储空间。

使用包围球进行相交测试是比较简单的。如图7.6所示,对于两个包围球(c_1,r_1)和(c_2,r_2),如果球心距离小于半径之和,即$|c_1-c_2|\leq r_1+r_2$,则两包围球相交,可进一步简化为判断:$(c_1-c_2)\cdot(c_1-c_2)\leq(r_1+r_2)^2$,故包围球间的相交测试需要经过4次加减运算、4次乘法运算和1次比较运算,即可得出是否两物体相交。

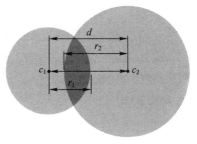

图7.6 两个球的碰撞

对两个运动的包围球进行碰撞检测,假设两个包围球的运动向量为d_1和d_2,包围球与位移向量是一一对应的,它们描述了所讨论时间段中的运动方式。

事实上,物体的运动是相对的,在其中一物体上进行观察,对方的速度是两者速度之和。因此假设第一个包围球是"静止"的,另一个是"运动"的,那么该运动向量等于原向量d_1和d_2之差,如图7.7所示。

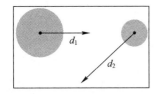 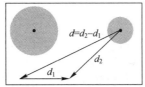 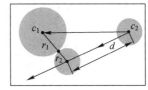

图7.7 动态球的检测过程

包围球体碰撞的优点是非常适用于快速检测,因为它不需要精确的碰撞检测算法,但包围球的紧密性在所有包围盒类型中是比较差的,除了对在3个坐标轴上分布得比较均匀的几何体外,几乎都会留下较大的空隙,通常需要花费大量的预处理时间以构造一个好的层次结构逼近对象。因此，它是使用得比较少的一种包围盒。但当对象发生旋转运动时，包围球不需作任何更新，这是包围球比较优秀的一个特性，当几何对象进行频繁的旋转运动时，采用包围球可能得到较好的结果。

飞机和导弹碰撞的检测方法如图 7.8 所示，其计算方法为

$$A(u) = A_0 + t \cdot v_A$$
$$B(u) = B_0 + t \cdot v_B$$
$$0 \leqslant t \leqslant 1$$
$$v_A = A_1 - A_0$$
$$v_b = B_1 - B_0$$

设飞机和导弹在同一时间内运动，两者之间的距离的平方为

$$[B(u) - A(u)] \cdot [B(u) - A(u)] \tag{7-4}$$

当两者发生碰撞时，有

$$[B(u) - A(u)] \cdot [B(u) - A(u)] = (r_a + r_b)^2 \tag{7-5}$$

式中：r_a 为飞机包围球的半径；r_b 为导弹包围球的半径。

最终，得

$$(B_0 - A_0) \cdot (B_0 - A_0) + 2(v_b - v_A) \cdot (B_0 - A_0)t + (v_b - v_A) \cdot (v_b - v_A)t^2 = (r_a + r_b)^2 \tag{7-6}$$

为了解决包围球精确度不高的问题，可引入包围球体树的方法。包围球体树实际上是一种表达三维物体的层次结构。如图 7.9 所示，对一个形状复杂的三维物体，先用一个大包围球体包围整个物体，然后对物体的各个主要部分用小一点的包围球体来表示，然后对更小的细节用更小的包围球体，这些包围球体和它们之间的层次关系就形成了一个球体树。

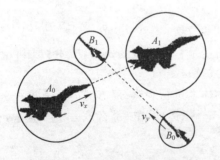

图 7.8　运动中的飞机与导弹

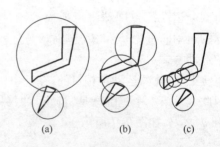

图 7.9　球体树进行碰撞检测

7.1.4　方向包围盒检测算法

Gottschalk 等于 1996 年提出了一种基于方向包围盒（Oriented Bounding Box，OBB）层次包围盒树的碰撞检测算法，称为 RAPID 算法。他们采用 OBB 层次树来快速剔除明显不交的物体，OBB 的建构方式如图 7.10 所示。很明显，OBB 包围盒比 AABB 包围盒和包围球更加紧密地逼近物体，能比较显著地减少包围体的个数，从而避免了大量包围体之间的相交检测。但 OBB 之间的相交检测比 AABB 或包围球体之间的相交检测更费时。

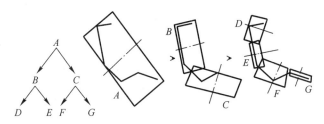

图 7.10 OBB 树的构建

OBB 的相交测试基于分离轴理论。两个 OBB 在某一轴线上的投影不重叠,则称这条轴为分离轴。两个 OBB 间只要存在一条分离轴,就可以断定其不相交。分离轴或者垂直于某个多面体的某个面,或者同时垂直于每个多面体的每一条边。对于一对 OBB 来说,共有 6 个面方向,6 个边方向,因此共有 $6+C_6^2=15$ 个可能的分离轴。逐个进行判断,当可以确定某个轴为分离轴时,即可停止计算。因此最多共进行 15 次比较运算。如果所有 15 个分离轴都不能把两个 OBB 分开,那么可以断定两个 OBB 相交。

算法首先确定了两个 OBB 包围盒的 15 个分离轴,这 15 个分离轴包括两个 OBB 包围盒的 6 个坐标轴向以及 3 个轴向与另 3 个轴向相互叉乘得到的 9 个向量。然后将这两个 OBB 分别向这些分离轴上投影,再依次检查它们在各轴上的投影区间是否重叠,以此判断两个 OBB 是否相交。不同 OBB 树的叶子节点内包围的三角形之间的相交检测也利用分离轴定理来实现。算法首先确定两三角形的 17 个分离轴,它们包括两三角形的两个法向量、每个三角形的 3 条边与另一三角形的 3 条边两两叉乘所得到的 9 个向量以及每个三角形各条边与另一个三角形的法向量叉乘得到的 6 个向量。依次检查这两个三角形在这 17 个分离轴上的投影区间是否有重叠来获取它们的相交检测结果。

相交检测算法总体上分为以下 5 个步骤。

步骤 1:基于 OBB 相交检测的结果,确定并设定视域参数。

步骤 2:以此视域参数来绘制凸块 A,绘制时剔除了背面,从而在 A 所覆盖的像素区域上保留了 A 的最小深度值。同时设定对应的模板缓存值为 1。绘制时通过实时解码绘制以三角形带编码保存的凸块。

步骤 3:在同一视域内将凸块 B 分正面和背面两次进行三角形带解码绘制。每次绘制时,将 B 上像素点的深度值与当前深度缓存中的值进行比较,若小于当前深度值,则该像素的模板缓存值加 1。注意此步骤中深度缓存值保持不变;

步骤 4:检查视域中所有像素模板缓存的值,若全部小于或等于 1,则两凸体 A,B 不相交,返回假。若发现至少有一个值为 2,则 A,B 相交,返回真;其他情况,继续下一步;

步骤 5:互换 A 和 B 的角色,重复步骤 2~4,最终确定 A,B 是否相交。

如图 7.11(a)所示,A^1,A^2 和 B^1,B^2 为两个包围盒 A、B 的方向轴矢量。在空间找一根潜在的分离轴 L(图 7.11(b)),将两个包围盒的方向轴矢量向 L 轴投影:

$$\begin{cases} r_a = a_1|A^1 \cdot L| + a_2|A^2 \cdot L| + a_3|A^3 \cdot L| \\ r_b = b_1|B^1 \cdot L| + b_2|B^2 \cdot L| + b_3|B^3 \cdot L| \end{cases} \tag{7-7}$$

若 A、B 发生碰撞,则

$$|T \cdot L| \leq r_a + r_b \tag{7-8}$$

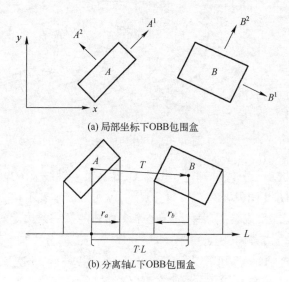

(a) 局部坐标下OBB包围盒

(b) 分离轴L下OBB包围盒

图 7.11　OBB 包围盒碰撞检测

7.1.5　离散方向多面体检测法

由于 AABB 和包围球的紧密性相对较差，OBB 的重叠测试和节点修改耗费相对较高，离散多面体（Discrete Oriented Polytope，k-dop）算法提出了一种折中方案。

1. k-dop 的定义

k-dop 的概念最早由 Kay 和 Kajiya 提出，他们在分析了以往采用的层次包围盒进行光线跟踪计算的缺点后，提出了一个高效的场景层次结构应满足的条件。综合起来就是各层次包围盒都应尽可能紧密地包裹其中所含的景物。作为叶节点，景物自身即是最紧的包围盒，但由于包围盒的选取还要求光线与包围盒的求交测试尽可能简单，因此应选取形状比较简单的球体、圆柱体、长方体等作为包围盒。但这些形状简单的包围盒具有包裹景物不紧的缺点，Kay 和 Kajiya 提出了根据景物的实际形态选取若干组不同方向的平行平面对（Slab）包裹一个景物或一组景物的层次包围盒技术。这些平行平面对组成一个凸体，称为平行 $2k$ 面体，如图 7.12 所示。

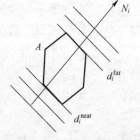

图 7.12　平行平面对包围的对象

将这一思想应用于碰撞检测就是用超过 3 对平行平面对来逼近对象，所有的平行平面对都是由方向相反的两个法向量所定义的半空间相交得到的，而这些平行平面对的法向量是固定不变的。在实际应用中，可以合理地选择法向量的方向，例如，取集合 $\{-1,0,1\}$ 中的整数，以简化平行平面对的计算。

k-dop 由 $k/2$（k 是偶数）个归一化法线（方向）n_i 定义，每个 n_i 有两个相关标量 $d_i^{\min}$ 和 $d_i^{\max}$，其中 $d_i^{\min} < d_i^{\max}$。每个三元组 $(n_i, d_i^{\min}, d_i^{\max})$ 描述的是一个平板层 S_i，表示的是两个平面之间的空间，这两个平面分别是 $\pi_i^{\min}: n_i \cdot x + d_i^{\min} = 0$ 和 $\pi_i^{\max}: n_i \cdot x + d_i^{\max} = 0$，其中所有平板层的交集 $\cap_{1 \leqslant l \leqslant k/2} S_i$ 是 k-dop 的实际体积。

k-dop 可以看作是 AABB 的扩展，它不再是用 3 对平面来包围对象，而是使用了 $k/2$

对平面,正是因为这种扩展,弥补了 AABB 紧密性差的缺点。因此,k-dop 是一种很好的包围盒类型。该包围盒类型盒是一种多面体,它的面由一组半空间所确定,这些半空间的外法向是从 k 个固定的方向 $(D_1, D_2, \cdots, D_k)$ 中选取的。

设固定方向集 $K(D_1, D_2, \cdots, D_k)$,一元组 $(d_1, d_2, \cdots, d_k) \in \mathbf{R}^k$。其中:$\{x \mid D_i \cdot x \leq d_i, i=1,2,\cdots,k\} = I_{i=1}^k H_i$;$H_i = \{x \in \mathbf{R}^3 \mid D_i \cdot x \leq d_i, i=1,2,\cdots,k\}$ 是半空间。

在设计 k-dop 时,为使相关的耗费尽量小,通常只选择那些共线但方向完全相反的向量作为固定法向,因此,每个 k-dop 实际上只用到 $k/2$ 个方向,即

$$D_{i+k/2} = -D_i$$
$$\{x \mid D_i \cdot x \leq d_i, i=1,2,\cdots,k\} = I_{i=1}^k S_i \tag{7-9}$$
$$S_i = \{x \in \mathbf{R}^3 \mid -D_{i+k/2} \cdot x \leq d_i\}$$

k-dop 是一组半空间的集合,无论是在表示、存储还是计算中都是十分不方便的,构成 k-dop 的任何一半空间都可以表示成不等式形式:

$$\boldsymbol{d}^\mathrm{T} \boldsymbol{x} \leq \boldsymbol{b}_{d_i}(\boldsymbol{X}) \tag{7-10}$$

由于集合 D 是固定不变的,可以用一个 $k \times n$ 矩阵来表示集合 D,从而可以把 k-dop 表示成如下形式:

$$(d_1, d_2, \cdots, d_k) x \leq (b_{d_1}(X), b_{d_2}(X), \cdots, b_{d_k}(X)) \tag{7-11}$$

即

$$Dx \leq b$$

2. k-dop 的计算

可以看出,AABB 是 $k=6$ 时 k-dop 的情形,即 6-dop。当 k 足够大时,k-dop 就发展为物体的凸包(Convex Hull)。对于平面图形而言凸包是包围一组控制点的凸多边形的边界;对于立体图形而言凸包是用面片连接各顶点的多面体的包络。当 k 取值越大,包围盒与所包围的物体的贴近程度越好,可以减小 N_v, N_p, N_u,但同时也增大了重叠测试的耗费 C_v 和节点修改的耗费 C_u。因此 k 值的选择要根据碰撞检测的不同需要而定,在碰撞检测的简单性和包裹物体的紧密性之间平衡。

考察 $k=6, k=8, k=14, k=18$ 时的情形如图 7.13 所示。

6-dop

8-dop
14-dop

18-dop

图 7.13 不同 k 值的包围盒

$k=6$ 时的是 k-dop 就是 AABB,可以看作是与坐标轴正交的 3 对平行平面对的交集,即平行平面对的法矢量由矢量 $(1,0,0)$,$(0,1,0)$ 和 $(0,0,1)$。

当 $k=14$ 时就有 7 对($k/2$)平行平面对来包裹物体,选平行平面对的法矢量为 $(1,0,0)$,$(0,1,0)$,$(0,0,1)$,$(1,1,1)$,$(1,-1,1)$,$(1,1,-1)$ 和 $(1,-1,-1)$。前面的 3 个法矢量所决定的平行平面对的交集就是 AABB。后面 4 个矢量所决定的 8 个斜半平面"砍去"

了 AABB 的 8 个角。

$k=8$ 和 $k=18$ 时情形,以此类推。因此,只要合理地选取 k 的大小以及平行平面对的方向,如图 7.14 所示,就可以在碰撞检测的简单性和包裹物体的紧密性之间取得较好的折中。

k-dop 树采用自顶向下的构造方法,可以采用二叉树的方法,二叉树计算速度快,因为把一个树节点分裂为两部分要比把它分裂成三部分或更多部分要简单,而且树形结构简单。k-dop 树利用分割平面将整个空间分为两个半闭空间,根据节点的几何元素分属于哪半个闭空间来归类,划分为两个子集,分裂为两个子节点,以此类

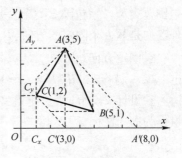

图 7.14 平行平面对与对象交点计算

推,直到分裂到基本几何元素为止,基本几何元素构成树的叶节点。当物体在空间中的位置发生变化时,需要实时更新 k-dop 树,如果重新计算 k-dop 树的话,计算耗费很大,爬山法、近似法和线性规划的方法可以很好地解决这个问题。

7.2 地形匹配

地形匹配技术被广泛应用在作战仿真系统以及三维战场态势显示之中。作战仿真系统中的诸多行动实体在运动时,都需要沿着战场地形进行运动,如各种车辆、火炮等;作战仿真系统还经常可以遇到某种实体可视化数据模型大面积分布的实际问题,如树林和军事仿真中常见的水际滩头轨条砦等的实体可视化数据模型,这些模型或模型的实例在场景当中的定位既不能悬浮在半空中,也不能深入地下,需要根据它与地面模型接触点和临近地形的局部特征进行一定的姿态设定。由于利用实装训练的代价昂贵,因而各国大量采用模拟装备进行训练。据美国陆军统计,使用"艾布拉姆斯"主战坦克训练和使用模拟器进行类似训练的效费比为 32∶1,此类模拟器在仿真行进时,实体仿真模型只有和地形密切相配,才能有较好的观察显示效果,从而有效地提高训练质量。通过使用地形匹配技术,可以使模型或模型的实例的底部和地形模型保持合理的位置关系,提高战场环境、战场态势显示的逼真度和可信程度,使作战仿真系统更具有真实感,参训人员能够最大程度地提高技能,从而在可能的复杂战场环境中完成实现各种作业要求。

实体与地面的匹配,即地形匹配问题,是指地面上的动态实体运动时姿态随地形高低起伏、左右偏转,始终贴地面行驶。本质上地形匹配是属于碰撞检测的一种,只是与实体发生碰撞的对象一直是地形。

在作战仿真系统中,作战仿真实体可视化数据模型在计算机产生的虚拟战场环境中能否让使用者像观察到真实物体一样,按照客观的规律存在、运动,是视景仿真中的重要问题。虚拟战场环境中的实体可视化数据模型根据其运动属性可以分为静止模型和运动模型两类。运动不仅包括实体可视化数据模型的位置改变,还包括旋转、缩放,关系到碰撞检测和碰撞响应。对于运动模型而言,这种姿态的调整应该是贯穿于模型运动的全过程的,是地形匹配的主要内容。

地形匹配的实质是对匹配对象与地形模型按照自然规律进行合理互动的行为过程的

一种简化建模,重力与地面支持力这对平衡力作用是其中的关键考虑因素。它的实现原理是:根据对匹配对象的建模,结合一定的约束条件,从姿态参考点(面)中确定能够反映出对象实际姿态的关键点(面),进而计算匹配对象在某一特定时刻、状态下与地形模型的相互关系。

在作战仿真系统中,对于实体运动模型的仿真精度要求不是非常高,常常通过只考虑运动对象理想的运动状态、简化运动学方程、忽略高阶参数等方法,来简化地形匹配过程。现有的地形匹配算法有点匹配法、线匹配法和面匹配法。

地形匹配的主要内容包括高程匹配和姿态匹配。普遍认为,根据地形匹配过程中在三维模型相关的空间内选取的关键点的个数,可以将匹配算法分为点匹配、线匹配和面匹配。面匹配可以进一步分为三点匹配、多点匹配和多点配合限制区域的匹配方法。由于多点匹配和多点配合限制区域的匹配方法在实现过程上的相似性,将其一同归类为约束-三点匹配算法。匹配算法中所提到的关键点以及描述匹配算法过程中出现的参考点,定义如下:

(1) 关键点:在实体模型相关空间选取的一个或多个点,根据这些点信息可以直接获取实体模型空间定位信息,关键点一般在实体模型与地面模型的实际接触点中选取。

(2) 参考点:在实体可视化数据模型相关空间选取的、可以为关键点的计算提供辅助信息的点。参考点大多定义为实体可视化数据模型的重心、几何中心,或是实体可视化数据模型水平投影的中心等。

数字地形 $D \equiv (R, \phi)$,点匹配的实现过程可以描述为:给定 R 上一个水平坐标对(x, y),该坐标确定了空间唯一一条与 xoy 水平面垂直的直线,通过一定的算法获得该直线与地面 D 的相交面及其法向量,并确定出与该面的交点,计算该交点的高度 z 坐标值,然后设置需要地形匹配实体的高度坐标及姿态角。

点匹配首先要在匹配对象上选取 1 个关键点,然后将该关键点垂直投影到地形表面,再配合投影位置所在多边形的法向量确定匹配对象姿态。

线匹配实际上是两点匹配,这两点是从模型空间选取的、能够很好地反映匹配对象姿态信息的关键点。线匹配的过程和点匹配的过程基本相同,区别主要在于姿态的确定上。

面匹配可以进一步分为三点匹配、多点匹配和多点配合限制区域的匹配方法,算法大致可分为两类,即基于三角化不规则网格的算法和基于规则格栅的算法。三点匹配算法的核心思想是选取可以代表三维实体模型支撑平面的 3 个关键点,计算它们所确定的支撑平面,设置姿态等信息,实现三维实体模型与地形的匹配。

7.2.1 点匹配

点匹配方法是在三维模型空间抽取一个关键点 O 代替整个模型与地形进行匹配。如图 7.15 所示,在匹配中,首先获取关键点在三维地形空间中的坐标位置并将其垂直投影到地形表面。投影线和地表的相交点为网格 T 上的点 P,根据对地形的查询计算,可以获得相交点 P 的高程及相交点所在三维地形网格 T 的法方向 N,在网格 T 上任取不同于相交点 P 的两点,根据相交点 P 到两点的矢量,建立网格 T 的平面坐标系 $x_1 y_1$ 及三维模型的模型坐标系 $x_1 y_1 N$。

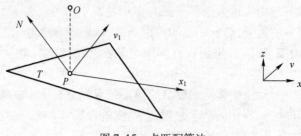

图 7.15 点匹配算法

根据模型坐标系和世界坐标系的空间关系,即获得三维模型在该空间位置相对于世界坐标系的旋转矩阵为

$$M_1 = \begin{bmatrix} \cos h & -\sin h & 0 & 0 \\ \sin h & \cos h & 0 & 0 \\ 0 & 0 & 1 & 0 \\ 0 & 0 & 0 & 1 \end{bmatrix} \begin{bmatrix} \cos p & 0 & \sin p & 0 \\ 0 & 1 & 0 & 0 \\ -\sin p & 0 & \cos p & 0 \\ 0 & 0 & 0 & 1 \end{bmatrix} \begin{bmatrix} 1 & 0 & 0 & 0 \\ 0 & \cos r & -\sin r & 0 \\ 0 & \sin r & \cos r & 1 \\ 0 & 0 & 0 & 1 \end{bmatrix} \quad (7-12)$$

式中:p 为俯仰角;r 为倾侧角;h 为方向角。

考虑三维模型的运动方向,将三维模型绕 N 旋转一角度 θ,对应的三维模型旋转矩阵为

$$M_2 = \begin{bmatrix} \cos\theta & -\sin\theta & 0 & 0 \\ \sin\theta & \cos\theta & 0 & 0 \\ 0 & 0 & 1 & 0 \\ 0 & 0 & 0 & 1 \end{bmatrix} \quad (7-13)$$

将 P 点的高程作为三维模型的参考高度,获得三维模型在世界坐标系的平移矩阵为

$$M_3 = \begin{bmatrix} 1 & 0 & 0 & 0 \\ 0 & 1 & 0 & 0 \\ 0 & 0 & 1 & z \\ 0 & 0 & 0 & 1 \end{bmatrix} \quad (7-14)$$

式中:z 为 P 点的高程。

这样可计算出实三维模型到世界坐标系的变换矩阵。

$$M = M_1 \cdot M_2 \cdot M_3 \quad (7-15)$$

点匹配方法给出了一种地形匹配的简单算法,该算法根据单点的地形数据直接给出三维模型在地形中的匹配变换矩阵。

7.2.2 线匹配算法

线匹配实际上是两点匹配,这两点是从实体可视化数据模型空间选取的、能够很好反映匹配对象姿态信息的关键点,并将这两个关键点垂直投影到三维地形表面。线匹配的过程和点匹配的过程基本相同,区别主要在于姿态的确定上。

线匹配的过程如下:如图 7.16 所示,首先将两个关键点投影到三维地形表面,它们与地形网格 T_1 和 T_2 分别交于 P_1 和 P_2 点,P_1 和 P_2 所在的向量为 L,取 P_1P_2 的中点为坐标原点,N 垂直于 L 与世界坐标系 z 轴所构成的平面,K 位于 L 与世界坐标系 z 轴所构成的平面内与

P_1P_2 垂直。

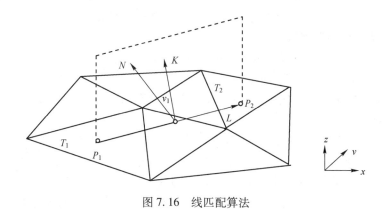

图 7.16　线匹配算法

根据模型坐标系和世界坐标系的空间关系，即获得三维模型在该空间位置相对于世界坐标系的旋转矩阵 M_1，考虑三维模型的运动方向，将三维模型绕 N 旋转一角度 θ，对应的三维模型旋转矩阵 M_2，根据 P_1P_2 的中点的高程得到评议矩阵 M_3。

在线匹配模式中，世界坐标系的 z 轴表征高程，对象坐标系的建立规则如下：对象坐标系是右手坐标系；y 轴与对象的运动前进方向平行；对象水平时，z 轴和世界坐标系 z 轴平行；对象坐标系的原点根据具体应用的选定来确定。使用线匹配算法进行地形匹配，两个关键匹配点的选择更显重要。当对象两个关键点的连线和世界坐标系的 y 轴方向平行时，前进方向上对象和地形模型的匹配能够达到比较理想的效果，在与前进方向垂直的平面上，姿态效果和真实规律存在较大差距；当对象两个关键点连线和世界坐标系的 x 轴方向平行时，该连线方向上对象的匹配效果较好，同样在与连线垂直平面的方向上匹配效果较差。

7.2.3　面匹配算法

点匹配和线匹配的方法相对简单，但就地形匹配的方法来讲代表性不强。面匹配算法中的多点匹配和多点配合限制区域的匹配方法从另外一个角度可以划分为一类，因为它们都是在三点匹配算法的基础上，增加关键点，添加关键点的选取约束条件，继而重新回到三点匹配算法的思路中，所以可以将这两类统称为约束-三点匹配算法。由此知道，三点匹配算法具有较好的一般性。

三点匹配将模型中可代表模型姿态的 3 个点对地形投影来确定模型在地形上某一点的旋转矩阵，3 个点的投影分别是 P_1、P_2 和 P_3 点，投影点确定的平面的法线方向为 N，在投影平面上任取两个相互垂直的向量 x_1 和 y_1，x_1y_1N 构成三维模型的模型坐标系，依次计算 M_1、M_2 和 M_3，如图 7.17 所示。

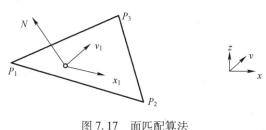

图 7.17　面匹配算法

三点匹配算法的核心思想是选取可以代表三维实体模型支撑平面的3个关键点,计算它们所确定的支撑平面,设置姿态等信息,实现实体可视化数据模型与地形的匹配。

3条接地点的选取原则如下:

(1) 尽量使接地点接近投影区域边缘。

(2) 3个点应构成等腰三角形,且底边与物体的y轴垂直,顶点位于y轴。

(3) 接地点尽量为物体实际接地点,如车轮接地点,也可以是虚设点,如两个车轮接地点的中间位置。

这里的"接地点"含义和关键点的定义基本一致。从试验验证来看,根据以上原则选取关键点,取得了比较好的效果。分析这些原则可以看到,它们给出了关键点间的相互关系和与投影区域的相对位置。由于接地点接近投影区域边缘,所以它们能够尽快反映出进入投影区域的地形变化。当实体可视化数据模型前进方向一侧的地形变化明显时,使用根据原则(2)选取的3个关键点,底边可以很好地反映出实体可视化数据模型的倾侧状况。而虚设的、位于y轴的顶点可以减少模型前端倾侧计算的误差,相对及时地反映出模型的俯仰状态。

关键点选定后,匹配算法的具体实现步骤如下:

(1) 定义参考点O为3个关键点P_1、P_2、P_3构成的三角形$\triangle P_1P_2P_3$的中心,根据实体可视化数据模型的运动轨迹计算参考点在场景中的坐标$o(x,y,z)$。

(2) 根据参考点o和3个关键点P_1、P_2、P_3在本地坐标系的相对位置关系,对三个关键点P_1、P_2、P_3进行坐标转换,求出它们在场景坐标系中的坐标$P_1(x_1,y_1,z_1)$、$P_2(x_2,y_2,z_2)$、$P_3(x_3,y_3,z_3)$。

(3) 由(x_1,y_1)、(x_2,y_2)和(x_3,y_3)计算地形中与之对应的高程z'_1、z'_2和z'_3。

(4) 计算由$P'_1(x_1,y_1,z'_1)$、$P'_2(x_2,y_2,z'_2)$和$P'_3(x_3,y_3,z'_3)$所确定的支撑平面的法向量,并求取相对X、Y、Z轴的角度,获得俯仰角、偏转角和倾侧角。

(5) 计算(x,y)在支撑平面上对应的高程z'。

(6) 在新的参考点$o'(x,y,z')$,使用俯仰角、偏转角和倾侧角重建实体可视化数据模型。

其中步骤(4)中的支撑面方程为:$z=ax+by+c$。俯仰角和倾侧角分别为

$$p=\arccos\frac{a}{\sqrt{a^2+b^2+1}}, \quad r=\arccos\frac{-1}{\sqrt{a^2+b^2+1}} \tag{7-16}$$

根据以上对三点匹配算法的理解可以知道,关键匹配点的选取在整个过程中起到重要作用。依照一定的准则选取关键点固然可以使匹配的效果大为改善,但关键点一经选定,相对于匹配对象来说就成为了固定点。随着对象在场景中的运动,3个关键点在地形模型中对应的区域范围也随之不断变化,仅仅根据这3个固定关键点提取的地形信息是否能够较好反映地匹配对象对应地形区域的变化,成为地形匹配能否完整、准确的体现匹配对象与地形模型的互动的关键。

约束-三点匹配算法是在原有三点匹配法的基础上,通过增加匹配参考点、设定限制区等约束条件,使最终选取的关键匹配点能够更好地反映出匹配对象的姿态信息。在约束-三点匹配算法中,通过增加匹配参考点达到改善匹配效果目的的四点、六点匹配算法是使用和研究较多的地形匹配算法。

7.2.4 四点匹配算法

四点匹配算法常常是将匹配对象简化为四支点刚性系统,并假设同时有3点着地,这样可能的支撑点组合有 $C_4^3=4$ 种。相对于三点匹配,四点匹配的不同之处就在于要从这4种可能的支撑形态中,按照一定的约束条件,确定的选取其中的一种产生匹配结果。4个支点在大多数情况下不在一个平面内,确定支撑点后,另外一个点处于悬空或仅仅是接触地的状态,所以这个过程也称为悬空点的计算过程。

悬空点的判断,不同的文献中提出了很多依据,关键点编号如图7.18所示。

(1)点 j 悬空的条件是 $z_j<z_{jc}(j=0,\cdots,3)$。其中:z_j 是关键点的高程 z 坐标值,而 z_{jc} 则是根据点 j 的坐标 (x_j,y_j) $(j=0\sim3)$,从由其余3点所构成的平面方程计算出的 z 坐标值。

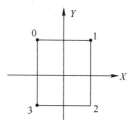

图7.18 关键点编号

(2)判断点 j 悬空的条件是 $\max|z_j-z_{jc}|$ $(j=0,\cdots,3)$,其中:z_j 是计算得到的关键点的高程 z 坐标值,而 z_{jc} 则是4个关键点的高程坐标 z_j 的平均值 $(z_{jc}=\sum_{j=0}^{3}z_j/4)$。于是就可以判断由哪3个点构成接触平面,而与 z_{jc} 的高度差绝对值最大的点悬空。

(3)点 j 悬空的条件为该点对应高程是 z_j 四点中最小的。

(4)若点 o 悬空,则该点的高度坐标即 z 坐标值,满足方程:$z_0<z_1+z_3-z_2$,则该点为悬空点。

这些悬空点判断依据不尽合理。在判据(4)中,若满足 $z_0<z_1+z_3-z_2$,同样可以满足 $z_2<z_1+z_3-z_0$,说明匹配对象在任意时刻、任意地形上都可以有至少两个可悬空点,这与现实的规律是有出入的。判据(3)支撑点 y 坐标值最小的点悬空,不合理之处相对明显,根据观察可以发现并非悬空的支撑点的 y 坐标值都是最小的。判据(2)中,4个支撑点若取值如下:$z_0=8,z_1=14,z_2=8,z_3=6$,则 $z_{jc}=9$,按照该判据判断可以得到悬空点为 z_1,另外3点构成接触平面,但是接触平面在支撑点1处位于地形高度以下,匹配对象嵌入了地形表面,将影响仿真效果。根据判据(3),4个支撑点若取值如下:$z_0=8,z_1=9,z_2=8,z_3=6$,则支撑点1、3都可以成为悬空点,计算发现支撑点1悬空是合乎物理规律的。同时也可以说,判据(3)是合理匹配的必要条件,而不是充要条件。

图7.19所示为坦克使用四点匹配算法通过梯形坡。图7.19(a),前方两个参考点到达梯形坡;图7.19(b),前两个参考点到达坡顶,后两个到达斜坡;图7.19(c),4个参考点都到达坡顶。图7.19(d)前两个参考点过坡顶到达斜坡,后两个参考点仍位于坡顶;图7.19(e)前两个参考点到达地面,后两个参考点过坡顶到达斜坡,整车即将通过梯形坡。

在图7.19(b)和图7.19(d)上,也都出现了坡肩嵌入坦克模型的现象,原因在于左前和右前参考点已经通过坡肩而左后和右后参考点又尚未到达坡肩墙,从而导致4个参考点的高程都为地面高程,由此确定出支撑面即为地面,4个参考点没有能够检测出其间的地形变化。

(a) 前方两个参考点到达梯形坡

(b) 前两个参考点到达坡顶，后两个到达斜坡

(c) 4个参考点都到达坡顶

(d) 前两个参考点过坡顶到达斜坡，后两个参考点位于坡顶

(e) 前两个参考点到达地面，后两个参考点过坡顶到达斜坡

图 7.19 四点匹配通过梯形坡

7.2.5 六点匹配算法

六点匹配和四点匹配在整体上是大致相同的。六点匹配算法可以说直接来源于对四点匹配算法的改进。在履带式车辆仿真等相似应用中，四点匹配在小面积范围内起伏变化不能很好地反映出车辆的姿态变化情况，增加匹配参考点是解决该问题的途径之一。

6 个参考点的选定一般如图 7.20 所示。

如果从 6 个匹配参考点中确定 3 个关键点来计算支撑平面，共有 $C_6^3 = 20$ 种选取方案。支撑面的确定过程构成了六点匹配算法和四点匹配算法最大的不同。支撑面的确定过程中使用的策略可能不同，但大都是首先去除不可能的组合，如参考点 0、3、5 的组合一般不作为支撑面的可能组合，先确定决定模型姿态的 4 个点，再根据这 4 个点来确定模型平面的 3 个点，从 6 个匹配参考点中确定 4 个关键点，共有 $C_6^4 = 15$ 种选取方案，4 个点中，左右各选 2 个，这样，选择方案共有 9 种。

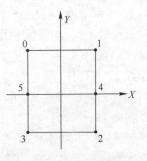

图 7.20 6 个参考点的选取

在计算过程中，首先假设实体模型运动状态保持不变（地形没有变化），按上一步实体运动模型计算出匹配点坐标，然后将支撑点的 z 坐标与地形高程值进行比较，判断出悬空点，从而调整实体模型的运动姿态。

7.2.6 其他使用约束的三点匹配算法

除了四点、六点地形匹配法以外，还有其他一些使用约束的三点匹配算法。这些算法大都有针对性比较强的特点,在具体应用中能够实现较理想的效果,但在通用性方面存在较大欠缺。例如,在坦克训练中常见的断崖、T形坡、车辙桥等典型地形上的匹配,通过设定位于匹配对象中心位置的参考点和某特殊地形的位置区域,如图7.21所示,实时判断两者相互位置关系,根据先验知识确定匹配对象相关信息,实现地形匹配。

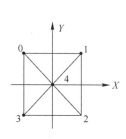 

点4为中心位置参考点

图 7.21 典型地形匹配

匹配过程的重点在于先验知识的获得。当中心参考点位于白色线框所示地形区域内时,匹配对象和地形的相互位置关系复杂,如果分析不透彻,先验知识存在缺陷,匹配效果自然不会理想。其中地形的特征是人工设定给系统的,即使是同样地形,如果在不同位置出现而预先没有相关区域设定,系统也是不能实现理想匹配效果的,这种问题的存在很大程度上限制了此类地形匹配算法的应用范围。

7.3 地形匹配投影点的查找

在地形匹配过程中,对于数字地形模型 $D \equiv (R, \phi)$,根据已知 R 上一点,具体说也就是一对点在水平面上的坐标,计算地形模型 D 中与之相对应的高程值,是地形匹配的基础之一。

无论采用规则格网模型还是不规则三角网模型的数字地形,一般都包含大量的网格或者三角形信息。对于已知的某一水平面上一点,要计算地形模型中与之相对应的高程值,必须首先获取计算高程所需要的该点的相关信息,这个过程也就是点的查找过程。不同的结构模型,数据组织有所区别,点的查找自然也各不相同。

7.3.1 RSG 中点的查找

点在基于规则格网模型的数字地形模型中的查找是利用栅格数据表达三维地形最简单直接的方法,它实际是用一个二维数组来存储格网节点的高程 z,实现地形表达。其结构模型可用数学表达式描述为

$$\{Z_{ij}\} \quad (i = 1, 2, \cdots, m; j = 1, 2, \cdots, n) \tag{7-17}$$

它的内容还包括描述网格单元的网格分辨率、网格原点坐标值等基本参数。通常正方形网格使用较多,网格的大小和网格分辨率直接相关,取决于应用目的和具体要求。网格的原点一般选定在网格的左下角,垂直和水平方向上的分辨率多数情况下相同。

如图 7.22 所示,网格原点坐标为 (x_0,y_0),网格分辨率为 g,则点 $P(x,y)$ 所在网格单元的行列号 i,j 为

$$\begin{cases} i = \mathrm{int}\left(\dfrac{y-y_0}{g}\right) \\ j = \mathrm{int}\left(\dfrac{x-x_0}{g}\right) \end{cases} \tag{7-18}$$

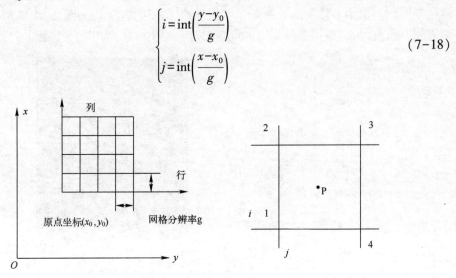

图 7.22 规则网格模型中点的查找

7.3.2 TIN 中点的查找

不规则三角网模型能够用较少的点以较高精度还原变化复杂的地形表面,在不规则三角网数据结构中,面结构对点坐标、构成三角形的 3 个顶点,以及相邻三角形都进行了描述,并作为数据记录直接进行存储。面结构的这种特点直接提高了检索运算的效率,选择有利于查询不规则三角网 DEM 中三角形单元的数据结构,可以提升地形匹配算法的运行效率。面结构存储结构如图 7.23 所示。

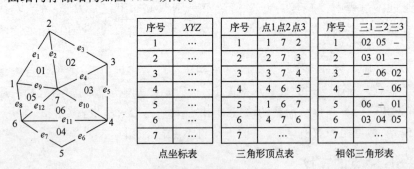

图 7.23 面结构的存储

基于不规则三角网的数字地形模型是使用一系列互不交叉、互不重叠而又相互连接的三角形来逼近地形表面。由于三角形之间互不重叠,所以对已知点 $P(x,y,0)$ 可以得到唯一对应高程 z,确定 $P'(x,y,z)$。点的查找过程包括三角形的选取和点与三角形包含关系的判定。

三角形的选取有不同的策略,可以是遍历,可以配合空间索引,也可以使用所能获得的拓扑信息等。三角形的选取包括起始三角形的选取和查找过程中三角形的选取,点与

三角形的包含关系可以通过扫描线法等来实现。

7.3.3 投影点高程的计算

无论是基于 RSG 还是基于 TIN 的数据结构,确定了点所在网格单元或是三角形,就可以根据对应的数据存储结构,获得相关的信息,进行高程计算。

高程的计算实质上是三维相交的求解,经过点的查找过程后,确定了点所处的格网单元或三角区域,通过对格网单元或三角形区域的内插算法,计算获得所需点的高程值。

1. 基于 RSG 高程内插算法

在基于 RSG 的可视性分析中直接使用的是地形剖面,地形剖面的建立涉及采样点的选择、采样点的高程计算方法(插值算法),在多剖面可视性计算优化中(视域计算)还要考虑剖面的计算顺序。

高程内插是利用已知高程点的高程,根据给定数学模型对未知点高程求解的过程,线性内插和双线性内插在基于 RSG 中最为常用。

如图 7.24(a)所示,浅色规则网格单元为经过点的查找后所确定的水平坐标 $P(x,y)$ 对即内插点所在单元,顶点坐标分别为 $P_1(x_1,y_1,z_1)$,$P_2(x_2,y_2,z_2)$,$P_3(x_3,y_3,z_3)$,$P_4(x_4,y_4,z_4)$。对内插点坐标进行归一化,如式(7-19),其中 Δx,Δy 分别为垂直和水平方向的网格间距,正方形网格单元中两者相等,即为网格分辨率。

$$\bar{x} = \frac{x-x_1}{\Delta x}, \bar{y} = \frac{y-y_1}{\Delta y} \tag{7-19}$$

根据 $\bar{x}$ 和 $\bar{y}$ 的大小关系确定内插点具体在网格分割后形成的哪个三角形中(图 7.24(b))。

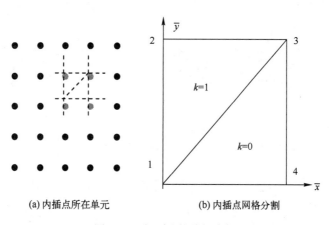

(a) 内插点所在单元   (b) 内插点网格分割

图 7.24 规则网格线性内插

$$k = \begin{cases} 1 & (\bar{x} \geq \bar{y}) \\ 0 & (\bar{x} < \bar{y}) \end{cases} \tag{7-20}$$

内插点 P 的高程 z 为

$$z = k\{z_1+(z_3-z_2)\bar{x}+(z_2-z_1)\bar{y}\} + (1-k)\{z_1+(z_4-z_1)\bar{x}+(z_3-z_4)\bar{y}\} \tag{7-21}$$

双线性内插算法将网格单元作为一个整体(图 7.25),通过网格单元的 4 个顶点直接拟合曲面,根据如下双线性方程来逼近原始地形。

$$z = ax + bxy + cy + d \quad (7-22)$$

式(7-22)的系数可以由网格单元的 4 个顶点坐标唯一确定。双线性内插的计算方法和线性相似,对内插点坐标归一化,最后按式(7-23)计算内插点高程:

$$z = z_1 + (z_2 - z_1)\bar{x} + (z_4 - z_1)\bar{y} + (z_1 - z_2 + z_3 - z_4)\bar{x}\bar{y} \quad (7-23)$$

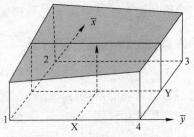

图 7.25 规则网格双线性内插

2. 基于不规则三角网的高程计算

内插点 $P(x,y)$ 所在三角形的 3 个顶点坐标分别为 $P_1(x_1,y_1,z_1)$, $P_2(x_2,y_2,z_2)$, $P_3(x_3,y_3,z_3)$,则内插点所在平面方程为

$$z = ax + by + c \quad (7-24)$$

其中

$$\begin{cases} a = \dfrac{(y_1-y_3)(z_1-z_2)-(y_1-y_2)(z_1-z_3)}{(x_1-x_2)(y_1-y_3)-(x_1-x_3)(y_1-y_2)} \\ b = \dfrac{(x_1-x_3)(z_1-z_2)-(x_1-x_2)(z_1-z_3)}{(x_1-x_2)(y_1-y_3)-(x_1-x_3)(y_1-y_2)} \\ c = z_1 - ax_1 - by_1 \end{cases} \quad (7-25)$$

只要把 $P(x,y)$ 代入就可以得到对应高程 z。

作为应用,图 7.26 为根据点及其高程值显示的三维队标。

图 7.26 三维队标效果图

7.3.4 点的查找优化

作战仿真系统运行过程中点的查询相对方便是因为前一位置信息提供了查找的初始起点,要提高系统初始化阶段的点的查找效率,关键点在于查找起点的确定,使用空间索引可以提高系统对空间数据查询获取等操作的效率。

空间索引是描述存储在介质上的数据位置信息,如空间对象的形状、位置或者对象之间的空间位置关系,并按照一定顺序组织排列的数据结构,它建立了逻辑记录与物理记录的对应关系,提供了限制查找的一种机制。

基于 RSG 生成的多分辨率地形采用线性四叉树或二叉树结构。在四叉树结构中,根据点 $P(x,y)$ 所在网格单元的行列号,可以迅速确定该点在网格分辨率 g 下所处的四叉树节点。线性四叉树的 Index 编码本身就包含有方向性、层次性等寻找邻域时所需要的特性,则根据编码标准体系,可以得其邻域的 Index 编码。在二叉树结构中,其查找方法为:

从当前二叉树根节点开始向叶节点进行搜索,每个节点的子节点取二个值,0 表示左子节点,1 表示右子节点,每个节点序号都对应唯一的一个二叉树路经,通过该路经可以确定与序号相关联的三角形。

基于 TIN 的空间索引采用非线性索引中的网格空间索引,按照网格配合以中心三角形信息的形式来组织。存储示意图如图 7.27 所示。

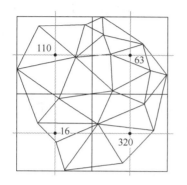

网格编号	中心三角形序号
XXX	16
...	...
XXX	320
...	...
XXX	110
...	...
XXX	63

图 7.27 中心三角形信息存储

网格空间索引的基本思想:将被索引空间区域用横竖线条划分成大小相等或不等的网格,记录每个网格所包含的地形模型三角形面,当系统进行点、面的相关查询时,首先计算出系统查询对象所在的网格,然后在该网格中对查询对象进行快速查找。

在不规则三角网数字地形模型的数据结构中,如果建立了三角形之间的拓扑关系,利用三角形的拓扑关系和三角形面积坐标非常容易判断包含插入点的三角形。

如图 7.28 所示,$\triangle P_1P_2P_3$ 的三顶点坐标分别为 $P_1(x_1, y_1)$,$P_2(x_2, y_2)$,$P_3(x_3, y_3)$,任意点 $P(x, y)$,则在 $\triangle P_1P_2P_3$ 内的面积坐标 L_1, L_2, L_3 定义为 $L_1 = S_1/S$,$L_2 = S_2/S$,$L_3 = S_3/S$,其中 S 表示 $\triangle P_1P_2P_3$ 的面积,S_1, S_2, S_3 分别为 $\triangle P_2P_3P$,$\triangle P_3P_1P$,$\triangle P_1P_2P$ 的面积。三角形 S, S_1, S_2, S_3 面积计算公式为

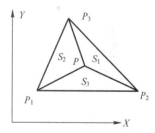

图 7.28 三角形面积坐标

$$\begin{cases} S = [(x_1 \cdot y_2 - x_2 \cdot y_1) + (x_2 \cdot y_3 - x_3 \cdot y_2) + (x_3 \cdot y_1 - x_1 \cdot y_3)]/2 \\ S_1 = [(x \cdot y_2 - x_2 \cdot y) + (x_2 \cdot y_3 - x_3 \cdot y_2) + (x_3 \cdot y - x \cdot y_3)]/2 \\ S_2 = [(x_1 \cdot y - x \cdot y_1) + (x \cdot y_3 - x_3 \cdot y) + (x_3 \cdot y_1 - x_1 \cdot y_3)]/2 \\ S_3 = [(x_1 \cdot y_2 - x_2 \cdot y_1) + (x_2 \cdot y - x \cdot y_2) + (x \cdot y_1 - x_1 \cdot y)]/2 \end{cases} \quad (7-26)$$

则 (L_1, L_2, L_3) 与直角坐标的关系为

$$\begin{cases} L_1 = [(x_3 - x_2)(y - y_2) - (x - x_2)(y_3 - y_2)]/2S \\ L_2 = [(x_1 - x_3)(y - y_3) - (x - x_3)(y_1 - y_3)]/2S \\ L_3 = [(x_2 - x_1)(y - y_1) - (x - x_1)(y_2 - y_1)]/2S \end{cases} \quad (7-27)$$

式(7-26)给出的是对应行列式的表达式,包含正负号,如果点 P 在三角形内部,那么 4 个三角形的顶点是同一个排列方向,所得到的对应面积行列式的值应该是同一个符号,否则会有面积值与其他不同,对应面积分量小于 0。如图 7.30 三角形顶点逆时

针升序标号排列,当 P 在三角形中时,有面积坐标分量大于零;若点 P 在三角形之外,且在 V_2V_3 边的外侧,这时三角形面积坐标为 $L_1<0, L_2>0, L_3>0$。实际上,小于零的面积坐标分量说明了点 P 和三角形边的相互关系,然后利用三角形的拓扑关系实现三角形的定位。

综上所述,实体可视化数据模型在场景中运动时,根据模型前一状态所在位置,利用网格或三角形拓扑信息以及三角形面积坐标,经过有限的计算就可以获得当前状态的位置参数。

7.3.5 参考点计算

物体的运动可以根据物理定律来运用运动学方法和动力学方法进行描述。动力学方法可以精确地描述运动,使运动更自然真实,但动力学方法求解复杂,难以保证实时性要求;运动学方法相对计算量较小,通过调整变换矩阵或关键参数就可以表现物体的运动,所以运动学方法被实时系统更多的使用。

对象在场景中按照交互所决定的路径运动,运动路径是对象上某一指定参考点的路径,参考点在下一帧的位置确定后,依据对象其他部分和参考点的相互关系,在场景中重建对象。重建过程就是依据对象其他部分和参考点在本地坐标系的相互位置关系,通过参考点在另一坐标系的定位信息,调整变换矩阵,把对象其他部分在该坐标系定位,实现坐标系转换的过程。

通常匹配对象在场景中的运动是通过把对象简化为质点使用运动方程来描述的,把实体可视化数据模型简化成质点就是在模型相关空间选定一个特定的点,一般为模型几何中心、重心等,通过描述该点变化来反映实体模型的部分运动行为。计算参考点在场景坐标系中位置是使用代表对象模型的质点位置信息和参考点与质点相互位置关系,通过坐标转换获得参考点在场景坐标系坐标的过程。

实体模型在场景中的运动可以其位置、速度、加速度等进行描述。在一些简化的系统中,参考点的运动路径忽略了速度、加速度在 z 方向上的分量,只考虑 xoy 面上的速度、加速度。把参考点的运动方程简化到二维平面,简化了支撑平面的确定。为了完善作战仿真系统中实体可视化数据模型的运动描述,使模型的运动更为真实、可信,考虑了模型在速度、加速度的 z 方向上的分量。

若模型在 t_0 时刻的位置为 $P_0(x_0, y_0, z_0)$,速度为 v_0,加速度为 a,俯仰角为 p,方向角为 h,则经过 Δt 后模型的坐标 $P_1(x_1, y_1, z_1)$ 为

$$\begin{cases} x_1 = x_0 + (v_0\Delta t + \frac{1}{2}a\Delta t^2)\cos p\sin h \\ y_1 = y_0 + (v_0\Delta t + \frac{1}{2}a\Delta t^2)\cos p\cos h \\ z_1 = z_0 + (v_0\Delta t + \frac{1}{2}a\Delta t^2)\sin p \end{cases} \quad (7-28)$$

参考点计算算法如下:
(1) 置 $i=0, j=0$。
(2) 从当前参考点位置 $P_i(i\in[0, n-1])$ 出发,根据参考点的运动状态沿 $P_jP_n(j\in[0,$

$n-1$]),估计下一个点 P_{i+1} 位置。

(3)检测 P_{i+1} 是否满足匹配准则,若 $P_{i+1} \in T$,则 $i=i+1$,继续步骤(2)。

(4)若 $P_{i+1} \notin T$,根据地形重新计算 P_{i+1} 点位置,调整参考点的运动姿态,置 $j=i+1$,$i=i+1$,继续步骤(2)。

(5)检测出 P_{i+1} 超出 P_n,置 $P_{i+1}=P_n$,结束。

7.3.6 姿态与突变控制

利用三点所确定的平面,可计算实体模型的姿态。

设不在同一直线的3点 $P_1(x_1,y_1,z_1)$,$P_2(x_2,y_2,z_2)$,$P_3(x_3,y_3,z_3)$,构成的平面方程为

$$\begin{cases} ax_1+by_1+cz_1=1 \\ ax_2+by_2+cz_2=1 \\ ax_3+by_3+cz_3=1 \end{cases} \quad (7-29)$$

式中:a,b,c 为该平面的法向量分别在坐标轴上的投影。

$$\begin{bmatrix} a \\ b \\ c \end{bmatrix} = \begin{bmatrix} \dfrac{(y_2z_3+y_3z_1+y_1z_2-y_3z_2-y_1z_3-y_2z_1)}{x_1(y_2z_3-y_3z_2)+y_1(z_2x_3-z_3x_2)+z_1(x_2y_3-x_3y_2)} \\ \dfrac{(z_2x_3+z_3x_1+z_1x_2-z_3x_2-z_1x_3-z_2x_1)}{x_1(y_2z_3-y_3z_2)+y_1(x_3z_2-x_2z_3)+z_1(x_2y_3-x_3y_2)} \\ \dfrac{(x_2y_3+x_3y_1+x_1y_2-x_3y_2-x_1y_3-x_2y_1)}{x_1(y_2z_3-y_3z_2)+y_1(x_3z_2-x_2z_3)+z_1(x_2y_3-x_3y_2)} \end{bmatrix} \quad (7-30)$$

最后可得实体模型俯仰角 p 和倾侧角 r 为

$$P=-\arctan\frac{c}{b}$$

$$r=\arctan\frac{a}{b} \quad (7-31)$$

使用运动方程描述模型运动,考虑了模型在三维空间的高程变化,计算所得参考点的高程值,有可能不是地形对应点的高程值,即 $P_i \notin T$,地形匹配过程中需要把这两个高程进行比对、选择。以四点匹配为例,如果有两个关键点悬空,即关键点计算所得高程大于对应点地形高程,则使用两个未悬空点对应的地形点和任一悬空点确定支撑面;若3个关键点悬空,则使用未悬空点对应的地形点和任两个悬空点确定支撑面。

第8章 海面建模绘制技术

8.1 波浪建模绘制技术

8.1.1 波浪的基础概念

波浪是海水运动的主要形式,也是进行海面建模需要模拟的主要内容。波浪生成的因素很多,包括风能输入、气压变化、天体引力潮、海底地震和船舶运动等因素。不同因素引起的波浪具有不同的特点。

波浪的要素有波峰、波谷、波向线和波峰线等。波峰是波浪周期运动的最高点,波谷对应最低点。波向线是描述波浪传播方向的线,波峰线是波峰点的连线。描述波浪运动特点的参数主要有波高、波长、波数、周期、角频率和波速。

波高指波峰与波谷的垂直高度差,用符号 H 表示;波长指两个波峰(或波谷)之间的距离,用符号 λ 表示;波数 2π 长度内出现的全波数,用符号 κ 表示,有 $\kappa=2\pi/\lambda$;周期指水中一点经过两个连续波峰(或波谷)的时间,用符号 T 表示;角频率指水中一点在单位时间内完成周期性变化的次数,用符号 ω 表示,有 $\omega=1/T$;波速指单位时间内波浪传播的距离,用符号 v 表示,有 $v=\lambda/T$。

进行波浪仿真时,主要关注的是由风能输入引起的重力波:波浪在风区接受风能输入,逐渐成长,波高增大,波速变快;波浪向前传播离开风区后,在回复力(重力)的影响下,风浪转化为涌浪,波形趋于稳定;当波浪传播至浅水区后,受水深变化和水下地形的影响,波速和波长发生变化,出现折射、破碎等现象,遇到岛礁、防波墙等突出水面的障碍还会发生反射和绕射。其传播变形过程如图 8.1 所示。

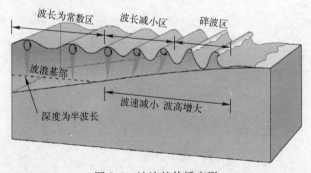

图 8.1 波浪的传播变形

8.1.2 波浪建模方法

在海洋学进行波浪研究时,通常根据波浪所处区域的不同将其划分为浅水区波浪和深水区波浪。不同区域的波浪表现出不同的运动特点。在深水区波浪运动相对简单平缓,波面可以抽象为若干随机波向、波高和初始相位的正弦波的叠加;而浅水区波浪受水下地形、岸滩等条件的影响,运动变得剧烈复杂,难以进行简单表达。为模拟波浪的不同运动状态,图形学领域的研究者提出了丰富的波浪建模绘制方法。这些方法大致可分为基于物理方程的方法、基于海浪谱的方法、基于几何造型的方法和基于噪声纹理的方法。

1. 基于物理方程的方法

基于物理方程的方法的基本思想是通过离散化求解描述液体运动的物理学方程,以先部分后整体的顺序实现对液体运动的仿真。

模拟流体运动的经典物理方程就是黏性牛顿流体方程(Navier-Stokes Equation,NSE)。其基本形式为

$$\nabla U = 0 \tag{8-1}$$

$$\frac{\partial U}{\partial t} + U \nabla U + \frac{\nabla p}{\rho} - \mu \frac{\nabla^2 U}{\rho} - g = 0 \tag{8-2}$$

式中:$U = (u,v,w)$为液体速度矢量;p为液体所受压力;u为液体的黏度系数;ρ为液体的密度,g为重力加速度(0.981);∇U为U的梯度,即$\nabla U = \left(\frac{\partial u}{\partial t}, \frac{\partial v}{\partial t}, \frac{\partial w}{\partial t}\right)$。

式(8-1)保证了质量的守恒,即液体密度随时间变化保持常量。式(8-2)保证矩守恒,即液体的加速度等于由密度加权外力的总和。

有两种方式可以对上述方程进行离散化求解:欧拉(Eulerian)法和拉格朗日(Lagrangian)法。欧拉法又称流场法,以充满液体的空间为研究对象。首先使用二维或三维网格将待研究水体划分为若干子空间,再对每个空间内流入流出液体质点运动状态进行计算分析,最后综合分析结果获得整个流体运动情况。其原理如图8.2(a)所示。未经改进的欧拉法具有一阶求导精度和二阶截断误差,存在一定的累积误差问题。拉格朗日法又称随体法,以每个液体粒子的运动为研究对象。首先将待研究水体抽象为许多水粒子,在对每个粒子的受力和运动情况进行分析,最后根据使用这些粒子拟合得到液面形状。其原理如图8.2(b)所示。拉格朗日法能够描述的细节更加丰富,但消耗的计算量也更大。

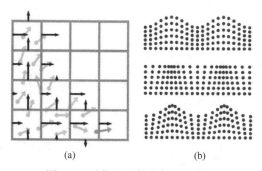

图8.2 欧拉法和拉格朗日法原理

使用基于物理的方法模拟波浪运动,不受应用环境限制,无论水深水浅、风力大小、海水的物理性质存在何种差异,都能取得与真实场景非常接近的逼真效果。但使用该方法

需要进行大量的计算,尤其是需要模拟的范围较大时,为了保证足够的细节,往往需要更大量的微元进行模拟,造成绘制效率降低。因此,这种方法更适合小范围运动复杂的波浪模拟,在实时性要求较高的大场景仿真应用中通常不使用该方法。

2. 基于海浪谱的方法

基于海浪谱的方法的理论基础是:海浪可抽象成许多振幅、波长、频率、初始相位和传播方向随机的波的叠加。海浪谱经过长期实践观察总结获得,是随机海浪的一个重要性质,包含了海浪的二阶信息,能够描述海浪内部能量对于频率和方向的分布。目前比较成熟、应用相对广泛的海浪谱有 Neumann 谱、Pierson-Moskowitz 谱、"联合北海波浪计划"谱(JONSWAP 谱)、Phillips 谱和 SWOP 谱等,我国的海洋学专家也根据对我国领海观察数据,总结提出了文氏方向谱等波浪谱模型。图 8.3 两幅图分别为 P-M 谱和 JONSWAP 谱曲线图。

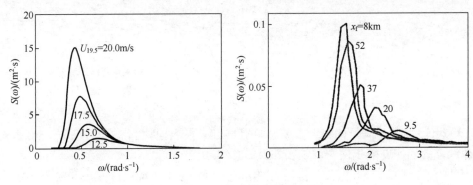

图 8.3　海浪谱曲线图

基于该方法进行海面绘制能够取得比较真实的效果,可以通过滤波操作调整生成海面效果,需要的计算量也相对较小。但基于该方法生成的海面相对平缓,无法描绘如卷浪等复杂的波浪运动,更适合用于深海海面建模绘制。

3. 基于几何造型的方法

基于几何造型的方法的基本原理是通过建立近似描述波面的曲线、曲面函数,结合传播方向、水深等参数实现对波浪随时间运动传播的近似模拟。该方法的核心在于描述波浪形态的几何模型,目前比较成熟的模型有基于 Airy 波模型、基于 Stokes 波模型和基于 Gerstner 波的模型。

Airy 波描述的主要是小振幅线性波,波面呈简谐波形式起伏,波面方程为余弦函数,适用于波高较小的情况;Stokes 波描述的是有限振幅非线性波,波面呈波峰较窄、波谷较宽的形状,波面方程为有限个频率成比例的余弦波的组合,深水浅水均能适用;Gerstner 波也是非线性波的一种形式,波面呈波峰更尖,波谷更平缓的余摆线形。通常进行波浪几何造型时,会使用多种波形进行组合,图 8.4 展示了一个波浪造型的例子。

该方法进行波浪仿真模拟波浪的效果较好,通过调整波形参数方便地对各种波浪进行仿真,涉及的计算相对简单。但基于该方法建立的波浪相对规则,容易因波浪重复带来不真实感。

4. 基于噪声纹理的方法

基于噪声纹理的方法的基本思想是将纹理的颜色映射为海面网格顶点的高度,通过叠加不同分辨率的噪声纹理模拟海面的大致起伏和表面细节,以纹理移动的方式表现波浪的传播运动。

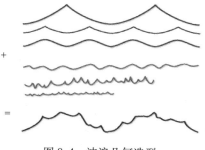

图 8.4　波浪几何造型

噪声纹理的质量直接决定了海面绘制效果的可信性。通常使用 Perlin 噪声函数生成所需的噪声纹理。Perlin 噪声函数本质上就是随机数生成器与插值函数的组合。通过控制噪声函数的频率就能获得不同分辨率的纹理,插值函数的使用则让噪声纹理过渡更加平滑。图 8.5 所示为两种不同分辨率的噪声纹理。噪声纹理还可以根据真实海面图像处理得到。

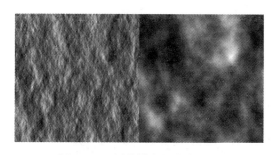

图 8.5　不同分辨率的噪声纹理

使用该方法简单易行,无需进行复杂的计算,生成的海面具有一定的可信性。但是生成的海面效果过于依赖噪声纹理的质量,大量叠加使用纹理还会消耗一定的系统的内存。该方法同样无法模拟复杂的海浪运动。通常这种方法作为一种效果补充手段,与其他方法共同使用,用于添加海面细节或用于多分辨率的粗糙层。

8.1.3　折射和绕射仿真

波浪的折射和绕射现象常见于岛礁周围及近岸海滩,对于波面的真实性具有十分重要的影响。波浪的折射绕射是一个相对复杂的物理过程,直接使用基于物理方程的方法虽然能取得逼真的效果,但同时会造成计算资源的大量消耗和绘制帧率的较大下降,因此需要相对简单有效的手段进行替代。下面介绍 3 种可行的方案。

1. 基于视频纹理的方法

视频纹理的原理是使用动态的视频代替静态的图片用来表现周期性或近似有周期性的运动。视频纹理既有图像的时序稳定性,又有视频的内容动态性,能够利用有限的样本表现无限信息。视频纹理在模拟火焰、流水、喷泉等效果方面已经有了比较广泛的应用。

对波浪的折射和绕射进行三维仿真时同样可以借鉴视频纹理的原理:将图片替换为高度图。实现过程是:先使用基于物理的方法模拟波浪的折射和绕射,并记录每帧对应的海面高度图;然后,对高度图进行提取分析,重建序列;最后根据重建的高度图序列进行波浪的折射和绕射现象绘制。

使用该方法能够取得与物理方法相同的逼真效果,进行实时绘制时不再需要复杂计算,极大地提高了绘制效率。但由于在仿真绘制过程中高度图无法根据环境条件变化及时改变,降低了仿真的交互性。

2. 基于波线跟踪的方法

波线跟踪算法的原理与光线跟踪算法十分相似:通过跟踪每一条波向线,分析记录其传播过程中发生的折射、反射,获得对整个波浪传播过程的认识。

在浅水区,水深的变化改变了波浪传播的速度。实际进行计算时可对这一过程作离散化处理,即认为波浪传播速度在两条等深线间保持不变,仅在穿过等高线时波速发生变化,同时波向改变,发生折射。

通常根据斯涅耳定律(Snell's Law)对折射现象进行数值计算。设波浪在等高线两侧的传播速度分别为 c_1 和 c_2,入射角和出射角分别为 θ_1 和 θ_2,则存在如下对应关系:

$$\frac{\sin\theta_1}{c_1}=\frac{\sin\theta_2}{c_2} \tag{8-3}$$

在波浪传播过程中,相邻两条波向线间的距离会因为角度偏转增大,超过某个值时会造成模拟结果过于粗糙,此时可以在两条波向线间增加一条新的波向线,如图8.6所示。

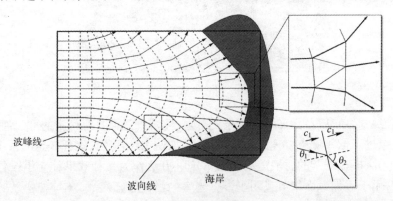

图8.6 波线跟踪

该方法能够适应各种复杂的障碍物场景,对波浪折射和绕射的仿真效果满足物理真实性。但与基于流体力学的方法相似,该方法需要的计算量也非常大,无法满足实时绘制的要求。而且,该方法还存在一定的计算误差累计问题,在一些特殊情况下会使计算结果偏离实际情况。

3. 基于流向图的方法

基于流向图的方法在游戏中应用比较广泛,其基本原理是使用仿真建模软件(如Maya等)预先计算待绘制区域的水流流向(还包括波高、波速)等数据,并将这些数据通过颜色的形式记录到一张图中。仿真运行时,直接将图中的数据赋给波浪模型中的对应参数,进行实时建模绘制。图8.7为《神秘海域》游戏中一个场景的流向图。

该方法与视屏纹理方法类似,需要的计算资源较小,绘制时间不受场景复杂度的影响。该方法既能适应小场景的精细要求,又能满足大场景的效率需求,适用范围较广,并且仿真绘制的结果也相当真实。

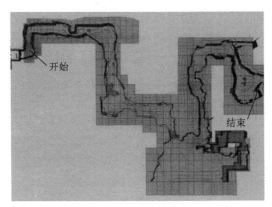

图 8.7 《神秘海域》中的流向图

8.2 岛礁近岸海浪仿真

近岸波浪在表现海水与岛礁岸滩交互场景中具有重要作用,是海场景真实性的一个重要因素。近岸波浪由远海风浪传入浅水区形成。在浅水区运动过程中,波浪与水下地形相互作用,波长和波速减小,波幅增大,出现折射、绕射、破碎等复杂的现象,进行实时仿真绘制难度大。

8.2.1 岛礁近岸波浪建模

1. Gerstner 波模型

Gerstner 波模型由 Gerstner 在 19 世纪初提出,模型从动力学角度描述了海浪各质点的运动。在 XOY 面内其基本形式为

$$\begin{cases} x = x_0 + A\sin(kx_0 - \omega t) \\ y = y_0 - A\cos(kx_0 - \omega t) \end{cases} \tag{8-4}$$

式中:OX,OY 分别为水平方向和垂直方向;(x_0, y_0) 为质点的初始位置;A 为波幅;k 为波数;ω 为角频率。

从 Gerstner 波水面质点运动方程容易看出其在竖直平面内做圆周运动。当波浪传到浅水时,与水底地形发生摩擦,水平方向运动速度变慢,质点运动轨迹变为椭圆。此时,波形又称作 Boussinesq 椭圆摆线波,质点运动方程为

$$\begin{cases} x = x_0 + a\sin(kx_0 - \omega t) \\ y = y_0 - b\cos(kx_0 - \omega t) \end{cases} \tag{8-5}$$

式中:a,b 分别为椭圆的长轴和短轴,其中 $a = A\cosh k(h-z_0) \text{arsinh} kh$,$b = A\sinh k(h-z_0) \text{arsinh} kh$;$h$ 为水质点距离水下地形的垂直高度。当 $h \to \infty$ 时,即水深很大时,式(8-4)、式(8-5)相同。

图 8.8 所示为水质点在不同水深与波长比例下的运动轨迹。

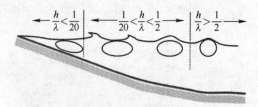

图 8.8 水质点运动轨迹随水深变化规律

设波浪传播方向与 x 轴正方向的夹角为 θ,根据式(8-5)可推导出波面三维离散形式为

$$\begin{cases} x = x_0 - a\cos\theta\sin(k(x_0\cos\theta + z_0\sin\theta) - \omega t) \\ z = z_0 - a\sin\theta\sin(k(x_0\cos\theta + z_0\sin\theta) - \omega t) \\ y = y_0 + b\cos(k(x_0\cos\theta + z_0\sin\theta) - \omega t) \end{cases} \quad (8\text{-}6)$$

式中:XOZ 代表水平面,Y 方向代表竖直方向,a 和 b 的含义与上文相同。

2. 波浪的浅水区变形

波浪在水下地形影响下发生浅水区变形。波浪的波数、角频率和波高都会发生变化。根据海浪动力学的相关知识,波数 k、角频率 ω 和波高 A 为

$$\begin{cases} A/A_\infty = \sqrt{c_\infty/2cn} \\ k/k_\infty = \coth(kh) \\ \omega = k\sqrt{gh} \end{cases} \quad (8\text{-}7)$$

式中:n 为波能传递率,大小为 $\dfrac{1}{2}\left[1 + \dfrac{2kh}{\sinh(2kh)}\right]$;$c_\infty$、$\lambda_\infty$ 和 A_∞ 为深水区的波速波长和波高。这些值可根据蒲氏风力等级表进行预设,或者根据实际海域的观测记录结果进行设置。

8.2.2 波浪的卷曲和破碎

1. 波浪的卷曲

当波高与波长的比值大于一定值时,波浪便会失去保持波形的能力,在重力作用下发生卷曲和破碎现象。根据式(8-7)生成的波面不能表现波浪卷曲,下面通过对波形进行拉伸和坍落变形模拟波浪卷曲现象。

拉伸变形可理解为:越靠近波峰的点受地形阻滞作用越小,水平运动越快,波浪出现前倾,并且随着水深变浅,波幅增大,波峰波谷质点移动速度差变大。对描述水质点在水平方向位移的相位角 ϕ 做如下修正:

$$\phi = \phi_0 - \omega t - \dfrac{S_{\text{hor}}}{\max(h, \underline{H})}\Delta y \quad (8\text{-}8)$$

式中:$\phi_0 = k(x_0\cos\theta + z_0\sin\theta)$ 为 (x_0, z_0) 处的初始相位角;$\Delta y = y - y_0$ 为水质点相对初始位置的高度差,值越大引起的相位角变化越大;$\dfrac{S_{\text{hor}}}{\max(h + \underline{H})}$ 为水深对高度差的缩放影响,高度

差相同时,对应水深小的水质点相位角变化大,$\underline{H}$表示水深截断值,确保$h\to 0$时,水深影响不会变得无限大,S_{hor}表示水平缩放系数。

坍落变形可理解为:水质点水平偏移太大时,垂直方向上受到的支持力不足以维持其继续向上运动,水质点开始下落。越靠近波峰的水质点受到的支持力越小,下落越快。卷曲发生时,处于卷曲内侧的点,受上方下落水质点压迫,产生的位移更大。当水质点垂直坐标$y>A$时,对其做如下修正:

$$y=y-S_{\text{vert}}(y-A)^2\Delta t \tag{8-9}$$

式中:S_{vert}为垂直缩放系数,且$S_{\text{vert}}\propto A^{-1}$;$\Delta t$为时间影响因子,用来表现坍落距离随时间的改变。

图8.9所示为加入拉伸和旋转因素二维平面内的波形模拟结果,实线表示波面,虚线表示静止水平面。

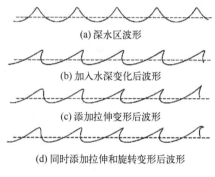

(a) 深水区波形

(b) 加入水深变化后波形

(c) 添加拉伸变形后波形

(d) 同时添加拉伸和旋转变形后波形

图 8.9 波浪卷曲模拟

2. 波浪的破碎

海洋学家在观察分析和试验的基础上总结出:波浪的破碎与水下地形坡度和波形坡陡有关。考虑到实际水下地形起伏变化相当复杂,地形坡度应用意义较小,因此选取McCowan根据孤立波推导出破浪破碎公式:

$$\gamma_b = A_b/H_b = 0.78 \tag{8-10}$$

式中:γ_b为破碎指标;A_b为破碎波高;H_b为破碎水深。

8.3 波浪的折射和绕射

波浪向岛礁浅滩运动过程中,随着水深变浅,受水下地形阻滞发生折射,波高逐渐增大,波向线逐渐垂直于岸线。遇岛礁等固定障碍,波浪沿岛礁岸线绕行通过,在岛礁背浪侧形成复杂的绕射现象。使用流体力学算法和波浪线跟踪算法能够取得非常逼真的效果,但需要消耗大量的计算资源,无法满足实时性需求。通过定义前方阻障系数和后方遮挡系数,近似模拟水质点所受外力影响,修正波高和波向,实现波浪的折射和绕射的近似模拟。

为了使得建立的折射和绕射模型更符合实际,选取地形如图8.10左上角所示的岛礁为仿真区域,使用物理模型对波浪在该区域传播时的波高和波向变化情况进行数值分析,结果为主图部分,深色表示波浪的有效高,白色的区域为岛礁露出水面的部分,箭头表示波浪传播方向。分析仿真结果可发现：受折射和绕射的影响，在岛礁的迎浪和背浪侧，都存在波高超过深水区域并且增幅较背浪侧更大的情况；无论在迎浪还是背浪侧，靠近岛礁岸滩的波浪，都有指向岛礁岸滩的趋势；受岛礁遮挡影响，背浪侧存在波向变化较大的区域。

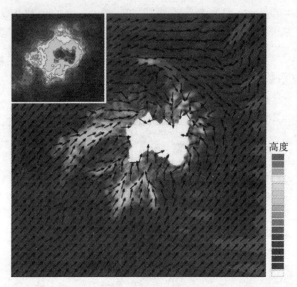

图 8.10　基于物理模型的岛礁附近波高波向数值分析结果

8.3.1　阻障和遮挡作用

假设忽略风能输入和水质点间黏滞作用，波面形状变化仅受水下地形和阻障物影响。沿波浪传播方向，将水质点在水平方向上受到的作用力分为两部分：水质点前方阻障作用和后方遮挡作用。波浪在向岛礁迎浪侧运动时受岸线阻障波向和波高产生变化，出现折射现象；波浪运动到背浪侧后，又在岛礁遮挡作用下形成绕射现象。

1. 阻障作用计算

为确定水质点所受阻障作用，可借鉴环境遮挡技术（Screen-Space Ambient Occlusion，SSAO）的思想，沿波浪传播方向进行阻障测试，原理如图 8.11 所示。测试范围为波浪传播方向顺时针、逆时针分别偏转 $\delta/2$ 扫过的扇形区域，测试半径为 R，采样次数为 N。设水面初始高度为 y_0，测试点 P 的地形高度为 E_P，第 i 个采样点的地形高度为 E_i。

根据波向线逐渐垂直于水深线的特点，可假设水质点优先向水深更浅的方向运动，以更快抵达岸滩。该假设符合费马最短时间原理。当采样点 i 的高度 $E_i > E_P$ 时，定义采样点 i 为测试点的阻障点。设 $\theta(E_i)$ 为第 i 个采样点对应偏离波浪传播方向的角度，当测试点前方存在多个阻障点时，其最终偏离传播方向的角度 $\Delta\theta = \theta(\max(\{E_i | E_i > E_P, i \in (1,\cdots,N)\}))$。

定义（前方阻障系数） 水质点受前方阻障点影响的大小，等于水质点偏离传播方向角度的正割值，即 $D_{blo} = \sec\theta$。

前方阻障系数反映了受阻障物影响，相邻波向线间的能量更加集中的现象。受阻障作用影响，测试点波高值增加到的原值的 D_{blo} 倍。

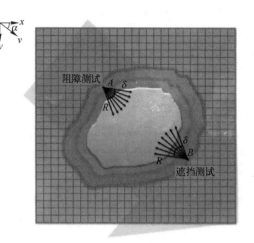

图 8.11　阻障和遮挡测试原理图

2. 遮挡作用计算

遮挡测试与阻障测试的方法相同,测试方向为波浪传播的反方向,测试半径取 $\lambda/2$。若采样点高度大于水面初始高度 y_0,则定义该点为遮挡点,对波浪有遮挡作用。若测试方向逆时针偏转指向采样点,遮挡值 C 记为 1,反之记为 -1。采样点高度小于 y_0 时,遮挡值 C 记为 0。

定义(后方遮挡系数) 水质点受遮挡点影响的大小,其值等于遮挡点个数与采样次数的比值,即 $D_{\text{obs}} = \sum_{i=1}^{N} |C_i|/N$。

遮挡系数反映了岛礁背浪侧的水质点受岛礁的遮挡,波能输入减少的现象。在计算受遮挡影响点的波高时,还需要考虑其到岸线的距离。根据物理模拟结果可知,在背浪侧随着到岸线距离的增大,波高值逐渐降低至深水区波高大小。为了减少额外的距离计算,这里使用与距离呈正相关的水深代替距离。设靠近岛礁背浪侧岸线的最小波高为 A_{start}(大于深水区波高 A_∞),则测试点波高为

$$A = (A_{\text{start}} - A_\infty)(1 - 2h/\lambda)K_A^{1-D_{\text{obs}}} + A_\infty \tag{8-11}$$

式中:K_A 为阻障系数趋近与 0 的点与阻障系数为 1 的点的波高之比。

8.3.2　岛礁背浪侧绕射

绕射现象在引起波高的变化的同时,会造成波浪传播方向的明显变化。岛礁背浪侧常见的绕射现象就是回旋流,回旋流是指背浪侧海浪偏离传播方向,环绕岸线运动并涌向海岸。回旋流通常发生在距离背浪侧岸线较近的区域,因此可简单假设这些现象出现在遮挡系数大于 0 的区域,方便借助遮挡系数修正波向。

观察基于物理方法的模拟结果发现近似存在如下规律:在背浪侧,水质点受遮挡作用影响越大、距离岸线越近,其实际运动方向与波浪传播方向的夹角越大。波浪传播方向到水质点实际运动方向偏转角 θ_{def} 为

$$\theta_{\text{def}} = \left(1 - \frac{2h}{\lambda}\right) D_{\text{obs}} \times 180° \tag{8-12}$$

偏转方向由 $\sum_{i=1}^{N} C_i$ 的符号决定。根据遮挡测试原理可知：该值为正，测试点向逆时针方向偏转时受到遮挡作用更大，水质点更容易偏向这一侧，传播方向逆时针偏转 θ_{def} 得到实际运动方向；值为负时，传播方向顺时针偏转 θ_{def}；值为 0 时，可参考其相邻点的偏转方向。

8.4 波浪的绘制

8.4.1 折射和绕射绘制

进行折射和绕射仿真绘制前，需要预先计算生成阻障和遮挡纹理。有两种方案可供选择。方案一：先通过 CPU 计算生成阻障和遮挡纹理，再将纹理传入 GPU 进行渲染；方案二：将全部的计算和渲染工作都交由 GPU 处理。由于 CPU 计算速度远低于 GPU，加之 CPU 与 GPU 之间的通信耗时，效率上方案二更优。需要指出的是：对一个顶点进行阻障和遮挡测试时，需要访问多个相邻顶点的地形高度值，并且当波浪方向发生改变时，需要重新计算生成阻障和遮挡纹理。传统的渲染管线中，由于顶点着色器又无法访问相邻顶点的属性，难以完成这一过程。为解决这一问题，使用着色器存储缓存技术，将水深数据以纹理缓存的方式提供给渲染各阶段着色器使用。可结合着色器存储缓存对象（Shader Storage Buffer Object，SSBO）实现。

首先创建一张大小与地形高度图相同的纹理，分别使用 r、g、b、a 通道存储阻滞偏角、阻滞系数、遮挡偏角和遮挡系数；然后将纹理传入存储缓存，再将存储缓存绑定到 SSBO 的绑定点，这样管线各阶段的着色器就能访问该缓存了。当波浪方向发生改变时，顶点着色器即可直接访问 SSBO 中的数据，计算阻障和遮挡作用，并将结果写入 SSBO 中。SSBO 创建和使用代码如下：

GLSL 文件中代码：

```
//创建一个可读写的缓存
layout(std430,binding=0) buffer BufferObject{
int mode;                    //序号
vec4 parameters[];           //阻障遮挡参数存放矩阵
}
```

C++文件中的代码：

```
//生成缓存名称，并绑定到存储缓存
glGenBuffer(1,&buf);
glBindBuffer(GL_SHADER_STORAGE_BUFFER,buf);
glBufferData(GL_SHADER_STORAGE_BUFFER,8192,NULL,GL_DYNAMIC_COPY);
//现在将缓存绑定到第 0 个 GL_SHADER_STORAGE_BUFFER 绑定点
glBindBufferBase(GL_SHADER_STORAGE_BUFFER,0,buf);
```

8.4.2 层次细节模型建立

为在保证真实性的基础上提高场景绘制效率,通常需要为场景建立自适应层次细节模型。基本思想是扩大仿真间隔或降低采样频率。由于计算正确性的限制,使用 Gerstner 波进行波浪模拟时,仿真步长不能过大。为解决这一问题,下面将视点到场景的距离划分为近、中、远 3 种,针对各种距离采取不同的绘制策略,如图 8.12 所示。

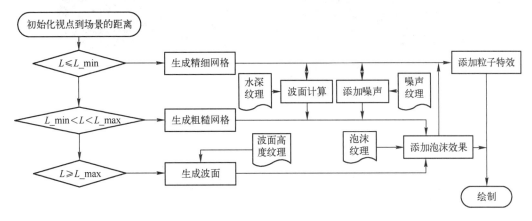

图 8.12 多分辨率绘制流程

当视点处于近距离范围时,观察者能够清楚地看到波浪的细节。绘制海浪时,首先构建岛礁周围海面的精细网格,在此网格上应用波面方程,生成海面,结合波浪破碎条件和粒子系统建立波浪破碎效果,最后合成岛礁附近海面场景。

当视点处于中距离范围时,观察者能够分辨波浪的轮廓形状,但飞溅的水滴和细小的波形变化较难清楚辨识。进行海浪绘制时,对近距离海面精细网格粗化,以减少不必要的计算消耗,关闭粒子效果,仅使用泡沫纹理表现波浪的破碎现象。

当视点处于远距离范围时,观察者主要通过波峰线上波浪破碎生成的泡沫感知海浪的传播运动。绘制海面场景时,仅使用高度纹理移动的方式表现波峰线的运动,根据阻障测试的结果为岛礁迎浪侧添加泡沫纹理,这样就减少了大量的计算消耗。

绘制效果如图 8.13~图 8.16 所示。图 8.13 所示为风浪较小时,岛礁周围的海面情况;图 8.14 所示为深水区波浪形状,能够相对真实地模拟海浪形状;

图 8.13 风浪较小时的岛礁附近海面

图 8.14 深水区波浪

图 8.15 所示为波浪在迎浪侧发生的折射现象,从图中可以较为清楚地观察到,随着

波浪向岛礁运动,波峰线逐渐与岛礁岸线平行。图 8.16 所示为背浪侧绕射现象,在图中能够观察回岸流。

图 8.15　波浪的折射

图 8.16　波浪的绕射

第 9 章 基于 OSG 的仿真系统

9.1 OSG 简介

OpenSceneGraph(OSG)是一个开放源码、跨平台的图形开发包,是一套基于 C++平台的应用程序接口(API),它为诸如飞行器仿真、游戏、虚拟现实、科学计算可视化这样的高性能图形应用程序开发而设计。

9.1.1 OSG 概述

OSG 基于场景图的概念,提供一个在 OpenGL 之上的面向对象的框架,让程序员能够快速、便捷地创建高性能、跨平台的交互式图形程序。OpenSceneGraph 不但有 OpenGL 的跨平台的特性和较高的渲染性能,还提供了一系列可供 3D 程序开发者使用的功能接口,包括 2D 和 3D 数据文件的加载、纹理字体支持、细节层次(LOD)控制、多线程数据分页处理等。

OpenSceneGraph 的关键优势在于它的性能、可扩展性、可移植性和快速开发(productivity)。

(1)开发速度快。OSG 场景图形内核封装了几乎所有的 OpenGL 底层接口,并随时支持最新的扩展特性。应用程序的开发者们能够把重心放在 3D 程序开发的实质性内容及与各种场景对象交互的措施上,而不再是底层的代码。

(2)性能高。OSG 的核心代码支持各种各样的场景裁剪技术(Culling)、细节层次节点(LOD)、渲染状态排序(State Sort)、顶点数组、顶点缓冲对象(vertex buffer objects)、OpenGL 着色语言和显示列表(display lists)等;以及文字的显示,粒子系统,雨、雪、火焰、烟雾等特效模拟,阴影系统,场景的动态调度以及多线程渲染等各种机制。它们共同使 OSG 逐渐成为一个高性能的 3D 图形引擎。

(3)具有扩展力。OSG 在场景图形的扩展思想的基础上具有强大的扩展力,它包括各种各样的扩展节点(NodeKits,节点工具箱)、扩展回调、扩展渲染属性以及扩展交互事件处理器等,很方便地支持用户开发程序。数据库的支持库(osgDB)增加了通过后缀名动态插件机制,从而支持大量数据格式。

(4)具有移植力。场景图的内核已经被设计成尽量少地依赖具体的平台,很少的部分超出了标准 C++程序和 OpenGL,这就使得这个场景图可以快速移植到其他大部分平台中。

9.1.2 OSG 体系结构(图 9.1)

OSG 运行时文件由一系列动态链接库(或共享对象)和可执行文件组成。这些链接库可分为以下五大类:

(1) OSG 核心库。它提供了基本的场景图形和渲染功能,以及 3D 图形程序所需的某些特定功能实现。

(2) 节点扩展工具箱(NodeKits)。它扩展了核心 OSG 场景图形节点类的功能,以提供高级节点类型和渲染特效。

(3) OSG 插件。其中包括了 2D 图像和 3D 模型文件的读写功能库。

(4) 内省库。它使得 OSG 易于与其他开发环境集成,例如脚本语言 Python 和 Lua。

(5) 工具程序和示例集。它提供了实用的功能函数和正确使用 OSG 的例子。

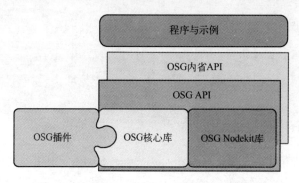

图 9.1　OSG 体系结构

OSG 核心库提供了应用程序和 NodeKits 所需的功能模块。而 OSG 核心库和 NodeKits 一同组成了 OSG 的 API。OSG 核心库中的 osgDB 则通过对 OSG 插件的管理,为用户提供了 2D 和 3D 文件 I/O 的接口。

1. OSG 核心库

OSG 核心库提供了用于场景图形操作的核心场景图形功能、类和方法;开发 3D 图形程序所需的某些特定功能函数和编程接口;以及 2D 和 3D 文件 I/O 的 OSG 插件入口。OSG 核心库包含了以下链接库:

1) osg 库

osg 库包含了用于构建场景图形的场景图形节点类,用作向量和矩阵运算的类、几何体类,以及用于描述和管理渲染状态的类。osg 库中还包括 3D 图形程序所需的典型功能类,例如命令行参数解析,动画路径管理,以及错误和警告信息类。包括:

(1) 场景图形类

① 场景图形类用于辅助场景图形的构建。OSG 中所有的场景图形类都继承自 osg::Node。根节点,组节点和叶节点,都源自于 osg::Node。

② Node:Node 类是场景图形中所有节点的基类。它包含了用于场景图形遍历、拣选、程序回调,以及状态管理的方法。

③ Group:Group 类是所有可分支节点的基类。它是场景图形空间组织结构的关键类。

④ Geode:Geode 类(Geometry Node)相当于 OSG 中的叶节点。它没有子节点,但是包含了 osg::Drawable 对象,而 osg::Drawable 对象中存放了将被渲染的几何体。

⑤ LOD:LOD 类根据观察点与图像子节点的距离选择显示子节点。通常使用它来创建场景中物体的多个显示层级。

⑥ MatrixTransform:MatrixTransform 类包含了用于实施子节点几何体空间转换的矩

阵,以实现场景对象的旋转、平移、缩放、倾斜、映射等操作。

⑦ Switch:Switch 类用布尔掩板来允许或禁止子节点的运作。

(2) 几何体类

① Geode 类:OSG 的叶节点,包含渲染用的几何数据。

② Drawable:Drawable 类是用于存储几何数据信息的基类,Geode 维护了一个 Drawable 的列表。Drawable 是纯虚类,无法直接实例化。用户必须实例化其派生类,如 Geometry,或者 ShapeDrawable(允许用户程序绘制预定义的几何形状,如球体、圆锥体和长方体)。

③ Geometry:Geometry 类与 PrimitiveSet 类相关联,实现了对 OpenGL 顶点数组功能的高级封装。Geometry 保存顶点数组的数据、纹理坐标、颜色,以及法线数组。

④ PrimitiveSet:PrimitiveSet 类提供了 OpenGL 顶点数组绘图命令的高层次支持。用户可以从相关的 Geometry 类中取得保存的数据,再使用这个类来指定要绘制的几何体数据的类型。

⑤ Vector 类(Vec2,Vec3 等):OSG 提供了预定义好的二维、三维和四维元素向量,支持 float 或者 double 类型。使用这些向量来指定顶点、颜色、法线和纹理坐标的信息。

⑥ Array 类(Vec2Array,Vec3Array 等):OSG 定义了一些常用的数组类型,如用于贴图纹理坐标的 Vec2Array。指定顶点数组数据时,程序首先将几何数据保存到这些数组中,然后传递至 Geometry 类对象。

(3) 状态管理类

OSG 提供了一种机制,用以保存场景图形所需的 OpenGL 渲染状态。在遍历中,同一状态的几何体被组合集中到一起以使状态的改变呈最小化。在绘制遍历中,状态管理代码将记录当前状态的历史轨迹,以清除冗余的渲染状态变更。OSG 允许状态与任何场景图形节点相关联,在一次遍历中,状态将呈现出某种继承关系。

① 状态集合(StateSet):OSG 在 StateSet 类中保存一组定义状态数据(模式和属性)。场景图形中的任何 osg::Node 都可以与一个 StateSet 相关联。

② 模式(Modes):与 OpenGL 的函数 glEnable( ) 和 glDisable( ) 相似,模式用于打开或关闭 OpenGL 固定功能(fixed-function)的渲染管道,例如灯光、混合和雾效。方法 osg::StateSet::setMode( ) 在 StateSet 中保存一个模式信息。

③ 属性(Attributes):应用程序使用属性来指定状态参数,例如混和函数、材质属性、雾颜色等。方法 osg::StateSet::setAttribute( ) 在 StateSet 中保存属性信息。

④ 纹理模式和属性:纹理模式和属性可应用在 OpenGL 多重纹理的某个指定纹理单元上。应用程序必须在设定纹理模式和属性时提供纹理单元的信息,注意,和 OpenGL 不同,OSG 不存在默认的纹理单元。StateSet 类的方法 setTextureMode( ) 和 setTextureAttribute( ) 用于设定状态参量以及纹理单元信息。

⑤ 继承标志:OSG 提供了一些标志量,用于控制场景图形遍历中的状态值。默认情况下,子节点中的状态集合将重载父节点的状态集合,但是也可以强制父节点的状态重载子节点的状态,或者指定子节点的状态受到保护而不会被其父节点重载。

(4) 其他实用类

① osg 链接库还包括了一些实用的类和工具。其中一些涉及 OSG 的内存引用计数

策略(reference-counted memory scheme),这种策略可以通过清理不再引用的内存以避免内存泄露。

② Referenced:Referenced 类是所有场景图形节点和 OSG 的许多其他对象的基类。它实现了一个用于跟踪内存使用情况的引用计数(referencecount)。如果某个继承自 Referenced 的对象,其引用计数的数值到达 0,那么系统将自动调用其析构函数并清理为此对象分配的内存。

③ ref_ptr<>:模板类 ref_ptr<>为其模板内容定义了一个智能指针,模板内容必须继承自 Referenced 类(或提供一个与之相同的、能实现引用计数的接口)。当对象的地址分配给 ref_ptr<>时,对象的引用计数将自动增加。同样,清除或者删去 ref_ptr 时,对象的引用计数将自动减少。

④ Object:纯虚类 Object 是 OSG 中一切需要 I/O 支持,复制和引用计数的对象的基类。所有的节点类,以及某些 OSG 对象均派生自 Object 类。

⑤ Notify:osg 库提供了一系列控制调试,警告和错误输出的函数。用户可以通过指定一个来自 NotifySeverity 枚举量的数值,设定输出的信息量。OSG 中的大部分代码模块执行时都会显示相关的信息。

2) osgDB 库

osgDB 库包括了建立和渲染 3D 数据库的类与函数。其中包括用于 2D 和 3D 文件读写的 OSG 插件类的注册表,以及用于访问这些插件的特定功能类。osgDB 库允许用户程序加载、使用和写入 3D 数据库。它采用插件管理的架构,分页机(database pager)可以支持大型数据段的动态读入和卸载。osgDB 负责维护插件的信息注册表,并负责检查将要被载入的 OSG 插件接口的合法性。

3) osgGA 库

提供事件响应功能,通过与操作系统交互,使得程序可以响应外来事件,如键盘、鼠标、方向盘等各类事件。

4) osgUtil 库

osgUtil 库包括的类和函数,可以用于场景图形及其内容的操作,场景图形数据统计和优化,以及渲染器的创建。它还包括了几何操作的类,例如 Delaunay 三角面片化(Delaunay triangulation)、三角面片条带化(triangle stripification)、纹理坐标生成等。

5) osgViewer 链接库

osgViewer 库定义了一些视口类,因而可以将 OSG 集成到许多视窗设计工具中,包括 AGL/CGL、FLTK、Fox、MFC、Qt、SDL、Win32、WxWindows,以及 X11。这些视口类支持单窗口/单视口的程序,也支持使用多个视口和渲染器面的多线程程序。每个视口类都可以提供对摄像机运动、事件处理,以及 osgDB::DatabasePager 的支持。osgViewer 库包含了以下 3 个可能用到的视口类。

① SimpleViewer:SimpleViewer 类负责管理单一场景图形中的单一视口。使用 SimpleViewer 时,应用程序必须创建一个窗口并设置当前的图形上下文(graphics context)。

② Viewer:Viewer 类用于管理多个同步摄像机,他们将从多个方向渲染单一的视口。根据底层图形系统的能力,Viewer 可以创建一个或多个自己的窗口以及图形上下文,因此使用单一视口的程序也可以在单显示或者多显示的系统上运行。

③ CompositeViewer：CompositeViewer 类支持同一场景的多个视口,也支持不同场景的多个摄像机。如果指定各个视口的渲染顺序,用户就可以将某一次渲染的结果传递给别的视口。CompositeViewer 可以用来创建抬头数字显示(HUD)、预渲染纹理(prerender textures),也可以用于在单一视口中显示多个视图。

2. 节点扩展工具箱

节点扩展工具箱(NodeKits)扩展了 OSG 场景图节点类的高级功能和渲染特效。

① osgAnimation：动画。场景动画处理。

② osgFX：特效。场景特效的渲染,例如异向光照(anisotropic lighting)、凹凸贴图、卡通着色等。

③ osgManipulator：交互支持。提供一些操作器,如 TrackBall、驾驶等。

④ osgParticle：粒子系统。提供了基于粒子的渲染特效,如爆炸、火焰、烟雾等。

⑤ osgSim：虚拟仿真。仿真工具库,包括 DOF 结点、点光源等诸多与虚拟仿真相关的功能。

⑥ osgText：文本。提供了向场景中添加文字的得力工具,可以完全支持 TrueType 字体。

⑦ osgTerrain：地形绘制。提供了渲染高度场数据和地形处理的能力,用于实现读取和显示实时地形。

⑧ osgShadow：阴影。提供场景阴影绘制功能,并为多种阴影绘制技术给予支持。

⑨ osgVolume：体绘制。实现体渲染,并提供各种体渲染的技术支持。

3. OSG 插件

OSG 的核心库提供了针对多种 2D 图形和 3D 模型文件格式的 I/O 支持。osgDB::Registry 可以自动管理插件链接库。只要提供的插件确实可用,Registry 就可以找到并使用它,应用程序只需调用相应的函数来读取和写入数据文件即可。osg 库允许用户程序采用"节点到节点"(node-by-node)的方式直接建立场景图形。相反的,OSG 插件允许用户程序仅仅通过编写几行代码就能够从磁盘中调用整个场景图形,或者调用部分的场景图形,然后应用程序可以将其列入整个场景图形系统中去。

4. 程序与示例

包含常用的 OSG 工具程序,以及 100 多个示例。

9.1.3　OSG 资源

OpenSceneGraph 资源主要包括：OpenSceneGraph 源码(稳定版本和在研版本)、二进制包、第三方库、数据包。可以到 OpenSceneGraph 官方网站(http：//www.openscenegraph.org/)或 OpenSceneGraph 中文官方网站(http：//www.osgchina.org/)下载。

9.2　基本场景构建

9.2.1　Hello World

OSG 应用程序开发的一般步骤如下：

(1) 设置环境。连接使用类的头文件等。

(2) 创建场景。通过建立 Viewer 类。

(3) 加载模型。一般来讲加入的模型是已经建立好的自己所需模型。

(4) 组织模型。OSG 很多的工作都是在组织模型这部分,首先建立一个拓扑图来体现模型的基本关系,包括位移关系、灯光等各种关系。

(5) 加载组织后的模型到场景。通过 viewer.setseeneData(node)来实现。

(6) 最后进入循环,进行渲染。

一个最简单的 OSG 程序:

```
//设置环境
#include<osgDB/ReadFile>
#include<osgUtil/Optimizer>
#include<osgViewer/Viewer>
//主函数
void main( ){
//申请了一个 viewer,可理解为申请一个观察器,该观察器可以查看模型图 9.2
osgViewer::Viewer viewer;
//添加模型了,这里是设置观察器 Viewer 中的数据
viewer.setSceneData(osgDB::readNodeFile("f35a.flt"));
//检查和设置图形,准备渲染
viewer.realize( );
//渲染图形
viewer.run( );
}
```

图 9.2 Hello World

9.2.2 场景中模型处理

1. 添加模型

在 OSG 当中模型是使用 osg::Group 和 osg::Node 来装载在一起的,例如同时需要加入两个模型,模型 A 和模型 B,A、B 各自是一个 Node(图 9.3),那么可以使用以下语句来实现,首先使用一个 Group,然后 Group->addChild(A),同样,之后要 Group->addChild(B)。然后再把 Group 添加到 viewer 当中即可。在这里要申明的是 Node 是 Group 的父类,在类中都有相应的方法可以转到对方,故 Node 与 Group 是通用的,Node 也可以被当

作 Group 来用。

```
void main()
{
osgViewer::Viewer viewer;
//创建根节点
osg::Group * root=new osg::Group();
//加入两个模型数据
root->addChild(osgDB::readNodeFile("f35a.flt"));
root->addChild(osgDB::readNodeFile("t72m1.flt"));
viewer.setSceneData(root);
viewer.realize();
viewer.run();
}
```

图 9.3　添加 2 个模型的场景

2. 删除模型(节点)

如果不需要某个模型(节点),可以通过 removeChild 方法删除,也可以通过 removeChildren 方法,同时删除多个模型(节点)。这里要注意的是,如果要删除一个模型(节点),那么该模型(节点)下的所有模型(节点)都会被删除。

3. 隐藏模型

为防止频繁进行模型加载,耗费时间和资源,可以通过设置掩码方法(node->setNodeMask),对模型设置隐藏。隐藏模型时模型仍在渲染当中,损耗并未减少,只不过隐藏了而已。

……

```
//定义 3 个模型节点
osg::ref_ptr<osg::Node>Node1 =    osgDB::readNodeFile("t72m1.flt");
osg::ref_ptr<osg::Node>Node2 =    osgDB::readNodeFile("f35a.flt");
osg::ref_ptr<osg::Node>Node3 =    osgDB::readNodeFile("c130.flt");
//添加到根节点中
root->addChild(Node1);
root->addChild(Node2);
root->addChild(Node3);
```

……
//删除模型 Node1
root->removeChild（Node1）；
//隐藏模型 Node2 和 Node3
Node2->setNodeMask(0x0)；
Node3->setNodeMask(0x0)；
//显示模型 Node3
Node3->setNodeMask(0x1)；
……

9.2.3 模型几何变换

平移、旋转和缩放是对模型的最基本操作,在 osg 中模型的移动、旋转、缩放都是通过 osg::MatrixTransform 定义变换矩阵,再对矩阵进行操作来实现的,矩阵作为一个特殊的节点加入到组节点中。

setMatrix(osg::Matrix::translate(x,y,z))实现模型移动；
setMatrix(osg::Matrix::scale(x,y,z))实现模型缩放；
setMatrix(osg::Matrix::rotate(x,y,z))实现模型旋转。

int main(int argc,char * argv[ ])
{
osgViewer::Viewer viewer；
viewer.addEventHandler(new osgViewer::WindowSizeHandler)；
viewer.addEventHandler(new osgViewer::StatsHandler)；
osg::ref_ptr<osg::Group>root = new osg::Group；
osg::ref_ptr<osg::Node>axes =osgDB::readNodeFile("t72m1.flt")；
//沿 x 轴负方向平移 2 个单位
osg::ref_ptr<osg::MatrixTransform>mtMove=new osg::MatrixTransform；
mtMove->setMatrix(osg::Matrix::translate(-2,0,0))；
mtMove->addChild(axes.get( ))；
//绕 Z 轴旋转 45°
osg::ref_ptr<osg::MatrixTransform>mtRotate=new osg::MatrixTransform；
mtRotate->setMatrix(osg::Matrix::rotate(
    osg::DegreesToRadians(45.0),osg::Z_AXIS))；
mtRotate->addChild(axes.get( ))；
//沿 x 轴方向放大至原来 2 倍,y 轴方向不变,x 轴方向放大至原来 0.5 倍
osg::ref_ptr<osg::MatrixTransform>mtScale = new osg::MatrixTransform；
mtScale->setMatrix(osg::Matrix::scale(2,1,0.5))；
mtScale->addChild(axes.get( ))；
root->addChild(mtMove)；

root->addChild(mtRotate);
root->addChild(mtScale);
viewer. setSceneData(root. get( ));
viewer. realize( );
return viewer. run( );
}

对于同一模型的连续变换可以通过矩阵相乘来实现,在 OSG 左乘操作,即左边的是先执行变换。变换的顺序是对 MatrixTransform 下面的子节点。可以根据实际需要,选择这 3 个矩阵的乘法顺序。

如对同一模型进行上述变换可表示为

osg::ref_ptr<osg::MatrixTransform> mt = new osg::MatrixTransform;
mt-> setMatrix(osg::Matrix::translate(-2,0,0)) *
    setMatrix(osg::Matrix::rotate(osg::DegreesToRadians(45.0),osg::Z_AXIS)) *
    setMatrix(osg::Matrix::scale(2,1,0.5)));

旋转还可定义为:

osg::Matrix::rotate(osg::DegreesToRadians(45.0),osg::Vec3(0.0,0.0,1.0));

通过定义 sg::Vec3(x,y,z) 来确定任意旋转轴。

9.2.4 模型的拾取

模型的拾取在 OSG 中是通过 Pick 来实现的,Pick 主要是通过鼠标的单击来拾取一些物体,或者判断鼠标所单击的位置在哪里。Pick 实现的思路如图 9.4 所示。

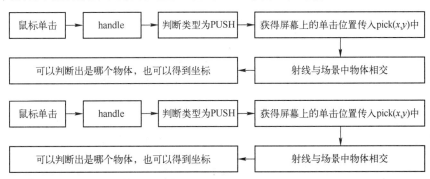

图 9.4 pick 事件流程

在 OSG 中 pick 需要响应鼠标单击事件,pick 有两个非常重要的参数,即单击时鼠标屏幕的位置以及鼠标键值。鼠标屏幕位置上的点发射线到场景中与场景中的物体相交,其可能与多个物体相交,要逐一判断与哪些物体相交。在 OSG 中有库函数 osgViewer::View::computeIntersections,它共有 3 个参数:第一个是 x 屏幕坐标,第二个是 y 屏幕坐标,第三个是存放被交的节点以及相交的坐标节点路径等相关信息。

对象选取事件处理:

class PickHandler : public osgGA::GUIEventHandler

```cpp
{
public:
    PickHandler():
        _mx(0.0f),
        _my(0.0f)
    {}
    ~PickHandler()
    {}
    //事件处理函数
    bool handle(const osgGA::GUIEventAdapter& ea,osgGA::GUIActionAdapter& aa)
{
        osg::ref_ptr<osgViewer::View>
        view=dynamic_cast<osgViewer::View*>(&aa);
        if(!view) return false;
        switch(ea.getEventType())        {
            //鼠标按下
            case(osgGA::GUIEventAdapter::PUSH):
            {
                //更新鼠标位置
                _mx=ea.getX();
                _my=ea.getY();
                pick(view.get(),ea.getX(),ea.getY());
                break;
            }
            case(osgGA::GUIEventAdapter::RELEASE):
            {
                if (_mx==ea.getX() && _my==ea.getY())
                {
                    //执行对象选取
                    //pick(view.get(),ea.getX(),ea.getY());
                }
                break;
            }
            default:
                break;
        }
        return false;
    }}}
```

对象选取事件处理器：

```cpp
void pick(osg::ref_ptr<osgViewer::View> view,float x,float y){
```

```cpp
osg::ref_ptr<osg::Node> node=new osg::Node();
osg::ref_ptr<osg::Group> parent=new osg::Group();
//创建一个线段交集检测函数
osgUtil::LineSegmentIntersector::Intersections intersections;
if(view->computeIntersections(x,y,intersections)){
    osgUtil::LineSegmentIntersector::Intersection intersection=
             *intersections.begin();
    osg::NodePath& nodePath=intersection.nodePath;
    //得到选择的物体
    node=(nodePath.size()>=1)? nodePath[nodePath.size()-1]:0;
    parent=
(nodePath.size()>=2)? dynamic_cast<osg::Group*>(nodePath[nodePath.size()-2]):0;
}
//用一种高亮显示来显示物体已经被选中
if(parent.get() && node.get()){
    osg::ref_ptr<osgFX::Scribe> parentAsScribe=
dynamic_cast<osgFX::Scribe*>(parent.get());
    if(!parentAsScribe){
        //如果对象选择到,高亮显示
        osg::ref_ptr<osgFX::Scribe> scribe=new osgFX::Scribe();
        scribe->addChild(node.get());
        parent->replaceChild(node.get(),scribe.get());
    }
    else{
        //如果没有没有选择到,则移除高亮显示的对象
        osg::Node::ParentList parentList=parentAsScribe->getParents();
        for(osg::Node::ParentList::iterator itr=parentList.begin();
        itr!=parentList.end();++itr){
            (*itr)->replaceChild(parentAsScribe.get(),node.get());
        }}}}
public:
    //得到鼠标的位置
    float _mx;
    float _my;
};
```

9.2.5 几何体创建

OSG 绘制几何体的方法有多种,按层次可分为 3 类:较低层次的使用经过 OSG 简单包装的 Opengl 原始几何对象;中间层次的是可以使用 OSG 中的基本图形对象;较高层次

的为从文件中载入几何对象,大部分情况下节点数据都是从文件中载入的。前面涉及的是较高层次的,目的是便于理解 OSG 中的几何对象体系结构。下面介绍层次最低的那种几个相关的类:

(1) Geode:osg 的叶节点,包含了渲染用的几何数据。Geode 是从 node 类派生而来,所有的 node 都可以作为叶子节点添加到场景图(Scene Graph)中去,需要注意的是,Geode 本身不具有外观(不能被绘制出来)。

(2) Drawable:Drawable 是物体的外形,用于存储几何数据信息的基类,是可绘制的。一个 Geode 可以包含多个 Drawable 对象,Geode 维护了一个 Drawable 的列表。Drawable 是一个纯虚类,无法实例化,必须实现派生类,如 Geometry 或者 ShapeDrawable。

内置几何类型的渲染过程如图 9.5 所示。

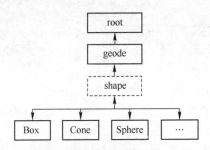

图 9.5　几何类型的渲染过程

ShapeDrawable 为内置形状的图元,内置了诸如 osg::Box(盒子)、osg::Capsule(胶囊形)、osg::CompositeShape(组合型)、osg::Cone(圆锥形)、osg::Cylinder(圆柱形)、osg::HeightField(高程)、osg::InfinitePlane(有限面)、osg::Sphere(球形)、osg::TriangleMesh(三角蒙皮)等。

(3) Geometry:Geometry 类可以包含节点 Vertex(以及 Vertex 的属性),与 PrimitiveSet 类相关联,实现了对 OpenGL 顶点数组功能的高级封装。节点 Vertex 保存了顶点数组的数据、纹理坐标、颜色以及法线数组,这些数据很有可能会被共享。例如:多个节点可以共享同一个颜色。在使用这些数据的时候,是通过对应的数据在数组中的索引来引用的。图 9.6 显示了基本几何图元的添加过程。

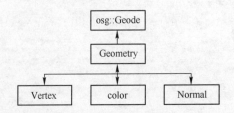

图 9.6　基本几何图元的添加过程

Geometry 所有可绘制的图元包括:POINTS(点)、LINES(线)、LINE_STRIP(线带)、LINE_LOOP(闭合线段)、TRIANGLES(三角形)、TRIANGLE_STRIP(三角带)、TRIANGLE_FAN(三角扇)、QUADS(四方块)、QUAD_STRIP(四方块带)和 POLYGON(多边形)。

(4) PrimitiveSet:提供了 OpenGL 顶点数组绘图命令的高层次支持。用户可以从 Ge-

ometry 中获得保存的数据,再使用这个类制定要绘制的几何体数据的类型。这个类简单地包装了一下 OpenGL 的几何体原始对象：POINTS、LINES、LINE_STRIP、LINE_LOOP、QUADS、POLYGON 等。

图 9.7 所示为几何体的创建。

```
osg::Node * create(){
    // geode 是叶节点,I 必须包含一系列 drawables..
     osg::Geode * geode=new osg::Geode;
    //定义 Geometry,画三角形
    osg::Geometry * triangle=new osg::Geometry;
    geode->addDrawable(triangle);
    //定义三角形的顶点
    osg::Vec3Array * Tvertex=new osg::Vec3Array;
    triangle->setVertexArray(Tvertex);
    Tvertex->push_back(osg::Vec3(-2.0,0.0,-1.0));
    Tvertex->push_back(osg::Vec3( 0.0,0.0,-1.0));
    Tvertex->push_back(osg::Vec3(-1.0,0.0,1.0));
    //设置三角形颜色
    osg::Vec3Array * Tcolor   =new osg::Vec3Array;
    triangle->setColorArray(Tcolor);
    triangle->setColorBinding(osg::Geometry::BIND_PER_VERTEX);
    Tcolor->push_back(osg::Vec3(1.0,0.0,0.0));
    Tcolor->push_back(osg::Vec3(0.0,1.0,0.0));
    Tcolor->push_back(osg::Vec3(0.0,0.0,1.0));
    //设置三角形法线
    osg::Vec3Array * Tnormal=new osg::Vec3Array;
    Tnormal->push_back(osg::Vec3(0.0,-1.0,0.0));
    triangle->setNormalArray(Tnormal);
    triangle->setNormalBinding(osg::Geometry::BIND_OVERALL);
    ///调用 opengl 的 GL_TRIANGLES 参数绘制三角形
    osg::PrimitiveSet * Tprimitive=new osg::DrawArrays(GL_TRIANGLES,0,3);
    triangle->addPrimitiveSet(Tprimitive);
    //定义立方体
    osg::Box * boxtest=new osg::Box(osg::Vec3(1.5,0.0,0.0),1.0);
    //采用 ShapeDrawable
    osg::ShapeDrawable * box=new osg::ShapeDrawable(boxtest);
    geode->addDrawable(box);
    return geode;
}
```

图 9.7　几何体创建

9.2.6　文字显示

1. OSG 文字显示

OSG 中使用文字很简单,只需指定字体,大小,颜色等信息。

osgText::Text * text=new osgText::Text;
text->setFont(font);   //设置字体
text->setColor(layoutColor);   //设置文字颜色
text->setCharacterSize(20);   //设置文字大小
text->setPosition(osg::Vec3(0,0,0.0f));   //设置文字显示的位置
text->setText(L"你好!");   //设置文字显示的内容

由于 osgText::Text 本身不是继承自 Node,所以不能直接加到场景中,需要使用一个 osg::Geode,然后把 osgText::Text 加到 osg::Geode 中。

osg::Geode * geode=new osg::Geode;
    geode->addDrawable(text);

2. OSG 的 HUD 抬头文字显示

所谓 HUD 节点,就是无论三维场景中的内容怎么改变,它都能在屏幕上固定位置显示的节点。HUD 实现要点:

（1）关闭光照,不受场景光照影响,所有内容以同一亮度显示。
（2）关闭深度测试。
（3）调整渲染顺序,使它的内容最后绘制。
（4）设定参考贴为绝对型:setReferenceFrame(osg::Transform:ABSOLUTE_RF)。
（5）使其不受父节点变换的影响:setMatrix(osg::Matrix::identity())。
（6）使用平行投影,设定虚拟投影窗口的大小,这个窗口的大小决定了后面绘制的图形和文字的尺度比例。

osg::Node * createHUD(){
    //文字
    osgText::Text * text=new osgText::Text;
    //设置字体
    std::string caiyun("fonts/Simsun.ttf");//此处设置的是汉字字体
    text->setFont(caiyun);
    //设置文字显示的位置

```cpp
    osg::Vec3 position(150.0f,500.0f,0.0f);
    text->setPosition(position);
    text->setColor( osg::Vec4( 1,1,0,1));
    text->setText(L"虚拟现实技术");//设置显示的文字
    //几何体节点
    osg::Geode* geode=new osg::Geode();
    geode->addDrawable( text);//将文字 Text 作这 drawable 加入到 Geode 节点中
    //设置状态
    osg::StateSet* stateset=geode->getOrCreateStateSet();
    stateset->setMode(GL_LIGHTING,osg::StateAttribute::OFF);//关闭灯光
    stateset->setMode(GL_DEPTH_TEST,osg::StateAttribute::OFF);//关闭深度测试
    //打开 GL_BLEND 混合模式(以保证 Alpha 纹理正确)
    stateset->setMode(GL_BLEND,osg::StateAttribute::ON);
    //创建 HUD 摄像机
    osg::Camera* camera=new osg::Camera;
    //设置透视矩阵
    camera->setProjectionMatrix(osg::Matrix::ortho2D(0,600,0,600));//表示摄像机里的平面世界有多大
    //设置绝对参考坐标系,确保视图矩阵不会被上级节点的变换矩阵影响
    camera->setReferenceFrame(osg::Transform::ABSOLUTE_RF);
    //视图矩阵为默认的
    camera->setViewMatrix(osg::Matrix::identity());
    //设置背景为透明,否则的话可以设置 ClearColor
    camera->setClearMask(GL_DEPTH_BUFFER_BIT);
    camera->setAllowEventFocus( false);//不响应事件,始终得不到焦点
    //设置渲染顺序,必须在最后渲染
    camera->setRenderOrder(osg::CameraNode::POST_RENDER);
    camera->addChild(geode);//将要显示的 Geode 节点加入到相机。
    return camera;
};
```

9.2.7 公告牌技术

公告牌技术,即 billboard 技术,在 3D 中有着广泛的应用,它的本质是用预先做好的几幅位图来代替 3D 物体,极大地节省资源和提高速度。3D 场景中诸如树木许多都是二维图像,但由于它始终朝向观察者,你根本看不到它"扁"的一面,所以给人一种立体的感觉。用公告牌技术最大的优点是快,占用资源少,它用为数不多的几个面(通常是 2 个面)来表示复杂物体模型。

在 osg 中 osg::BillBoard 是在 osg::Geode 的基础上,加上了一个旋转功能。并将绘制的几何体始终绘制到朝向视点(或者设定的其他旋转模式)的面上,该节点一般用于表现

平面的物体,如树木、粒子系统等。该节点的一个重要方法是 setMode(),用于设置旋转模式,主要有:绕视点旋转、绕轴旋转和绕世界坐标旋转,本示例程序中给出了绕视点旋转和绕轴旋转两种模式。

```
//创建公告牌节点,派生于 osg::Geode 节点
osg::Billboard * center=new osg::Billboard();
//设置公告牌的旋转模式,正面始终朝向视点旋转,
//也就是说,不论怎么旋转物体,物体的正面始终朝向视点
center->setMode(osg::Billboard::POINT_ROT_EYE);
//添加几何体
center->addDrawable(createSquare(osg::Vec3(-0.5f,0.0f,-0.5f),osg::Vec3(1.0f,0.0f,0.0f),osg::Vec3(0.0f,0.0f,1.0f),osgDB::readImageFile("Images/reflect.rgb")), osg::Vec3(0.0f,0.0f,0.0f));
    //绕轴旋转
osg::Billboard * x_arrow=new osg::Billboard();
x_arrow->setMode(osg::Billboard::AXIAL_ROT);
//设置旋转轴 x 轴
x_arrow->setAxis(osg::Vec3(1.0f,0.0f,0.0f));
x_arrow->setNormal(osg::Vec3(0.0f,-1.0f,0.0f));
x_arrow->addDrawable(createSquare(osg::Vec3(-0.5f,0.0f,-0.5f),osg::Vec3(1.0f,0.0f,0.0f),osg::Vec3(0.0f,0.0f,1.0f),osgDB::readImageFile("Cubemap_axis/posx.png")),osg::Vec3(5.0f,0.0f,0.0f));
```

9.2.8　LOD

使用 LOD 是为了兼顾程序的运行效率与物体显示的精细程度。当物体离摄像机很远的时候,物体看起来就是一个点,这时候使用再精细的模型,最终屏幕上成像也是一个点。而用的模型越精细,计算机内部需要的计算量越大。所以当物体离相机远的时候,使用粗略模型,当物体离相机近的时候,使用精细模型。

```
osg::ref_ptr<osg::LOD> lod=new osg::LOD();
//0 到 100 可见模型 model1
lod->addChild(osgDB::readNodeFile("t72m1.flt"),0.0f,100);
//100 到 1000 可见模型 model2
lod->addChild(osgDB::readNodeFile("c130.flt"),100,1000);
//1000 以上可见模型 model3
lod->addChild(osgDB::readNodeFile("f35a.flt"),1000,FLT_MAX);
```

OSG 中离散的 LOD 的使用比较简单,只需要告诉 OSG,在什么距离范围内,使用什么模型即可。例如上面代码,物体与摄像机距离在 0~100 的范围内,使用 t72m1 的模型,在 100~1000 的范围内,使用 c130 模型,在 1000~FLT_MAX 的范围内,使用 f35a 模型,如图 9.8 所示。

图 9.8　OSG 中离散 LOD

9.3　真实感

应用程序需要在 osg::StateSet 中设置渲染状态。StateSet 能够自动对状态进行优化，并可以关联到场景图形中的任意一个节点或 Drawable 类。

Osg 渲染状态的两部分：渲染属性（Attribute）和渲染模式（mode）。

渲染模式是指渲染的某个功能，而渲染属性是这个功能的控制变量和参数。如果要设置渲染状态的值，程序需要执行以下几步操作：

（1）为将要设置状态的 Node 或 Drawable 对象提供一个 StateSet 实例。

（2）在 StateSet 实例中设置状态的渲染模式和渲染属性。

Osg 为每个状态属性定义了不同的类，以便应用程序采用，所有的属性类均继承自 osg::StateAttribute，StateAttribute 是一个无法直接实例化的虚基类。Osg 将所有的属性和模式分成两大部分：纹理和非纹理。

① 设置渲染属性。如果要设置一项属性，首先将要修改的属性类实例化。设置该类的数值，然后用 osg::StateSet::setAttribute() 将其关联到 StateSet。

② 设置渲染模式。可以使用 Osg::StateSet::setMode() 允许或禁止某种模式。

如果要将某个属性关联到 StateSet，同时打开其对应模式的许可，那么可以使用 osg::StateSet::setAttributeAndModes() 方法。

③ 设置渲染属性和模式。如果要将某个属性关联到 StateSet，同时打开其对应模式的许可，那么可以使用 osg::StateSet::setAttributeAndModes() 方法。

④ 状态继承。当设置节点的渲染状态时，这个状态将被赋予当前的节点及其子节点。如果子节点对同一个渲染状态设置了不同的属性参数，那么新的子节点状态参数将会覆盖原有的。换句话说，默认情况下子节点可以改变自身的某个状态参数，或者继承父节点的同一个状态。

Osg 允许用户根据场景图形中任意位置的渲染属性和模式需求，而单独改变原有的状态继承特性。用户可以选择以下这几种枚举形式：

Osg::setAttribute::OVERRIDE：所有的子节点都将继承这一属性或模式，子节点对它们更改将会无效。

Osg::setAttribute::PROTECTED：视为 OVERRIDE 的一个例外，凡是设为这种形式的属性或模式都不会受到父节点的影响。

Osg::setAttribute::INHERIT：这种模式强制子节点继承父节点的渲染状态。其效果是子节点的渲染状态被解除，而使用父节点的状态代替。

9.3.1 纹理与映射

为了在程序中实现基本的纹理映射功能,需要以下的步骤:

1. 定义纹理坐标

Geometry 类允许一个或多个纹理坐标数据数组。定义了纹理坐标之后,还要指定相应的纹理单元,osg 使用纹理单元来实现多重纹理。多重纹理就是在渲染一个多边形的时候可以用多张纹理图,把多张纹理图进行一些颜色的操作,达到一些效果(必须有显卡支持)。

2. 获取纹理图形信息

osg::Texture2D 和 osg::Image,Texture2D 属于 setAttribute 的派生类,用于管理 OpenGL 纹理对象,而 Image 用于管理图像像素数据。如果要使用二维图像文件作为纹理映射的图形,只要将文件名赋给 Image 对象并将 Image 关联到 Texture2D 即可。

3. 设置纹理属性

使用 osg::StateSet::setTextureAttribut 可将一个纹理属性关联到 StateSet 对象。setTextureAttribute 的第一个参数是纹理单元,第二个参数是继承自 StateAttribute 类的一种纹理属性。合法的属性纹理类有 6 种:5 种纹理类型 osg::Texture1D,osg::Texture2D,osg::Texture3D,osg::TextureCubeMap,osg::TextureRectangle,另一个是用于纹理坐标的生成 osg::TexGen。

纹理映射示例:

```
//创建一个四边形节点
osg::ref_ptr<osg::Geode> createNode(){
    //创建一个叶节点对象
osg::ref_ptr<osg::Geode> geode=new osg::Geode();
//创建一个几何体对象
    osg::ref_ptr<osg::Geometry> geom=new osg::Geometry();
    //vc 为三维顶点数组,注意是逆时针添加的
    osg::ref_ptr<osg::Vec3Array> vc=new osg::Vec3Array();
    vc->push_back(osg::Vec3(0.0f,0.0f,-1.0f));
    vc->push_back(osg::Vec3(1000.0f,0.0f,-1.0f));
    vc->push_back(osg::Vec3(1000.0f,900.0f,-1.0f));
    vc->push_back(osg::Vec3(0.0f,900.0f,-1.0f));
//设置顶点数据
    geom->setVertexArray(vc.get());
//创建纹理坐标
    osg::ref_ptr<osg::Vec2Array> vt=new osg::Vec2Array();
//添加数据
    vt->push_back(osg::Vec2(0.0f,0.0f));
    vt->push_back(osg::Vec2(1.0f,0.0f));
```

```
    vt->push_back(osg::Vec2(1.0f,1.0f));
    vt->push_back(osg::Vec2(0.0f,1.0f));
//设置纹理坐标
    geom->setTexCoordArray(0,vt.get());
//设置法线
    osg::ref_ptr<osg::Vec3Array> nc = new osg::Vec3Array();
    nc->push_back(osg::Vec3(0.0f,1.0f,0.0f));//根据法线方向,我们绘制的正
方形在 x-z 平面,故其法线为 y 方向,即人眼正视正方形的方向
//设置法线数组
    geom->setNormalArray(nc.get());
//设置法线的绑定方式为全部顶点
    geom->setNormalBinding(osg::Geometry::BIND_OVERALL);
//添加图元,绘图基元为四边形
    geom->addPrimitiveSet(new osg::DrawArrays(osg::PrimitiveSet::QUADS,0,
4));
//绘制
    geode->addDrawable(geom.get());
    return geode.get();
}
//创建二维纹理状态对象
osg::ref_ptr<osg::StateSet> createTexture2DState(osg::ref_ptr<osg::Image> image)
{
    //创建状态集对象
    osg::ref_ptr<osg::StateSet> stateset = new osg::StateSet();
    //创建二维纹理对象
    osg::ref_ptr<osg::Texture2D> texture = new osg::Texture2D();
    texture->setDataVariance(osg::Object::DYNAMIC);
    //设置贴图
    texture->setImage(image.get());
    stateset->setTextureAttributeAndModes(0,texture.get(),osg::StateAttribute::
ON);
    return stateset.get();
}
osg::ref_ptr<osg::Camera> createBackground(void){
//创建相机节点
osg::ref_ptr<osg::Camera> camera = new osg::Camera;
//直接设置/获取投影矩阵的内容——平行投影
    camera->setProjectionMatrix(osg::Matrix::ortho2D(0,1000,0,900));
//设置/获取该相机的参考系。使用 ABSOLUTE_RF 绝对参考系表示该相机将不受
```

父节点任何变换的影响
　　camera->setReferenceFrame(osg::Transform::ABSOLUTE_RF);
//直接设置/获取观察矩阵的内容
　　camera->setViewMatrix(osg::Matrix::identity());
//清除深度缓存
　　camera->setClearMask(GL_DEPTH_BUFFER_BIT);
//设置相机的渲染顺序,在主场景之前(PRE_RENDER)还是之后(POST_RENDER)。
　　camera->setRenderOrder(osg::Camera::POST_RENDER);
camera->setAllowEventFocus(false);
　　camera->getOrCreateStateSet()->setMode(GL_LIGHTING,osg::StateAttribute::ON);
　　osg::ref_ptr<osg::Image> image=osgDB::readImageFile("earth.jpg");
　　//创建几何体
　　osg::ref_ptr<osg::Geode> geode=createNode();
　　//创建状态集对象
　　osg::ref_ptr<osg::StateSet> stateset=new osg::StateSet();
　　stateset=createTexture2DState(image.get());
　　//使用二维纹理
　　geode->setStateSet(stateset.get());
　　geode->getOrCreateStateSet()->setMode(GL_BLEND,osg::StateAttribute::ON);
　　geode->getOrCreateStateSet()->setRenderingHint(osg::StateSet::TRANSPARENT_BIN);
　　osg::ref_ptr<osg::PositionAttitudeTransform>pos=new osg::PositionAttitudeTransform;
　　pos->addChild(geode.get());
　　pos->setPosition(osg::Vec3(0,0,-1));
　　camera->addChild(pos.get());
　　return camera.get();
}
程序的效果如图 9.9 所示。

图9.9　纹理映射

立方图纹理

程序主要讲述了立方图纹理(sg::TextureCubeMap)用法,立方图纹理使用6个图像表达一个立方体的6个面,主要用于反射贴图或环境贴图的表达,本示例程序中,使用立方图纹理表达环境高光,为了能清楚地看到效果,我们对程序的光源位置和颜色进行了改动,程序中的主要代码在create_specular_highlights()函数中,代码如下:

```cpp
osg::StateSet * ss = node->getOrCreateStateSet();
//创建和设定立方图纹理的属性
osg::TextureCubeMap * tcm = new osg::TextureCubeMap;
//设定纹理的截取方式
tcm->setWrap(osg::Texture::WRAP_S, osg::Texture::CLAMP);
tcm->setWrap(osg::Texture::WRAP_T, osg::Texture::CLAMP);
tcm->setWrap(osg::Texture::WRAP_R, osg::Texture::CLAMP);
//设置纹理的滤波方式
tcm->setFilter(osg::Texture::MIN_FILTER, osg::Texture::LINEAR_MIPMAP_LINEAR);
tcm->setFilter(osg::Texture::MAG_FILTER, osg::Texture::LINEAR);
//生成6个高光图像
osgUtil::HighlightMapGenerator * mapgen = new osgUtil::HighlightMapGenerator(
    osg::Vec3(1,1,-1),           //光源的方向
    osg::Vec4(1,0.0f,0.0f,1),    //光源的颜色
    1);                          //镜面指数
mapgen->generateMap();
//设置每个立方体的面所对应的图像
//右面
tcm->setImage(osg::TextureCubeMap::POSITIVE_X, mapgen->getImage(osg::TextureCubeMap::POSITIVE_X));
//左面
tcm->setImage(osg::TextureCubeMap::NEGATIVE_X, mapgen->getImage(osg::TextureCubeMap::NEGATIVE_X));
//前面
tcm->setImage(osg::TextureCubeMap::POSITIVE_Y, mapgen->getImage(osg::TextureCubeMap::POSITIVE_Y));
//后面
tcm->setImage(osg::TextureCubeMap::NEGATIVE_Y, mapgen->getImage(osg::TextureCubeMap::NEGATIVE_Y));
//上面
tcm->setImage(osg::TextureCubeMap::POSITIVE_Z, mapgen->getImage(osg::TextureCubeMap::POSITIVE_Z));
//下面
```

tcm->setImage(osg::TextureCubeMap::NEGATIVE_Z,mapgen->getImage(osg::TextureCubeMap::NEGATIVE_Z));
//设置纹理属性
ss->setTextureAttributeAndModes(0,tcm,osg::StateAttribute::OVERRIDE | osg::StateAttribute::ON);
//生成纹理的方式
osg::TexGen *tg=new osg::TexGen;
//反射影射
tg->setMode(osg::TexGen::REFLECTION_MAP);
ss->setTextureAttributeAndModes(0,tg,osg::StateAttribute::OVERRIDE | osg::StateAttribute::ON);
////设置纹理组合贴图模式
osg::TexEnvCombine *te=new osg::TexEnvCombine;
te->setCombine_RGB(osg::TexEnvCombine::ADD);
te->setSource0_RGB(osg::TexEnvCombine::TEXTURE);
te->setOperand0_RGB(osg::TexEnvCombine::SRC_COLOR);
te->setSource1_RGB(osg::TexEnvCombine::PRIMARY_COLOR);
te->setOperand1_RGB(osg::TexEnvCombine::SRC_COLOR);
ss->setTextureAttributeAndModes(0,te,osg::StateAttribute::OVERRIDE | osg::StateAttribute::ON);

程序中主要是对纹理的操作比较多,如使用 osg::TexGen 和 osg::TexEnvCombine 类,有关这两个类的用法请参考 OpenGL 有关的内容,参数比较多,很容易混淆。

程序的效果如图 9.10 所示,程序中设定的是红色光源,反射的是红光。

图 9.10　立方图纹理

9.3.2　光照

在场景中增加光源是很简单的,光源在 OSG 中被当做渲染的节点,需要遵循下面的步骤:

(1) 指定场景模型的法线——只有设有单位法线才会正确显示光照,灯光对没有法线的物体是没有效果的。如果没有指定法线,可以用 osgUtil::SmoothingVisitor 自动生成法线。可能缩放变换会造成光照结果过于明亮或暗淡,要在 StateSet 中允许法线的重缩放模式。

state->setMode(GL_RESCALE_NORMAL,osg::StateAttribute::ON);

上面所述是均匀缩放,面对非均匀缩放变换,则需要允许法线归一化模式,但会耗费大量的时间,编程时要尽量避免。归一化模式代码:

state->setMode(GL_NORMALIXE,osg::StateAttribute::ON);

(2)允许光照并设置光照状态——在 OSG 中获得光照效果,需要允许光照并至少允许一个光源。在 OSG 中,最多允许 8 个光源。下面代码表示,允许光照,并且允许了两个光源。

state->setMode(GL_LIGHTING,osg::StateAttribute::ON);
state->setMode(GL_LIGHT0,osg::StateAttribute::ON);
state->setMode(GL_LIGHT1,osg::StateAttribute::ON);

(3)创建一个 osg::Light 类,然后指定灯光的位置,以及相关的衰减参数,没有衰减的灯光将会照亮场景中的每一个角落,没有纹理的模型全部渲染成灯光的颜色。

```
osg::ref_ptr<osg::Light> topLight=new osg::Light;      //创建一个 Light 对象
topLight->setLightNum(0);                               //Light 对象设置一个 ID
topLight->setPosition(osg::Vec4(0,0,1.5,1.0));         //位置
topLight->setAmbient(osg::Vec4(1.0,1.0,1.0,1.0));      //光强
topLight->setDiffuse(osg::Vec4(1.0,1.0,1.0,1.0));
topLight->setConstantAttenuation(0.1);                  //光的衰减值
topLight->setLinearAttenuation(0.1);                    //设置线性衰减
topLight->setQuadraticAttenuation(0.1);
```

(4)指定光源属性并关联到场景图形,然后将 osg::Light 添加到一个 osg::LightSource 节点中,并将 LightSource 节点添加到场景图形。

```
//创建光源
osg::ref_ptr<osg::LightSource> lightSource=new osg::LightSource();
lightSource->setLight(light.get());
//关联到场景
osg::ref_ptr<osg::Group> lightRoot=new osg::Group();
lightRoot->addChild(node);//添加模型节点
lightRoot->addChild(lightSource.get());
```

(5)注意对一个 root,加几个 LightSource,每个 LightSource 中的 light 的 Num 不是单独的,需要所有的一起排序,并且设置 root 的 state。

```
osg::StateSet * rootState=root->getOrCreateStateSet();
rootState->setMode(GL_LIGHTING,osg::StateAttribute::ON);
rootState->setMode(GL_LIGHT0,osg::StateAttribute::ON);
rootState->setMode(GL_LIGHT1,osg::StateAttribute::ON);
//创建一个灯光节点
```

```
osg::Group* createLight(osg::Node*    pNode){
    osg::Group* lightGroup=new osg::Group;
    osg::BoundingSphere boundSphere=pNode->getBound();
    lightGroup->setName("light root");
    //创建一个Light对象
    osg::Light* myLight1=new osg::Light;
    myLight1->setLightNum(0);
    osg::ref_ptr<osg::Light> topLight=new osg::Light;
myLight1->setLightNum(0);    //Light对象设置一个ID
myLight1->setPosition(osg::Vec4(boundSphere.center().x(),boundSphere.center().
y(),boundSphere.center().z()+boundSphere.radius(),0.1f));//位置
myLight1->setAmbient(osg::Vec4(1.0,1.0,1.0,1.0));//光强
myLight1->setDiffuse(osg::Vec4(1.0,1.0,1.0,1.0));
myLight1->setConstantAttenuation(0.1);//光的衰减值
myLight1->setLinearAttenuation(0.1);//设置线性衰减
myLight1->setQuadraticAttenuation(0.1);
//创建一个光源
osg::LightSource* lightS1=new osg::LightSource;
lightS1->setLight(myLight1);
lightS1->setLocalStateSetModes(osg::StateAttribute::ON);
osg::StateSet* rootStateSet=pNode->getOrCreateStateSet();
lightS1->setStateSetModes(*rootStateSet,osg::StateAttribute::ON);
lightGroup->addChild(lightS1);
return lightGroup;
}
```

9.3.3　阴影

```
//标识阴影接收对象
const int ReceivesShadowTraversalMask=0x1;
//标识阴影投影对象
const int CastsShadowTraversalMask=0x2;
//创建场景数据、模型
osg::ref_ptr<osg::Node>createModel(){
//创建投影对象,读取房子模型
osg::ref_ptr<osg::Node> node1=new osg::Node;
node1=osgDB::readNodeFile("D:/brdm.ive");
node1->setNodeMask(CastsShadowTraversalMask);
osg::ref_ptr<osg::Node> node2=osgDB::readNodeFile("D:/brdm.ive");
```

```cpp
node2->setNodeMask(CastsShadowTraversalMask);
//创建接受投影的对象,读取地面模型
osg::ref_ptr<osg::Node>terrain = new osg::Node;
terrain = osgDB::readNodeFile("D:/terrain_simple.ive");
terrain->setNodeMask(ReceivesShadowTraversalMask);
//设置阴影投射对象和接受对象,使房子恰好在地形模型之上
osg::ref_ptr <osg::MatrixTransform> mat = new osg::MatrixTransform();
osg::Matrix m;
m = osg::Matrix::scale(1.0f,1.0f,1.0f) * osg::Matrix::translate(osg::Vec3(0,0,10.0f));
mat->setMatrix(m);
mat->addChild(node1.get());
//设置另外一个建筑物的位置和大小,同上
osg::ref_ptr <osg::MatrixTransform> mat2 = new osg::MatrixTransform();
osg::Matrix m2;
m2 = osg::Matrix::scale(1.0f,1.0f,1.0f) * osg::Matrix::translate(osg::Vec3(20,0,10.0f));
mat2->setMatrix(m2);
mat2->addChild(node2.get());
//创建一个组节点,将各个子节点添加进来
osg::ref_ptr<osg::Group>group = new osg::Group;
group->addChild(terrain.get());
group->addChild(mat.get());
group->addChild(mat2.get());
return group.get();
}

//创建一个光照
osg::ref_ptr<osg::Node>createLight(osg::ref_ptr<osg::Node>model){
osg::ComputeBoundsVisitor cbbv;
model->accept(cbbv);
osg::BoundingBox bb = cbbv.getBoundingBox();
osg::ref_ptr<osg::Light>lt = new osg::Light;
lt->setLightNum(0);
//设置环境光的颜色
lt->setAmbient(osg::Vec4(1.0f,1.0f,1.0f,1.0f));
osg::ref_ptr<osg::LightSource>ls = new osg::LightSource();
ls->setLight(lt.get());
return ls.get();
```

```cpp
}
int main(){
osg::ref_ptr<osgViewer::Viewer> viewer=new osgViewer::Viewer();
//创建一个组节点
osg::ref_ptr<osg::Group> root=new osg::Group();
//创建一个阴影节点,并标识接收对象和投影对象
osg::ref_ptr<osgShadow::ShadowedScene>shadowedScene=new osgShadow::ShadowedScene();
shadowedScene->setReceivesShadowTraversalMask(ReceivesShadowTraversalMask);
shadowedScene->setCastsShadowTraversalMask(CastsShadowTraversalMask);
//创建阴影纹理,使用的是 shadowTexture 技法
osg::ref_ptr<osgShadow::ShadowTexture> st=new osgShadow::ShadowTexture;
//关联阴影纹理
shadowedScene->setShadowTechnique(st);
//创建一个根节点,并将场景数据、模型赋予节点
osg::ref_ptr<osg::Node> node=new osg::Node;
node=createModel();
//添加场景数据并添加光源
shadowedScene->addChild(createLight(node.get()));
shadowedScene->addChild(node.get());
root->addChild(shadowedScene.get());
//优化场景数据
osgUtil::Optimizer optimizer;
optimizer.optimize(root.get());
viewer->setSceneData(root.get());
viewer->realize();
viewer->run();
return 0;
}
```

9.4 人机交互

9.4.1 交互过程

大多数应用程序都响应键盘和鼠标事件,键盘和鼠标事件是操作系统的标准事件,系统捕获这些事件之后将其放入消息队列中,然后由应用程序进程处理。在 OSG 中使用 GUI(图形用户接口)事件处理器来处理用户的交互动作,GUI 事件处理器由 GUI 事件适配器 GUIEventHandler 和 GUI 动作适配器 GUIEventAdapter 两部分组成。

在用户端,通常使用 GUI 事件适配器 GUIEventAdapter 作为交互事件的适配接口,

GUIEventAdapter 实例包括了各种事件类型(PUSH,RELEASE,DOUBLECLICK,DRAG,MOVE, KEYDOWN, KEYUP, FRAME, RESIZE, SCROLLUP, SCROLLDOWN, SCROLLLEFT)。依据 GUIEventAdapter 事件类型的不同,其实例可能还有更多的相关属性。例如 X,Y 坐标与鼠标事件相关。KEYUP 和 KEYDOWN 事件则与一个按键值相关联。

GUIEventHandler 类提供了窗体系统的 GUI 事件接口。这一事件处理器使用 GUIEventAdapter 实例来接收更新。事件处理器还可以使用 GUIActionAdapter 实例向 GUI 系统发送请求,以实现一些特定的操作。GUIEventHandler 类主要通过 handle 方法来实现与 GUI 的交互。handle 方法有两个参数:一个 GUIEventAdapter 实例用于接收 GUI 的更新,以及一个 GUIActionAdapter 用于向 GUI 发送请求。handle 方法用于检查 GUIEventAdapter 的动作类型和值,执行指定的操作,并使用 GUIActionAdapter 向 GUI 系统发送请求。如果事件已经被正确处理,则 handle 方法返回的布尔值为 true,否则为 false。

一个 GUI 系统可能与多个 GUIEventAdapter 相关联(GUIEventAdapter 的顺序保存在视口类的 eventHandlerList 中),因此这个方法的返回值可以用于控制单个键盘事件的多次执行。如果一个 GUIEventHandler 返回 false,下一个 GUIEventHandler 将继续响应同一个键盘事件。

当将按键注册到接口类并设定相应的 C++响应函数之后,即可建立相应的表格条目。该表格用于保存键值、按键状态以及 C++响应函数。当 GUI 系统捕获到一个 GUI 事件时,这些类的 handle 方法都会被触发。而 handle 方法触发后,GUI 事件的键值和按键状态将与表格中的条目做比较,如果发现相符的条目,则执行与此键值和状态相关联的函数。这个函数有两种形式。第一种把键值和响应函数作为输入值,这个函数主要用于用户仅处理 KEY_DOWN 事件的情形,但是不能用这个函数来处理按键松开的动作。另一个情形下,可能需要区分由单个按键的"按下"和"松开"事件产生的不同动作,可行的设计方法是,为按下按键和松开按键分别设计不同的响应函数。两者中的一个用来实现按下按键的动作。

9.4.2 使用键盘

```
class keyboardEventHandler: public osgGA::GUIEventHandler{
    public:
        typedef void (*functionType)();
        enum keyStatusType
        {
            KEY_UP,KEY_DOWN
        };
        // 用于保存当前按键状态和执行函数的结构体。
        // 记下当前按键状态的信息以避免重复的调用。
        //(如果已经按下按键,则不必重复调用相应的方法)
        struct functionStatusType
        {
            functionStatusType(){keyState=KEY_UP;keyFunction=NULL;}
```

```
        functionType keyFunction;
        keyStatusType keyState;
   };
        typedef std::map<int,functionStatusType > keyFunctionMap;
   // 这个函数用于关联键值和响应函数。如果键值在之前没有注册过,它和它的响
应函数都会被添加到"按下按键"事件的映射中,并返回 true。
//否则,不进行操作并返回 false。
        bool addFunction(int whatKey,functionType newFunction);
//重载函数,允许用户指定函数是否与 KEY_UP 或者 KEY_DOWN 事件关联。
        bool addFunction(int whatKey,keyStatusType keyPressStatus,
            functionType newFunction);
   // 此方法将比较当前按下按键的状态以及注册键/状态的列表。如果条目吻合
且事件较新(即按键还未按下),则执行响应函数。
        virtual bool handle(const osgGA::GUIEventAdapter& ea,
            osgGA::GUIActionAdapter&);
   //重载函数,用于实现 GUI 事件处理访问器的功能。
        virtual void accept(osgGA::GUIEventHandlerVisitor& v)
            { v.visit( *this );};
    protected:
   //保存已注册的"按下按键"方法及其键值。
        keyFunctionMap keyFuncMap;
   //保存已注册的"松开按键"方法及其键值。
        keyFunctionMap keyUPFuncMap;
   };
        #endif
```
使用键盘接口类:
下面的代码用于演示如何使用上面定义的类:
    //建立场景和视口。
    // ...
    //声明响应函数:
    // ...
    //声明并初始化键盘事件处理器的实例。
        keyboardEventHandler * keh=new keyboardEventHandler();
    //将事件处理器添加到视口的事件处理器列表。
//如果使用 push_front 且列表第一项的 handle 方法返回 true,则其他处理器
//将不会再响应 GUI 同一个 GUI 事件。我们也可以使用 push_back,将事件的第一
    处理权交给其他的事件处理器;或者也可以设置 handle 方法的返回值
    //为 false。OSG 2.x 版还允许使用 addEventHandler 方法来加以替代。
        viewer.getEventHandlerList().push_front(keh);

```
//注册键值,响应函数。
//按下 a 键时,触发 toggelSomething 函数。
//(松开 a 键则没有效果)
    keh->addFunction('a',toggleSomething);
//按下 j 键时,触发 startAction 函数。(例如,加快模型运动速度)
//注意,也可以不添加第二个参数。
    keh->addFunction('j',keyboardEventHandler::KEY_DOWN,startAction);
//松开 j 键时,触发 stopAction 函数。
    keh->addFunction('j',keyboardEventHandler::KEY_UP,stopAction);
//进入仿真循环
// ...
```

9.4.3 鼠标

OSG 鼠标单选操作的思路是从 osgGA::GUIEventHandler 继承,并重新实现虚函数 handle,获取到点选信息后,进行相应处理。

```
Bool PickHandle::handle(const osgGA::GUIEventAdapter& ea, osgGA::GUIActionAdapter& aa){
    //存储坐标信息
    osg::Vec3d vecPos;
    switch(ea.getEventType()){
        //点击事件
        case osgGA::GUIEventAdapter::PUSH:{
            osg::Vec3d pos=getPos(ea,aa,vecPos);
            //鼠标左键
            if(ea.getButton()==osgGA::GUIEventAdapter::LEFT_MOUSE_BUTTON){
                m_vecPostion=pos;
            }
            break;
        }
        //鼠标移动事件
        case osgGA::GUIEventAdapter::MOVE:{
            osg::Vec3d pos=getPos(ea,aa,vecPos);
            //事件处理……
            break;
        }
        //鼠标释放事件
        case osgGA::GUIEventAdapter::RELEASE:{
```

```
                    osg::Vec3d pos=getPos(ea,aa,vecPos);
                //鼠标左键
        if(ea.getButton()==osgGA::GUIEventAdapter::LEFT_MOUSE_BUTTON)
                {
            //如果释放的点和点击的点同一,则发送单击事件发生的位置
        if(m_vecPostion==pos && m_vecPostion!=osg::Vec3d(0,0,0))
                    {
                            //事件处理……              }
                    }
                    else if(ea.getButton()==osgGA::GUIEventAdapter::RIGHT_MOUSE
_BUTTON)                    {
                            //事件处理……
                    }
                    break;
            }        }
            return false;
    }
```

9.4.4 漫游

场景的核心管理器是 viewer,而漫游必须响应事件,如鼠标动了,场景也在动。响应事件的类是 osgGA::GUIEventHandler。我们想把响应事件的类派生一个新类出来,这个类专门用来根据响应控制 viewer。这个类就是 osg 操纵器(osgGA::MatrixManipulator),这个类有一些设置矩阵的公共接口,有了这些接口就可以有效的控制 viewer 了,根据不同的习惯,大家还会设置不同的控制方式,如同 OSG 自带的几个操作器,操作都不尽相同。

osg 操纵器是我们实现场景漫游的主要手段,osg 提供了驾驶操纵器、飞行操纵器、轨迹球操纵器等,这些操纵器的基类为 osgGA::MatrixManipulator。漫游的主要流程如图 9.11 所示。

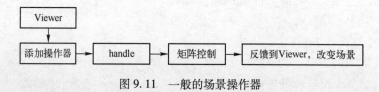

图 9.11 一般的场景操作器

设置操纵器的代码为:viewer->setCameraManipulator(),其中 setCameraManipulator()的代码如下:

```
void View::setCameraManipulator(osgGA::MatrixManipulator* manipulator){
    _cameraManipulator=manipulator;
    if(_cameraManipulator.valid())        {
        _cameraManipulator->setCoordinateFrameCallback(new ViewerCoordinateFr-
```

ameCallback(this));
　　　　//得到场景的根节点
　　　　if(getSceneData()) _cameraManipulator->setNode(getSceneData());
　　　　//得到当前事件适配器
osg::ref_ptr<osgGA::GUIEventAdapter> dummyEvent=_eventQueue->createEvent();
　　　　//执行 home
　　　　_cameraManipulator->home(* dummyEvent, * this);
　　}}

操作器必须从 osgGA::MatrixManipulator 派生而来。osgGA::MatrixManipulator 有 4 个可以控制场景的重要接口：

virtual void setByMatrix(const osg::Matrixd&matrix)= 0
virtual void setByInverseMatrix(const osg::Matrixd&matrix)= 0
virtual osg::Matrixd getMatrix() const = 0
virtual osg::Matrixd getInverseMatrix() const = 0

步骤如下：

(1) 定义 struct updateAccumlatedMatrix : public osg::NodeCallback。这个类的核心是使用更新回调来获取某个给定节点之前所有节点的矩阵和。使用函数 osg::computeWorldToLocal(osg::NodePath)来取得模型的世界坐标系矩阵。参数 NodePath 是当前模型节点到场景根节点的路径,可以使用访问器 NodeVisitor 的 getNodePath() 方法设法取得。

(2) 创建一个类 transformAccumulator。其中包括一个 osg::Node 实例作为数据成员。此节点数据成员的更新回调是上述 updateAccumulatedMatrix 类的实例,同时此节点也将设置为场景的一部分。为了读取用于描绘节点世界坐标的矩阵,我们需要为矩阵提供一个"get"方法(getMatrix),以获得节点的当前矩阵。osgGA::MatrixManipulator 类即可提供一种更新相机位置矩阵的方法。

可以从 MatrixManipulator 继承一个新的类,以实现利用场景中某个节点的世界坐标矩阵来改变相机的位置。为了实现这一目的,这个类需要提供一个数据成员,作为上述的 accumulateTransform 实例的句柄。新建类同时还需要保存相机位置矩阵的相应数据。

MatrixManipulator 类的核心是"handle"方法。这个方法用于检查选中的 GUI 事件并作出响应。对我们的类而言,唯一需要响应的 GUI 事件就是"FRAME"事件。在每一个"帧事件"中,我们都需要设置相机位置矩阵与 transformAccumulator 矩阵的数值相等。我们可以在类的成员中创建一个简单的 updateMatrix 方法来实现这一操作。

class Follow :public osgGA::CameraManipulator{
public:
　Follow(){
　　_position=osg::Vec3(0,0,3);
　　_rotate=osg::Vec3(osg::PI_2,0,0);//一般让相机绕 x 轴旋转 90°,否则相机会

从上空看模型(一般会这样)
    _speed = 2.0;
    _angle = 2.5;
  }
  virtual ~Follow( ) {
  }
/*在OSG里,所有的视图矩阵操作都是通过矩阵来完成的,不同摄像机之间的交互也通过矩阵,这样就提供了一个通用的模型,不管你是习惯使用gluLookAt方式的,还是习惯操作摄像机位置姿态方式的,都可以很容易嵌入OSG的框架中,因为所有方式的最后结果就是矩阵*/
  /** set the position of the matrix manipulator using a 4×4 Matrix. */
/*这个函数在从一个摄像机切换到另一个摄像机时调用,用来把上一个摄像机的视图矩阵传过来, 这样就可依此设定自己的初始位置了。*/
  virtual void setByMatrix(const osg::Matrixd& matrix) {

  }
  /** set the position of the matrix manipulator using a 4×4 Matrix. */
/*这个方法当在外部直接调用Viewer的setViewByMatrix方法时,把设置的矩阵传过来,让摄像机记住新更改的位置*/
  virtual void setByInverseMatrix(const osg::Matrixd& matrix) {

  }
  /** get the position of the manipulator as 4×4 Matrix. */
/*SetByMatrix方法需要的矩阵就是用这个方法得到的,用来向下一个摄像机传递矩阵。*/
  virtual osg::Matrixd getMatrix( ) const {
    osg::Matrixd mat;
    mat.makeRotate(_rotate.x( ),osg::Vec3(1,0,0),
                   _rotate.y( ),osg::Vec3(0,1,0),
                   _rotate.z( ),osg::Vec3(0,0,1));
    cout<<" getMatrix" <<endl;
    return mat * osg::Matrixd::translate(_position);
  }
  /** get the position of the manipulator as a inverse matrix of the manipulator, typically used as a model view matrix. */
/*视图矩阵(观察矩阵)是变换矩阵的逆矩阵。该方法每帧会被调用,返回当前的视图矩阵。在这个方法里进行时间的处理,改变自己的状态,进而在getInverseMatrix被调用时,改变场景内摄像机的位置姿态。这个函数在void Viewer::updateTraversal( )中被调用 _camera->setViewMatrix(_cameraManipulator->getInverseMatrix( )); */

```
virtual osg::Matrixd getInverseMatrix() const{
    osg::Matrixd mat;
    mat.makeRotate(_rotate.x(),osg::Vec3(1,0,0),
                   _rotate.y(),osg::Vec3(0,1,0),
                   _rotate.z(),osg::Vec3(0,0,1));
    return osg::Matrixd::inverse(mat*osg::Matrixd::translate(_position));
}
```
/*在这个方法里,有两个参数,第一个是 GUI 事件的供给者,第二个参数用来 handle 方法对 GUI 进行反馈,它可以让 GUIEventHandler 根据输入事件让 GUI 进行一些动作。如果要进行事件处理,可以从 GUIEventHandler 继承出自己的类,然后覆盖 handle 方法,在里面进行事件处理。osgProducer::Viewer 类维护一个 GUIEventHandler 队列,事件在这个队列里依次传递,handle 的返回值决定这个事件是否继续让后面的 GUIEventHandler 处理,如果返回 true,则停止处理,如果返回 false,后面的 GUIEventHandler 还有机会继续对这个事件进行响应。*/

```
    bool handle(const osgGA::GUIEventAdapter &ea,osgGA::GUIActionAdapter &aa){
//操作逻辑
        return false;
    }
private:
    osg::Vec3 _position;
    osg::Vec3 _rotate;
    float _speed;
    float _angle;
};
```

9.4.5 视线碰撞检测

关于碰撞检测,始终是物理系统在图形学运用上的一个比较复杂的问题。碰撞检测做得好不好,完全决定一个场景漫游的逼真性。在 OSG 中对于视线与场景的碰撞检测可以通过线段求交来实现。基本原理是:首先确定视点体位置和方向,然后从视点沿视线方向发出一条线段,然后判断这条线段与模型(场景)是否有交点,如果存在交点,则第一个交点可作为视线的终点位置。有 4 个重要的类和函数:

(1) 线段(osg::LineSegmen)。表示一个线段的类,包括一个起点和一个终点。交集测试的基础是场景中的射线。线段类提供了一种定义射线的方法。它包括两个 osg::Vec3 实例:一个用于定义线段的起点,另一个用于定义终点。当交集测试被触发时,它将检测射线的相交情况并执行相应的操作。

(2) 交集访问器(osgUtil::IntersectVisiotr)。接受线段的类,用于判别与节点的交集。其中的函数 addLineSegment(line.get())用来添加一条线段到列表当中,osgUtil::IntersectVisitor::HitList 可以得到相交点的具体位置,从而计算出距离。射线与场景中几何体的交集测试由交集访问器来创建并实现初始化。IntersectionVisitor 类继承自 NodeVisitor

类,因此其创建和触发机制与 NodeVisitor 实例大致相似。访问器需要维护一个进行交集测试的线段列表。而对于其中的每一条线段,访问器都会创建一个交点列表(osgUtil::IntersectVisitor::HitList 实例)。

(3) 交点(osgUtil::Hit)。这个类提供了获取交集检测的基本数据的方法。交点类包括一条射线与场景中几何体相交的状态信息。尤为重要的是,它以 Vec3 的形式提供了局部和世界坐标的位置以及法线数据。它的成员方法 getLocalIntersectPoint,getLocalIntersectNormal,getWorldIntersectPoint 和 getworldIntersectNormal 分别以 osg::Vec3 作为返回值,返回局部/世界坐标的相交点/法线数值。

(4) 交点列表(osgUtil::IntersectVisitor::HitList)。一条单一的线段可能与场景中的多个几何体实例(或者多次与同一个几何体)产生交集。对于每一条参与交集测试的线段,系统均会产生一个列表。这个列表包含了所有交集测试产生的 Hit 实例。如果没有监测到任何交集,该列表保持为空。

具体基本步骤如下:

(1) 创建一个 LineSegment 实例,它使用两个 Vec3 实例来定义交集测试所用射线的起点和终点。

(2) 创建一个 IntersectVisitor 实例。

(3) 将 LineSegment 实例添加到 IntersectVisitor 实例。

(4) 初始化 IntersectVisitor 实例,使其从场景图形中适当的节点开始遍历。

(5) 获取交集测试结果的坐标。

```
void    CollisionPositionTest::getCollisionPoint( osg::Vec3d  testPos, osg::Node *  node){
osgUtil::IntersectVisitor iv;
iv.reset();
node->setNodeMask(0x0);
osg::ref_ptr<osg::LineSegment> line_A = new osg::LineSegment( testPos, testPos + osg::Vec3d(0,0,10));
iv.addLineSegment(line_A.get());
root->accept(iv);
node->setNodeMask(0xffffffff);
if (iv.hits()){                                             // A 与模型相交?
    osgUtil::IntersectVisitor::HitList& hitList=iv.getHitList(line_A.get());
    if (!hitList.empty()){
        osgUtil::Hit firstHit=hitList.front();
        osg::Vec3d shrubPosition=firstHit.getWorldIntersectPoint();
        }
    }
}
```

9.5 粒子系统

9.5.1 粒子系统简介

在 OSG 中提供有专门的粒子系统工具，名字空间为 osgParticle，OSG 对经常使用的粒子模拟都做了专门的类，如：ExplosionEffect 用于爆炸的模拟，FireEffect 用于火的模拟，ExplosionDebrisEffect 用于爆炸后四散的颗粒模拟等。

OSG 中关于粒子系统的操作都在 osgParticle 命名空间中，其中大部分的粒子系统模拟都采用的是 Billboard 技术与色彩融合技术生成粒子。OSG 的粒子系统强大易用，有两种使用方式：一种是 OSG 预定义的特效类，如火焰、烟雾、雨雪等；另外一种就是自定义特效类，只要清楚 OSG 粒子系统的基本原理和创建步骤，可以很轻易地创建符合特定要求的粒子系统。

在 OSG 中使用粒子系统一般要经历以下几个步骤：

第一步：确定意图（包括粒子的运动方式等诸多方面）。第二步：建立粒子模板，按所需要的类型确定粒子的角度（该角度一经确定，由于粒子默认使用有 Billboard，所以站在任何角度看都是一样的），形状（圆形、多边形等），生命周期等。第三步：建立粒子系统，设置总的属性。第四步：设置发射器（发射器形状、发射粒子的数目变化等）。第五步：设置操作（旋转度，风力等因素）。第六步：加入节点，更新。图 9.21 所示为各个部分协调工作的方式：

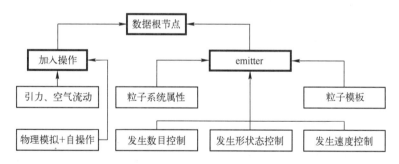

图 9.12　粒子系统各个部分协调工作的方式

图 9.12 中各个部分所对应的类如图 9.13 所示。

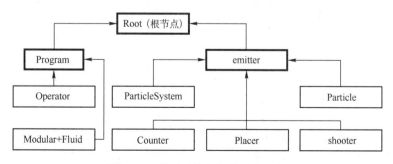

图 9.13　粒子系统各部分对应的类

9.5.2 预定义的特效

OSG 预定义的粒子效果都是从类 osgParticle::ExplosionEffect 派生而来的。类中关系图如图 9.14 所示。

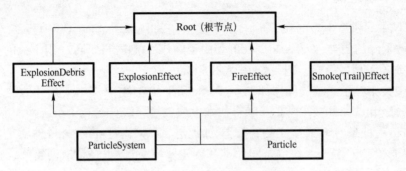

图 9.14　OSG 预定义粒子系统类

这些类可以独立的使用,直接加入到场景中就可以显示相应的效果。其中 osgParticle::ExplosionDebrisEffect 是爆炸物四溅的效果模拟;osgParticle::ExplosionEffect 是爆炸的模拟;osgParticle::FireEffect 是关于火光的模拟;osgParticle::SmokeEffect 是关于烟雾的模拟(图9.15)。此外,OSG 中添加了一个 osgParticle::PrecipitationEffect 新类,可以使用雨效、雾效和雪效等。

EffectNode::EffectNode(osgEarth::MapNode * mapNode, osg::Vec3 position, int mode) {
//风向
osg::Vec3 wind(1.0f,0.0f,0.0f);
//位置
GeoPoint pos=osgEarth::GeoPoint(mapNode->getMapSRS(),position,ALTMODE_ABSOLUTE);
GeoPoint mapPos=pos.transform(mapNode->getMapSRS());
 osg::Vec3d centerWorld;
 mapPos.toWorld(centerWorld);
//爆炸模拟,10.0f 为缩放比,默认为 1.0f,不缩放
osg::ref_ptr<osgParticle::ExplosionEffect> explosion = new osgParticle::ExplosionEffect(centerWorld,10.0f,0.7);
//碎片模拟
osg::ref_ptr<osgParticle::ExplosionDebrisEffect> explosionDebri =
new osgParticle::ExplosionDebrisEffect(centerWorld,8.0f);
//烟模拟
osg::ref_ptr<osgParticle::SmokeEffect> smoke = new osgParticle::SmokeEffect(centerWorld,5.0f,0.7);
//火焰模拟

```
osg::ref_ptr<osgParticle::FireEffect> fire = new osgParticle::FireEffect(centerWorld,
5.0f,0.9);
//创建雨粒子
osg::ref_ptr<osgParticle::PrecipitationEffect> pe =
new osgParticle::PrecipitationEffect;
//注意,这里区分雨雪效果,二选一
pe->rain(1.0);
pe->snow(1.0);
pe->setUseFarLineSegments(true);
// iLevel 参数是一个 int 值,表示雨的级别,一般 1-10 就够用了
pe->setParticleSize(5 / 10.0);
//设置颜色
pe->setParticleColor(osg::Vec4(1,1,1,1));
//设置风向
explosion->setWind(wind);
explosionDebri->setWind(wind);
smoke->setWind(wind);
fire->setWind(wind);
//添加子节点
addChild(explosion.get());
addChild(explosionDebri.get());
addChild(smoke.get());
addChild(fire.get());
addChild(pe.get());
}
```

图 9.15　OSG 预定义粒子系统类

9.5.3　自定义的特效

自定义粒子系统通过定义 osgParticle::Program 类实现对粒子的操作,即对粒子的运动进行控制,能够高效地模拟空气、水流等自然现象,生成非常真实的效果。图 9.16 为 OSG 粒子系统协同工作流程图。

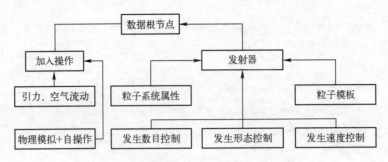

图 9.16 OSG 粒子系统协同工作流程图

OSG 自定义粒子系统的建立分为以下步骤：

(1) 确定自定义粒子系统的整体意图。

(2) 使用 osgParticle::Particle 类,通过确定单个粒子的具体属性来建立粒子模板。

(3) 使用 osgParticle::ParticleSystem 类,通过确定粒子总体数量、属性等来建立粒子系统。

(4) 设置发射器,使用 osgParticle::Counter、osgParticle::Placer、osgParticle::Shooter 和 osgParticle::Emitter 等类设置粒子的发射属性,出生地的位置方向,发射器的初速度,粒子发射的数目等。

(5) 设置操作,利用 osgParticle::Operator 等类进行旋转度,风力等因素的设置。

(6) 加入节点,更新。

osgParticle::ParticleSystem * create_complex_particle_system(osg::Group * root)
{
  osgParticle::Particle ptemplate;

  ptemplate.setLifeTime(3);   //生命周期 3s

/* 使用 osgParticle::Particle 命名空间中的 Particle 类建立粒子模板,模板的作用是在粒子系统产生新粒子时为其设置基本属性,包括粒子的生命周期、尺寸、透明度、颜色、粒子半径和质量等属性,其中粒子生命周期的大小决定了粒子从产生后到消亡的时间。尺寸、Alpha 和颜色属性设置了粒子的图形形态。粒子半径和质量设置了粒子的物理属性,以此来计算粒子的速度等物理量 */

  ptemplate.setSizeRange(osgParticle::rangef(0.75f,3.0f));

  ptemplate.setAlphaRange(osgParticle::rangef(0.0f,1.5f));

  ptemplate.setColorRange(osgParticle::rangev4(

    osg::Vec4(1,0.5f,0.3f,1.5f),

    osg::Vec4(0,0.7f,1.0f,0.0f)));

  //粒子系统物理特征

  ptemplate.setRadius(0.05f);// 5cm 宽

ptemplate.setMass(0.05f);// 50g 重

/* 使用 osgParticle::ParticleSystem 粒子系统类生成粒子系统的实例,通过 ParticleSystem 成员函数 setDefaultAttributes 设置粒子的纹理 */

```cpp
osgParticle::ParticleSystem *ps = new osgParticle::ParticleSystem;
ps->setDefaultAttributes("Images/smoke.rgb", false, false);
ps->setDefaultParticleTemplate(ptemplate);
/*使用 osgParticle::ModularEmitter 定义一个模块发射器,用于控制粒子的创建。模块发射器的属性由发射的随机数目范围、发射形状与发射时的速度取向3个要素组成,即使不设置这3个要素的值,OSG 会创建一个默认的发射器。发射时的速度取向通过类 osgParticle::RadialShooter 进行设置。*/
osgParticle::ModularEmitter *emitter = new osgParticle::ModularEmitter;
    emitter->setParticleSystem(ps);
    //设置粒子数量
    osgParticle::RandomRateCounter *counter = new osgParticle::RandomRateCounter;
    counter->setRateRange(60, 60);
    emitter->setCounter(counter);
    osgParticle::SectorPlacer *placer = new osgParticle::SectorPlacer;
    placer->setCenter(8, 0, 10);
    placer->setRadiusRange(2.5, 5);
placer->setPhiRange(0, 2 * osg::PI);
emitter->setPlacer(placer);
    osgParticle::RadialShooter *shooter = new osgParticle::RadialShooter;
    shooter->setInitialSpeedRange(0, 0);
    emitter->setShooter(shooter);
    //加入场景中
    root->addChild(emitter);
    osgParticle::ModularProgram *program = new osgParticle::ModularProgram;
    program->setParticleSystem(ps);
/*使用 osgParticle::AccelOperator 建立模块化程序实例,用于为粒子系统添加自定义操作。建立 osgParticle::AccelOperator 操作器模拟重力加速度*/
    osgParticle::AccelOperator *op1 = new osgParticle::AccelOperator;
    op1->setToGravity();
program->addOperator(op1);
    VortexOperator *op2 = new VortexOperator;
    op2->setCenter(osg::Vec3(8, 0, 0));
    program->addOperator(op2);
    //加入场景中
    root->addChild(program);
    osg::Geode *geode = new osg::Geode;
    geode->addDrawable(ps);
```

```
        root->addChild(geode);
        return ps;
}
```

9.6 动画

9.6.1 节点更新与事件回调

传递给可执行代码段的引用被称为回调,回调可以理解成是一种用户自定义的函数,用以实现与场景图形的交互。更新回调将在场景图形每一次运行更新遍历时被执行。与更新回调相关的代码可以在每一帧被执行,且实现过程是在拣选回调之前,因此回调相关的代码可以插入到主仿真循环中的 viewer.update()和 viewer.frame()函数之间。而 OSG 的回调也提供了维护更为方便的接口来实现上述的功能。善于使用回调的程序代码也可以在多线程的工作中更加高效地运行。能执行回调函数的对象包括:节点、叶节点、相机、几何体(Drawable),osg 提供的回调类型包括:

更新回调(UpdateCallback)每帧遍历时执行,自动执行回调函数。

事件回调(EventCallback):由事件触发回调函数的执行。

拣选回调(CullCallback):在拣选遍历时执行回调函数。

绘制回调(DrawCallback):几何体(Drawable)对象绘制时,执行回调函数,只能(Drawable)对象使用。

回调类基类是 osg::NodeCallBack(),主要函数如下:

```
//虚函数,回调函数主要操作在此函数中,子类应当重写,已完成相应操作
void    operator()(Node * node,NodeVisitor * nv);
//为当前更新回调添加(删除)一个后继的回调对象
void    addNestedCallback(NodeCallback * nc);
void    removeNestedCallback(NodeCallback * nc);
//直接设置/获取一个最近的回调
void    (NodeCallback * nc);
NodeCallback *    getNestedCallback();
//调用临近中的下一个更新回调
void traverse(Node * node,NodeVisitor * nv);
节点类中完成回调函数设置和获取:
//设置/获取节点的更新回调
void    setUpdateCallback(NodeCallback * );
NodeCallback *    getUpdateCallback();
//设置/获取节点的事件回调
void    setEventCallback(NodeCallback * );
NodeCallback *    getEventCallback();
```

在 NodeCallback 类中用一个 ref_ptr<NodeCallback> _nestedCallback;来存储下一个回调对象,利用链表构成一个回调对象序列,当要添加一个临近回调时,即调用 addNested-Callback(NodeCallback * nc)时利用递归将两个(分别以 this,nc 为连表头的)序列合并,例如:this->callback1->callback2->callback3->null,nc->callback4->callback5->null。合并后新的序列为 this->nc->callback1->callback4->callback2->callback5->callback3->null。

traverse()函数,其功能是对当前节点调用下一个临近回调函数,其代码如下:

```
void NodeCallback::traverse(Node * node,NodeVisitor * nv)
{
    //如果有后续回调对象,则调用,重载操作符"()"来实现
    if(_nestedCallback.valid())
            (* _nestedCallback)(node,nv);
    //回调操作完成之后,访问该节点
    else
            nv->traverse(* node);
}
```

9.6.2 简单动画

OSG 提供了一系列的工具集支持实时动画的实现,包括变换动画、关键帧动画、骨骼动画等。一个简单的模型节点变换动画过程如下:

(1)定义一些变换位置。

(2)定义动画关键帧,包含了时间、位置、旋转等数据,这里可以设置受变化作用的节点。

(3)给节点设置一个动画管理器,这个动画管理器是继承自 Osg::NodeCallback,所以其实是个 Callback 类。

(4)把定义的关键帧的数据,送给动画管理器。

(5)创建一个等待变化的节点。

(6)把变化节点的顶点数据与给出的变换位置进行映射,此时定义的是这些节点中每个顶点的变化方式。

(7)开始动画。

```
int main(int argc,char * * argv){
osgViewer::Viewer viewer;
//创建模型
osg::Node * node=osgDB::readNodeFile("tank.flt");
//创建一条路径
osg::AnimationPath * animationPath=new osg::AnimationPath;
//设置循环模式为 LOOP
animationPath->setLoopMode(osg::AnimationPath::LOOP);
//设置路径关键位置,定义动画路径
```

animationPath->insert(0,osg::AnimationPath::ControlPoint(osg::Vec3(0,0,0)));
animationPath->insert(5,osg::AnimationPath::ControlPoint(osg::Vec3(10,0,0)));
osg::PositionAttitudeTransform * xform=new osg::PositionAttitudeTransform;
//设置更新回调
xform->setUpdateCallback(new osg::AnimationPathCallback(animationPath,0.0,1.0));
//赋予模型运动路径
xform->addChild(node);
viewer.setSceneData(xform);
return viewer.run();
}

动画路径可以在程序中定义,也可在文件中定义。

动画路径导入:

AnimationPath=OpenAnimation.GetPathName();//获取动画路径的文件名
std::ifstream fin(AnimationPath.c_str());
osg::ref_ptranimationPath=new osg::AnimationPath();
animationPath->read(fin);
fin.close();
animationPath->setLoopMode(osg::AnimationPath::NO_LOOPING);//设置动画路径的循环方式
osg::ref_ptr apm=new osgGA::AnimationPathManipulator(animationPath.get());

动画路径导出:

osg::ref_ptr animationPath=new osg::AnimationPath();
animationPath=createAnimationPath(Path_Point,iCount);
std::string fileName("animation.path");
std::ofstream out(fileName.c_str());
animationPath->write(out);

使用 path 文件实现路径漫游:

osgViewer::Viewer viewer;
viewer.setSceneData(osgDB::readNodeFile("glider.osg"));
//申请一个操作器,参数为一个 path 文件。
osg::ref_ptr<osgGA::AnimationPathManipulator>amp=new osgGA::AnimationPathManipulator("glider.path");
//选择使用这个操作器。
viewer.setCameraManipulator(amp.get());
viewer.realize();
viewer.run();

9.6.3 显示模型自带的动画

假如三维模型自带动画,在 OSG 中,只需要得到模型的动画列表,然后从中选择一个动画,进行播放即可。而模型的动画列表,通常存放在 UpdateCallBack 中。

//读取带动画的节点
osg::Node * animationNode = osgDB::readNodeFile("nathan.osg");
//获得节点的动画列表
osgAnimation::BasicAnimationManager * anim =
dynamic_cast<osgAnimation::BasicAnimationManager * >(animationNode->getUpdate-Callback());
const osgAnimation::AnimationList& list = anim->getAnimationList();
//从动画列表中选择一个动画,播放
anim->playAnimation(list[0].get());
viewer.setSceneData(animationNode);

这里有一个主要的类,BasicAnimationManager,这个类用来对动画进行管理,它里面保存了动画列表,还提供函数来对动画进行播放,如图 9.17 所示。

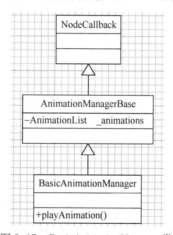

图 9.17　BasicAnimationManager 类

BasicAnimationManager 提供函数,播放动画。而其父类,AnimationManagerBase 保存了动画列表。而 AnimationManagerBase 又继承自 NodeCallback,NodeCallback 正是制作动画时,setAnimationPathCallback 的参数类型。

实际使用的时候,根据动画的名称,来从动画列表中选择一个动画。

if(list[i]->getName() == std::string("Idle_Head_Scratch.02")){
anim->playAnimation(list[i].get());
}

9.6.4 控制开关和自由度

模型文件可能包含了各种不同的节点类型,用户通过对这些节点的使用来更新和表达模型的各个部分。使用 osgSim::MultiSwitch 多重节点可以在多个模型渲染状态间进行选择。例如,对坦克模型使用多重节点,用户即可自行选择与完整的或者损坏的坦克相关联的几何体以及渲染状态。模型中还可以包含自由度(DOF)节点,以便清晰表达坦克的某个部分。例如,炮塔节点可以旋转,机枪节点可以升高。炮塔旋转时,炮塔体(包括机枪)的航向角(heading)与坦克的航向角相关联,而机枪抬升时,机枪的俯仰角(pitch)与炮塔的俯仰角相关联。

1. Switch 节点(图 9.18)

下面使用访问器提供的更为灵活的节点访问方式。"访问器"的设计允许用户将某个特定节点的指定函数,应用到当前场景遍历的所有此类节点中。遍历的类型包括 NODE_VISITOR,UPDATE_VISITOR,COLLECT_OCCLUDER_VISITOR 和 CULL_VISITOR。由于我们还没有讨论场景更新(updating),封闭节点(occluder node)和拣选(culling)的有关内容,因此这里首先介绍 NODE_VISITOR(节点访问器)遍历类型。"访问器"同样允许用户指定遍历的模式,可选项包括 TRAVERSE_NONE,TRAVERSE_PARENTS,TRAVERSE_ALL_CHILDREN 和 TRAVERSE_ACTIVE_CHILDREN。

osg::Node * damageNode = NULL;
damageNode = osgDB::readNodeFile(modelFileName);
if(! damageNode) return;
//搜索 damage 节点启动一次节点访问遍历,访问指定场景子树的每个子节点,将节点的名称与用户指定的字符串作比较,并建立一个列表用于保存名字与搜索字符串相同的节点。
findNodeVisitor findNode("damage");
if(! findNode) return;

图 9.18 Switch 结点

使用 osg::Node 的"accept"方法来实现节点访问器的启动。选择某个执行 accept 方法的节点,就可以控制遍历开始的位置(遍历的方向是通过选择遍历模式来决定的,而节点类型的区分则是通过重载相应的 apply 方法来实现)。"accpet"方法将响应某一类的遍历请求,并执行用户指定节点的所有子类节点的 apply 方法。选择 TRAVERSE_ALL_CHILDREN 的遍历模式,因此,触发 accept 方法的场景子树中所有的节点,均会执行这一 apply 方法。

damageNode ->accept(findNode);

osgSim::MultiSwitch * damageSwitch = dynamic_cast < osgSim::MultiSwitch * > (findNode);

2. DOF 节点(图 9.19)

模型包括的 DOF(自由度)节点。也可以使用上面所述的 findNodeVisitor 来获取(此时,访问器的场景遍历应当从包含第三个模型的组节点处开始执行)。一旦我们获取了某个 DOF 节点的合法句柄之后,即可使用 setCurrentHPR 方法来更新与这些节点相关的变换矩阵。setCurrentHPR 方法只有一个参数:这个 osg::Vec3 量相当于 3 个欧拉角 heading、pitch 和 roll 的弧度值(如果要使用角度来描述这个值,可以使用 osg::DegreesToRadians 方法)。

```
osg::Node * dofNode = NULL;
findDof = osgDB::readNodeFile(modelFileName);
if(! dofNode) return;
findNodeVisitor findDof("dof");
if(! findDof) return
dofNode ->accept(findDof);
dofDataType * dofData = new dofDataType(dofNode);
dofNode->setUserData(dofData);
dofNode->addEventCallback(new dofNodeCallback);
osgSim::DOFTransform * dofTransformNode =
dynamic_cast< osgSim::DOFTransform * > (findNode.getFirst());
```

图 9.19 DOF 结点

第10章 基于 osgEarth 的地理环境仿真

10.1 osgEarth 介绍

osgEarth 是基于 OSG 的与 GoogleEarth 类似的跨平台地形 SDK。osgEarth 是三维开发平台 OpenSceneGraph 的一个应用,不同于传统的地形引擎,osgEarth 程序开发不需要专门建立三维地形模型。osgEarth 在应用程序运行时,可以直接访问存储到磁盘的地理原始数据和地形模型来生成 3D 地图,并且可以使用缓存技术的来提高 3D 地图的渲染速度。

osgEarth 的目标是在 OpenSceneGraph 上的进行 3D 地理空间应用系统开发和轻松实现地形模型和地图的三维可视化。它具有以下优点:

(1) 可以快速生成三维地形图。
(2) 访问开放标准的地图数据服务,如 WMS、WCS、TMS 等。
(3) 可将本地数据与 web 服务的数据进行集成。
(4) 可在运行时开启新的地理空间数据层。
(5) 在"瘦客户端"环境中运行。

下面是简单实现 Hello World 的例子(图 10.1)。

图 10.1　Hello World

```
//引入 osg 和 osgEarth 的头文件和命名空间
#include <osg/Notify>
#include <osgViewer/Viewer>
#include <osgEarth/MapNode>
#include <osgEarthUtil/Controls>
#include <osgEarthSymbology/Color>
#include <osgEarthDrivers/tms/TMSOptions>
```

```
using namespace osgEarth;
using namespace osgEarth::Drivers;
using namespace osgEarth::Util;

//主程序
main(int argc, char** argv){
//这里两个参数,第一个是命令参数的个数为,后面是字符串数组输入earth文件的路径
osg::ArgumentParser arguments(&argc,argv);
//创建地图
Map* map=new Map();
//加入影像图层
TMSOptions imagery;
imagery.url()="http://readymap.org/readymap/tiles/1.0.0/7/";
map->addImageLayer(new ImageLayer("Imagery",imagery));
//加入地形高程图层
TMSOptions elevation;
elevation.url()="http://readymap.org/readymap/tiles/1.0.0/9/";
map->addElevationLayer(new ElevationLayer("Elevation",elevation));
//构造MapNode,arguments里面有earth文件的路径,命令行输入
MapNode* node=new MapNode(map);
//创建earth的场景并初始化
osgViewer::Viewer viewer(arguments);
//设置earth操作器
viewer.setCameraManipulator(new EarthManipulator);
//将MapNode设置为场景节点
viewer.setSceneData(node);
//程序运行
return viewer.run();
}
```

10.2 建立地图 Map

地图 Map 是 osgEarth 地球模型的核心,它包含航空影像、数字高程和文化特征 3 个部分。osgEarth 的地图可以根据文件在应用程序运行前建立,也可以在应用程序运行时建立。

地图运行前建立是通过 argv 的字符串数组输入 earth 文件的路径,利用 osg::ArgumentParser arguments(&argc,argv)进行加载;在程序运行时加载,既可以读取网络资源,也可以加载本地文件;既可以读取配置文件(.earth 文件),也可以直接读取本地数据文件。

10.2.1 配置文件中进行加载

地图最简便方法是在应用程序运行前直接从配置文件中进行加载:osg::Node * globe=osgDB::readNodeFile("myglobe.earth");

1. 简单图像文件

从 WMS 服务器读取数据,并渲染在一个圆形地球的三维模型上:

```
<map name="MyMap" type="geocentric" version="2">
    <image name="bluemarble" driver="gdal">
        <url>/data/world.tif</url>
    </image>
</map>
```

这个文件建立了一个地图"MyMap",geocentric 类型,GeoTIFF 图片源名称是"bluemarble"(GeoTiff 是包含地理信息的一种 Tiff 格式的文件)。驱动 driver 属性告诉 osgearth 哪个驱动去加载这些图片,所有子元素针对特定的驱动。

2. 多重图像层

osgEarth 支持有多个图像源的地图,既可以实现多张图像的拼图,也可以在较低分辨率的基础层上覆盖高分辨率的插图,实现多分辨率地图(图 10.2),只需在创建的地图时,添加多个图像到 Earth File,添加多个"image"元素到配置文件中。

```
<map name="Transportation" type="geocentric" version="2">
    <!—添加较低分辨率的基础层图像-->
    <image name="bluemarble" driver="gdal">
<url>c:/data/bluemarble.tif</url>
    </image>
    <!--添加高分辨率的插图-->
    <image name="dc" driver="gdal">
        <url>c:/data/dc_high_res.tif</url>
    </image>
</map>
```

图 10.2 加载的高分辨率卫片

osgEarth 渲染多个图像源的图像层时,顺序是按配置文件的先后从底部到顶部的。

3. 高程数据

添加高程数据到地球的文件与添加图像非常相似。高程数据可以通过将高程元素加入到配置文件中,从而添加到地球文件中去(图 10.3)。

```
<map name="Elevation" type="geocentric" version="2">
    <!--添加较低分辨率的基础层地形数据-->
    <elevation name="bluemarble" driver="gdal">
        <url>c:/data/bluemarble.tif</url>
    </elevation>
    <!--添加高分辨率的地形数据-->
    <elevation name="srtm" driver="gdal">
        <url>c:/data/SRTM.tif</url>
    </elevation>
</map>
```

图 10.3 加载 DEM 数据

配置文件可以添加任意的高程数据,它们将通过 osgEarth 结合在一起。多数驱动在 osgEarth 支持阅读 heightfields 以及图像。但要注意的是,只有 16 位和 32 位数据源可以作为 heightfield 数据源使用。

10.2.2 非配置文件加载

非配置文件加载步骤如下:

(1) 创建 map 对象。
(2) 增加影像层和高程层。
(3) 创建数字地球对象的节点(MapNode)。
(4) 将该结点加入到场景中。

```
//创建数字地球对象
Map* map=new Map();
//增加影像层:读取网络资源
{   TMSOptions tms;
    tms.url()="http://labs.metacarta.com/wms-c/Basic.py/1.0.0/satellite/";
    ImageLayer* layer=new ImageLayer("NASA",tms);
```

```
        map->addImageLayer(layer);
    }
    //增加高程层:加载本地数据
    {
        GDALOptions gdal;
        gdal.url() = "c:/data/srtm.tif";
        ElevationLayer * layer = new ElevationLayer("SRTM", gdal);
        map->addElevationLayer(layer);
    }
    //创建 MapNode 节点:
    MapNode * mapNode = new MapNode(map);
    ...
    //加入到场景中
    viewer->setSceneData(mapNode);
```

为了更好地对地图进行管理,通常把不同属性的数据放在不同的图层中(图 10.4),这里地图图层包含图像图层(ImageLayers)和高程图层(ElevationLayers),并可在运行时进行维护。

```
    //增加街道影像图层
    TMSOptions driverOpt;
    driverOpt.url() = "http://tile.openstreetmap.org/";
    driverOpt.tmsType() = "google";
    ImageLayerOptions layerOpt("OSM", driverOpt);
    layerOpt.profile() = ProfileOptions("global-mercator");
    ImageLayer * osmLayer = new ImageLayer(layerOpt);
    mapNode->getMap()->addImageLayer(osmLayer);
    //删除或者重新排列各图层
    mapNode->getMap()->removeImageLayer(layer);
    //将指定图层移至第一层
    mapNode->getMap()->moveImageLayer(layer, 1);
```

图 10.4　地形与卫片文理组合

10.3 经纬度及高程信息显示

10.3.1 求经纬度坐标

先求得世界坐标 X、Y、Z，再把它们转换成经纬度和高程数据，这种方法在重写 handle 函数中用得最多。

```
handle(const osgGA::GUIEventAdapter& ea,osgGA::GUIActionAdapter& aa)
{
        osg::Vec3d world;
        osgUtil::LineSegmentIntersector::Intersections hits;
        if (view->computeIntersections(x,y,hits))
//求3D坐标点
        world=hits.begin()->getWorldIntersectPoint();
//求经纬度坐标
        GeoPoint mapPoint;
//mapPoint就是求得的经纬度坐标及高程值
        mapPoint.fromWorld(_terrain->getSRS(),world);
    }
}
```

10.3.2 求高程数据

```
osg::ref_ptr<osgEarth::MapNode> m_pMapNode;
osg::Vec3 Vec;//经纬度坐标
double Height=0.0;
m_pMapNode->getTerrain()->getHeight(m_pMapNode->getMapSRS(),Vec.x(),
Vec.y(),&Height);
```

Height 就是在相应经纬度坐标下的高程。

10.3.3 求精确高程数据

可进行精度定义，这种方法较上两种方法精度都比较高。

```
double query_resolution=0.00000001;
double out_hamsl=0.0;
double out_resolution=0.0;
osg::Vec3 Vec;//经纬度坐标
osgEarth::ElevationQuery query(m_pMap.get());
query.getElevation(GeoPoint(m_pMapNode->getMapSRS(),Vec.x,vec.y,0.0,os-
```

gEarth::AltitudeMode::ALTMODE_RELATIVE),out_hamsl,query_resolution,&out_resolution);

out_hamsl 就是经度在 vec.x°和纬度在 vec.y°的高程,注意参数 query_resolution,如果把它设置成 0.1 时,它表示数据获取精度是 0.1°所以获得高程数据也是有较大误差的,如果设置成 0.00000001 时,它表示的获取精度是 0.00000001°,所以这个参数设置小一些就能提高数据获取精度从而满足要求。

10.3.4 经纬度信息显示实例

```
//定义鼠标事件获得经纬度并计算高程值
struct QueryElevationHandler :public osgGA::GUIEventHandler {
    QueryElevationHandler()
        :_mouseDown(false),
         _terrain  (s_mapNode->getTerrain()),
         _query    (s_mapNode->getMap())    {
        _map=s_mapNode->getMap();
        _query.setMaxTilesToCache(10);
        _query.setFallBackOnNoData(false);
        _path.push_back(s_mapNode->getTerrainEngine());
    }
    void update(float x,float y,osgViewer::View* view)   {
        //获得鼠标位置
        osg::Vec3d world;
        osgUtil::LineSegmentIntersector::Intersections hits;
        if (view->computeIntersections(x,y,hits))    {
            world=hits.begin()->getWorldIntersectPoint();
            //将鼠标位置屏幕坐标转换为地理坐标(经纬度)
            GeoPoint mapPoint;
            mapPoint.fromWorld(_terrain->getSRS(),world);
            //计算高程值
            double query_resolution=0.0001;//定义精度
            double out_hamsl       =0.0;
            double out_resolution  =0.0;
            if (_query.getElevation(mapPoint,out_hamsl,query_resolution,
&out_resolution))              {
                //计算高程值
                mapPoint.z()=out_hamsl;
                GeoPoint
mapPointGeodetic(s_mapNode->getMapSRS()->getGeodeticSRS(),mapPoint);
```

```
        } } }
//捕捉鼠标事件
    bool handle（const osgGA：：GUIEventAdapter& ea，osgGA：：GUIActionAdapter& aa）{
        if（ea.getEventType（）＝＝osgGA：：GUIEventAdapter：：MOVE &&
            aa.asView（）->getFrameStamp（）->getFrameNumber（）% 10＝＝0）
        {
            osgViewer：：View * view＝static_cast<osgViewer：：View *>（aa.asView（））；
            update（ea.getX（），ea.getY（），view）；
        }
        return false；
    }
};
```

10.4 实体模型加载

10.4.1 运行时加载模型（图10.5）

```
//加载模型
osg：：ref_ptr<osg：：Node> mModel＝osgDB：：readNodeFile（"模型文件名"）；
//创建符号
Style style；
style.getOrCreate<ModelSymbol>（）->setModel（mModel.get（））；
//创建模型节点
osg：：ref_ptr<osg：：ModelNode> _modelNode＝new ModelNode（_mapNode.get（），style）；
_modelNode->setDynamic（true）；
_modelNode->setName（"显示的名称"）；
//设置缩放比例
_modelNode->setScale（osg：：Vec3f（scaleX，scaleY，scaleZ））；
//设置朝向
_modelNode->setLocalRotation（osg：：Quat（
    osg：：inDegrees（head），osg：：X_AXIS，
    osg：：inDegrees（pitch），osg：：Y_AXIS，
    osg：：inDegrees（rool），osg：：Z_AXIS））；
//设置其他参数
osgEarth：：Annotation：：AnnotationData * annoData＝new osgEarth：：Annotation：：AnnotationData（）；
```

annoData->……
_modelNode->setAnnotationData(annoData);
//设置位置
_modelNode->setPosition(GeoPoint(SpatialReference::get("wgs84"),
          lon,lat,alt,AltitudeMode::ALTMODE_RELATIVE));

程序运行结果如图 10.5 所示。

图 10.5　运行时加载模型效果

10.4.2　配置文件中加载

<model name="模型名称" driver="simple">
  <url>文件路径及文件名．transX,transY,transZ. trans. rotH,rotP,rotR. rot. scaleX,scaleY,scaleZ. scale</url>
<location>lon lat alt</location>

其中：
（1）transX、transY、transZ 分别为模型在 x、y、z 轴上的偏移量；
（2）rotH、rotP、rotR 分别为模型的转角 head、pitch 和 rool；
（3）scaleX、scaleY、scaleZ 分别为模型沿 x、y、z 轴的缩放系数。
图 10.6 为加载配置文件模型效果。

图 10.6　配置文件中加载模型效果

10.5 注记

osgEarth 的注记(annotation)是点、线、面、模型、文本等各类标注(图 10.7)。

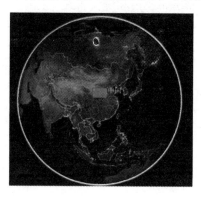

图 10.7 注记

10.5.1 PlaceNode

PlaceNode 是一个带有文字说明的图标。

Style pin;//样式(包括图标)
MapNode * mapNode=MapNode::findMapNode(node);
const SpatialReference * geoSRS=mapNode->getMapSRS()->getGeographicSRS();
pin.getOrCreate<IconSymbol>()->url()->setLiteral(" data/flag.png");
PlaceNode * pn=new PlaceNode(mapNode,地理坐标,文字说明,样式);
addChild(new PlaceNode(mapNode,GeoPoint(geoSRS,116.3,39.9),"中国",pin));

10.5.2 LabelNode

LabelNode:标签,是一个文字说明。

//标签样式:
Style labelStyle;
labelStyle.getOrCreate<TextSymbol>()->alignment()=TextSymbol::ALIGN_CENTER_CENTER;
//文字居中
labelStyle.getOrCreate<TextSymbol>()->fill()->color()=Color::Yellow;//文字颜色
//加入标签
labelGroup->addChild(new LabelNode(mapNode,GeoPoint(geoSRS,-30,50),"等方位线多边形",labelStyle));

10.5.3 画线

绘制指定点间的一折线线段。

```
Geometry* path=new LineString();//定义折线
path->push_back(osg::Vec3d(-74,40.714,0));    //定义折线顶点
path->push_back(osg::Vec3d(139.75,35.68,0));
//定义折线样式
Style pathStyle;
pathStyle.getOrCreate<LineSymbol>()->stroke()->color()=Color::Red;//颜色
pathStyle.getOrCreate<LineSymbol>()->stroke()->width()=3.0f;//线宽
//地形匹配
pathStyle.getOrCreate<AltitudeSymbol>()->clamping()=AltitudeSymbol::CLAMP_TO_TERRAIN;
//使用GPU着色器
pathStyle.getOrCreate<AltitudeSymbol>()->technique()=AltitudeSymbol::TECHNIQUE_GPU;
Feature* pathFeature=new Feature(path,geoSRS);
pathFeature->geoInterp()=GEOINTERP_GREAT_CIRCLE;
//加入折线
FeatureNode* pathNode=new FeatureNode(mapNode,pathFeature,pathStyle);
    annoGroup->addChild(pathNode);
```

10.5.4 画圆

```
//定义画圆样式
Style circleStyle;
circleStyle.getOrCreate<PolygonSymbol>()->fill()->color()=Color(Color::Cyan,0.5);//颜色、半透明填充
circleStyle.getOrCreate<AltitudeSymbol>()->clamping()=AltitudeSymbol::CLAMP_TO_TERRAIN;
circleStyle.getOrCreate<AltitudeSymbol>()->technique()=AltitudeSymbol::TECHNIQUE_DRAPE;
//定义圆
CircleNode* circle=new CircleNode(
mapNode,
GeoPoint(geoSRS,-90.25,29.98,1000.,ALTMODE_RELATIVE),//圆心
Distance(300,Units::KILOMETERS),//半径
circleStyle,Angle(-45.0,Units::DEGREES),Angle(45.0,Units::DEGREES),
true);//倾斜角
//加入圆
```

annoGroup->addChild(circle);

10.5.5 绘制椭圆

```
//定义画椭圆样式
Style ellipseStyle;
ellipseStyle.getOrCreate<PolygonSymbol>()->fill()->color() = Color(Color::Orange,
0.75);//颜色填充样式
//定义椭圆
EllipseNode* ellipse = new EllipseNode(
    mapNode,
    GeoPoint(geoSRS,-80.28,25.82,0.0,ALTMODE_RELATIVE),//圆心
    Distance(250,Units::MILES),//长半径
    Distance(100,Units::MILES),//短半径
    Angle   (0,Units::DEGREES),//倾角
    ellipseStyle,
    Angle(45.0,Units::DEGREES),//起始点
    Angle(360.0 - 45.0,Units::DEGREES),true);//终点
    annoGroup->addChild(ellipse);
    editorGroup->addChild(new EllipseNodeEditor(ellipse));
```

10.5.6 绘制多边形

```
//绘制多边形
Geometry* geom = new osgEarth::Polygon();//定义多边形
geom->push_back(osg::Vec3d(0,40,0));//定义多边形顶点
geom->push_back(osg::Vec3d(-60,40,0));
geom->push_back(osg::Vec3d(-60,60,0));
geom->push_back(osg::Vec3d(0,60,0));
Style geomStyle;//定义多边形样式
geomStyle.getOrCreate<LineSymbol>()->stroke()->color() = Color::Cyan;//颜色
geomStyle.getOrCreate<LineSymbol>()->stroke()->width() = 5.0f;//线宽
//地形匹配
geomStyle.getOrCreate<AltitudeSymbol>()->clamping() = AltitudeSymbol::CLAMP_TO_TERRAIN;
//使用 GPU 着色器
geomStyle.getOrCreate<AltitudeSymbol>()->technique() = AltitudeSymbol::TECHNIQUE_GPU;
//加入多边形
```

FeatureNode * gnode=new FeatureNode(mapNode,new Feature(geom,geoSRS),geomStyle);
annoGroup->addChild(gnode);
//加入标签
labelGroup->addChild(new LabelNode(mapNode,GeoPoint(geoSRS,-30,50),"等方位线多边形",labelStyle));

10.5.7 绘制矩形

//定义矩形样式
Style rectStyle;
rectStyle.getOrCreate<PolygonSymbol>()->fill()->color()=Color(Color::Green,0.5);
rectStyle.getOrCreate<AltitudeSymbol>()->clamping()=AltitudeSymbol::CLAMP_TO_TERRAIN;
rectStyle.getOrCreate<AltitudeSymbol>()->technique()=AltitudeSymbol::TECHNIQUE_DRAPE;
//定义矩形
RectangleNode * rect=new RectangleNode(
        mapNode,
        GeoPoint(geoSRS,-117.172,32.721),//顶点
        Distance(300,Units::KILOMETERS),//宽
        Distance(600,Units::KILOMETERS),//高
        rectStyle);
annoGroup->addChild(rect);

10.5.8 绘制图标

osg::Image * image=osgDB::readImageFile("../data/USFLAG.TGA");//图标文件
if(image)
{
    ImageOverlay * imageOverlay=new ImageOverlay(mapNode,image);//定义图标
    imageOverlay->setBounds(Bounds(-100.0,35.0,-90.0,40.0));//放置位置
    annoGroup->addChild(imageOverlay);
}

10.5.9 绘制挤出多边形

//定义多边形及顶点
Geometry * utah=new osgEarth::Polygon();

```
utah->push_back(-114.052,37.0);
utah->push_back(-109.054,37.0);
utah->push_back(-109.054,41.0);
utah->push_back(-111.040,41.0);
utah->push_back(-111.080,42.059);
utah->push_back(-114.080,42.024);
//设置样式
Style utahStyle;
//设置挤出
utahStyle.getOrCreate<ExtrusionSymbol>()->height() = 250000.0;//挤出高度
utahStyle.getOrCreate<PolygonSymbol>()->fill()->color() = Color(Color::White,
0.8);//填充样式
//加入图形
Feature* utahFeature = new Feature(utah,geoSRS);
FeatureNode* featureNode = new FeatureNode(mapNode,utahFeature,utahStyle);
annoGroup->addChild(featureNode);
```

10.6 矢量数据加载

10.6.1 运行时加载

1. 使用要素几何模型法将矢量作为几何模型加到 earth 里面

```
//设置划线样式
Style style;
LineSymbol* ls = style.getOrCreateSymbol<LineSymbol>();
ls->stroke()->color() = Color::Yellow;
ls->stroke()->width() = 1.0f;
//读取矢量文件
OGRFeatureOptions featureOptions;
featureOptions.url() = "data/country.shp";
//使用要素几何模型
FeatureGeomModelOptions geomOptions;
geomOptions.featureOptions() = featureOptions;
geomOptions.styles() = new StyleSheet();
geomOptions.styles()->addStyle(style);
geomOptions.enableLighting() = false;
//加载图层
ModelLayerOptions layerOptions("china_boundaries",geomOptions);
```

```
layerOptions.overlay() = true;
map->addModelLayer(new ModelLayer(layerOptions));
```

2. 使用 stencil 模板法

```
//使用 stencil 模板
FeatureStencilModelOptions stencilOptions;
stencilOptions.featureOptions() = featureOptions;
stencilOptions.styles() = new StyleSheet();
stencilOptions.styles()->addStyle(style);
stencilOptions.enableLighting() = false;
stencilOptions.depthTestEnabled() = false;
//加载图层
map->addModelLayer(new ModelLayer("my features", stencilOptions));
```

3. Agglite 栅格化

```
// Agglite 栅格化
AGGLiteOptions rasterOptions;
rasterOptions.featureOptions() = featureOptions;
rasterOptions.styles() = new StyleSheet();
rasterOptions.styles()->addStyle(style);
//加载图层
map->addImageLayer(new ImageLayer("my features", rasterOptions));
```

10.6.2 配置文件中加载

```
<model name="省界" driver="feature_geom">
    <features name="省界" driver="ogr">
        <url> data/country.shp</url>
    </features>
    <styles>
        <style type="text/css">
            states {
                stroke:#ff0000;
                render-depth-test:false;
                render-clip-plane:0;
            }
        </style>
    </styles>
</model>
```

```xml
<model name="省级行政" driver="feature_geom">
    <!--设置文件路径和驱动器类型-->
    <features name="省级行政" driver="ogr">
      <url>data/china.shp</url>
      <ogr_driver>ESRI Shapefile</ogr_driver>
      <build_spatial_index>true</build_spatial_index>
    </features>
    <!--设置放大系数和可视范围-->
    <layout>
      <tile_size_factor>15.0</tile_size_factor>
      <level name="name" max_range="1000000"/>
    </layout>
    <!—显示内容和样式-->
    <styles>
      <style type="text/css">
        country {
        text-provider:annotation;
        text-content:[name];
        text-priority:[pop_cntry];
        text-halo:#ffff00;
        text-align:center_center;
        text-declutter:true;
        stroke:#ff0000;
        stroke-width:1;
        altitude-offset:1000;
        }
      </style>
    </styles>
    <fading duration="1.0"/>
  </model>
```

加载结构如图 10.8 所示。

```xml
<model name="省会" driver="feature_geom">
    <features name="省会" driver="ogr">
      <url>data/city.shp</url>
    </features>
    <feature_indexing enabled="true"/>
    <styles>
      <style type="text/css">
```

```
                cities {
                icon:"/data/placemark.png";
                icon-placement:centroid;
                icon-scale:1.0;
                icon-occlusion-cull:false;
                icon-occlusion-cull-altitude:8000;
                icon-declutter:true;
                text-content:[name];
                text-halo:          #ffff00;
                altitude-offset:100;
                altitude-clamping:terrain;
                altitude-technique:scene;
                }
        </style>
    </styles>
</model>
```

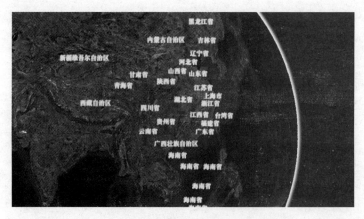

图 10.8 加入矢量注记后效果

10.7 一个完整的数字城市程序分析

```
//主程序
int main(int argc,char * * argv){
    osg::ArgumentParser arguments(&argc,argv);
    //建立地图
    Map * map=new Map();
    addImagery(map);                    //添加影像图
    addElevation(map);                  //添加地形
    addBuildings(map);                  //添加建筑物
```

```cpp
    addStreets(map);                          //添加街道
    addParks(map);                            //添加植物
    //初始化场景图
    osgViewer::Viewer viewer(arguments);
    EarthManipulator* manip = new EarthManipulator();
    viewer.setCameraManipulator(manip);
    osg::Group* root = new osg::Group();
    viewer.setSceneData(root);
    //构建场景图:
    MapNode* mapNode = new MapNode(map);
    root->addChild(mapNode);
    //设置视点
    manip->setViewpoint(Viewpoint("视点",
        -71.0763,42.34425,0,                  //经度,纬度,高度
        24.261,-21.6,3450.0),                 //朝向,俯仰,翻滚
        5.0);                                 //范围
    //对视域裁剪
    LogarithmicDepthBuffer buf;
    buf.install(viewer.getCamera());
    return viewer.run();
}
//添加影像,运行时加载
void addImagery(Map* map){
    //添加 TMS 影像图层:
    TMSOptions imagery;
    imagery.url() = "Data/TMS_image.tif";
    map->addImageLayer(new ImageLayer("影像",imagery));
}
//添加高程,运行时加载
void addElevation(Map* map){
    //添加 TMS 数字高程层
    TMSOptions elevation;
    elevation.url() = "Data/TMS_elevation.tif";
    map->addElevationLayer(new ElevationLayer("高程",elevation));
}
//加入建筑物模型
void addBuildings(Map* map){
//根据 shp 矢量文件创建建筑物的矢量轮廓
    OGRFeatureOptions feature_opt;
```

```
        feature_opt.name() = "建筑物";
        feature_opt.url() = "../data/buildings.shp";//矢量文件路径
        feature_opt.buildSpatialIndex() = true;//构建空间索引
//获取建筑物的样式属性
    // a style for the building data：
        Style buildingStyle;
buildingStyle.setName("建筑物");
extrusion->flatten() = true;
//建筑物的风格
ExtrusionSymbol* extrusion = buildingStyle.getOrCreate<ExtrusionSymbol>();
//设置建筑物的高度
extrusion->heightExpression() = NumericExpression("3.5 * max([story_ht_],1)");
extrusion->flatten() = true;//设置建筑物的顶部为平顶
extrusion->wallStyleName() = "building-wall";//墙的风格名
extrusion->roofStyleName() = "building-roof";//屋顶的风格名
PolygonSymbol* poly = buildingStyle.getOrCreate<PolygonSymbol>();
poly->fill()->color() = Color::White;
//设置建筑物与地形的匹配方式
AltitudeSymbol* alt = buildingStyle.getOrCreate<AltitudeSymbol>();
alt->clamping() = alt->CLAMP_TO_TERRAIN;//紧贴地形
alt->binding() = alt->BINDING_VERTEX;
//墙的风格(纹理)设置
Style wallStyle;
wallStyle.setName("building-wall");
SkinSymbol* wallSkin = wallStyle.getOrCreate<SkinSymbol>();
wallSkin->library() = "us_resources";//资源库名
wallSkin->addTag("building");//用资源库中 building 标签
wallSkin->randomSeed() = 1;//在多个 building 中随机取值
//屋顶的风格(纹理)设置
Style roofStyle;
roofStyle.setName("building-roof");
SkinSymbol* roofSkin = roofStyle.getOrCreate<SkinSymbol>();
roofSkin->library() = "us_resources";//资源库名
roofSkin->addTag("rooftop");//用资源库中 rooftop 标签
roofSkin->randomSeed() = 1;//在多个 rooftop 中随机取值
roofSkin->isTiled() = true;//进行分块
//建筑物组装
StyleSheet* styleSheet = new StyleSheet();
styleSheet->addStyle(buildingStyle);
```

```cpp
styleSheet->addStyle(wallStyle);
styleSheet->addStyle(roofStyle);
//加载包含建筑物墙体和屋顶纹理的资源库
ResourceLibrary* reslib=new ResourceLibrary("us_resources",data//textures.xml);
styleSheet->addResourceLibrary(reslib);
//对页面进行分块,加快加载
FeatureDisplayLayout layout;
layout.tileSizeFactor()=52.0;//分成52块
//可视范围是0-20000.0,每块半径大小为最大范围/块数即:20000.0/52.0
layout.addLevel(FeatureLevel(0.0f,20000.0f,"buildings"));
//创建加载模型层,按前述加入建筑物层
FeatureGeomModelOptions fgm_opt;
fgm_opt.featureOptions()=feature_opt;
fgm_opt.styles()=styleSheet;
fgm_opt.layout()=layout;
//加载的地图中
map->addModelLayer(new ModelLayer("建筑物",fgm_opt));
}
```

运行结果如图10.9和图10.10所示。

图10.9 数字城市效果

```cpp
//加入街道
void addStreets(Map* map)
{
//根据shp矢量文件创建街道的矢量轮廓
    OGRFeatureOptions feature_opt;
    feature_opt.name()="街道";
    feature_opt.url()="../data/streets.shp";//矢量文件路径
    feature_opt.buildSpatialIndex()=true;//构建空间索引
    //为避免街道太长,进行分段个处理
```

feature_opt.filters().push_back(new ResampleFilter(0.0,25.0));//每段长度不超过25
//街道的风格设置
Style style;
style.setName("streets");//风格名
//设置宽度及颜色
LineSymbol* line=style.getOrCreate<LineSymbol>();
line->stroke()->color()=Color(Color::Yellow,0.5f);//黄色
line->stroke()->width()=7.5f;//宽度7.5
line->stroke()->widthUnits()=Units::METERS;//宽度单位:米
//设置与地形匹配方式.
AltitudeSymbol* alt=style.getOrCreate<AltitudeSymbol>();
alt->clamping()=alt->CLAMP_TO_TERRAIN;//紧贴地形
//为避免两个面共面时的深度冲突(z-fighting)问题,设置最小偏移量
RenderSymbol* render=style.getOrCreate<RenderSymbol>();
render->depthOffset()->minBias()=6.6f;
//分块处理,加快加载
layout.tileSizeFactor()=7.5f;
layout.maxRange()   =5000.0f;
//创建图层加载街道.
FeatureGeomModelOptions fgm_opt;
fgm_opt.featureOptions()=feature_opt;
fgm_opt.layout()=layout;
fgm_opt.styles()=new StyleSheet();
fgm_opt.styles()->addStyle(style);
//加入到地图中
map->addModelLayer(new ModelLayer("街道",fgm_opt));
}

图10.10 三维模型加数字道路

参 考 文 献

[1] 李伯虎,柴旭东,等. 现代建模与仿真技术发展中的几个焦点[J]. 系统仿真学报, 2004,16(9):1871-1878.

[2] 孙柏林. 美军建模与仿真网上信息概览[J]. 军事运筹与系统工程,2001(4):10-15.

[3] Thoennessen U, Gross H. Three-dimensional visualization of buildings for urban warfare [C]. Proceedings of the SPIE, Volume 5101, 2003. USA:SPIE, 2003:224-232.

[4] Mert E, Jilson E W. Modeling conventional land combat in a multi-agent system using generalizations of the different combat entities and combat operations [D]. USA:Naval Postgraduate School, NSN 7540-01-280-5500, September 2001.

[5] 赵沁平. DVENET 分布式虚拟环境[M]. 北京:科学出版社. 2002.

[6] 赵沁平. DVENET 分布式虚拟现实应用系统运行平台与开发工具[M]. 北京:科学出版社,2005.

[7] Wright Gordon P, Chaturved Alok R, MookerJee Radha V, et al. Intergrated modeling environments in organizations:An empirical study [J]. Information System Research, 1998, 9(1):64-85.

[8] Min P. Halderman A, Kazhdan M. et al. Early experiences with a 3d model search engine [C]. Proceedings of Web3D Symposium,2003. France:Saint Malo,2003:7-8.

[9] Novotni, Klein R. 3dzernike descriptors for content based shape retrieval [C]. Proceedings of ACM Symposium on Soild Modeling and Application, 2003. USA:Seattle, Washington, 2003:216-255.

[10] Yamada A, et al. MPEG-7 visual part of experimetation model version 9.0. MPEG Video Group[R]. Pisa, Italy:Technical Report ISO/MPEG N3914,2001.

[11] Kim S J, Jeong W K, Kim C H. LOD generation with discrete curvature error metric [C] Proceedings of the 2nd Korea Israel Bi-National Conference on Geometrical Modeling and Computer Graphics, Korea:1999:97-104.

[12] Pajarola R. Large Scale Terrain Visualization Using the Restricted Quadtree Triangulation [C]. Proceedings of IEEE Visualization'98,1998:19-26.

[13] 汪成为,高文,王行仁. 灵境(虚拟现实)技术的理论、实现及应用[M]. 南宁:广西科学技术出版社,1996.

[14] Borghese N A, Ferrari S. A portable modular system for automatic acquisition of 3D objects [J]. IEEE Transactions on Instrumentation and Measurement,2000,49 (5):1128-1136.

[15] Attene M, Spagnuolo M. Automatic surface reconstruction from point sets in space [J]. Computer Graphics Forum, 2000, 19(3):457-465.

[16] Várady T, Martin R R, Cox J. Reverse engineering of geometric models—an introduction [J]. Computer-Aided Design, 1997, 29(4):255-268.

[17] Jin Gu. 3D reconstruction of sculptured objects [D]. Hong Kong: The Hong Kong University of Science and Technology, 1998.

[18] 蔺宏伟. 离散几何信息处理—从点到面[D]. 杭州:浙江大学,2003.

[19] Pulli K, Duchamp T, Hoppe H, et al. Robust meshes from multiple range maps[C]. International Conference on Recent Advances in 3D Digital Imaging and Modeling. IEEE CS Press, 1997:205-211.

[20] Bernardini F. Rushmeier H. The 3D model acquisition pipeline [J]. Computer Graphics Forum, 2002, 21(2):149-172.

[21] Mencl E., Müller H. Interpolation and approximation of surfaces from three-dimensional scattered data points [C]. State of the Art Reports, Eurographics'98, 1998:51-67.

[22] Bernardini F, Bajaj C, Chen J, et al. Automatic Reconstruction of 3D CAD Models from Digital Scans [J]. Computational Geometry and Applications, 1999, 9(4&5):327-370.

[23] Petitjean S, Boyer E. Regular and non-regular point sets: Properties and reconstruction [J]. Computational Geometry. 2001, 19(1):101-126.

[24] Dyn N, Hormann K, Kim S-J, et al. Optimizing 3D triangulations using discrete curvature analysis[C]. Mathematical Methods for Curves and Surface, 2001:135-146.

[25] Zigelman G, Kimmel R, Kiryati N. Texture mapping using surface flattening via multidimensional scaling [J]. IEEE Transactions on Visualization and Computer Graphics, 2002, 8(2):198-207.

[26] Page D, Koschan A, Abidi M A. Perception-based 3D Triangle Mesh Segmentation Using Fast Marching Watersheds [C]. Proceedings of IEEE International Conference on Computer Vision and Pattern Recognition CVPR03, USA: Madison, WI, Vol. (II), 2003:27-32.

[27] Hugues Hoppe. Surface reconstruction from unorganized points [C]. Proceedings of Siggraph'92. Chicago:1992:26-31.

[28] Muraki S. Volumetric shape description of range data using "Blobby Model" [J]. Computer Graphics, 1991, 25(4):227-235.

[29] Curless B, Levoy M. A volumetric method for building complex models from range images [C]. Proceedings of SIGGRAPH'96 (August), 1996:303-312.

[30] Gerald E Farin. Curves and surface for computer aided design, a practical guide [M]. Holland: Kluwer Academic Publisher, 1990.

[31] Maria-Elena Algorri. Surface reconstruction from unstructured 3d data [J]. Computer Graphics forum, 1996, 15(1):47-60.

[32] Pfeifle R, Seidel H-P. Spherical triangular B-splines with application to data fitting [J]. Computer Graphcs Forum. 1995:14(3):89-96.

[33] William E Lorensen. Marching cubes. A high resolution 3D surface construction algorithm[J]. Computer Graphics, 1987, 21(4):356-360.

[34] Eric Bittar. Automatic reconstruction of unstructured 3D data:combining a medial axis and implicit surface [J]. Eurographics'95. 1995,14(3):799-803.

[35] Robert Mencl. A Graph-based approach to surface reconstruction [J]. Eurographcs,1995,14(3):222-225.

[36] Amenta N,Bern M. Surface reconstruction by Voronoi filtering [J]. Discrete Comput. Geo,1999:22(4):481-504.

[37] Stoter J E, van Oosterom P J M. De Integratie van 2D en 3D Geo-object-en in een DBMS[C]. Proceedings GIN 2002. Geoinformatiedag Nederland,2002-02.

[38] Abdul-Rahman A, Zlatanova S, Shi W. Topology for 3D spatial objects [C]. Proceedings of International Symposium and Exhibition on Geoinformation 2002. Kuala Lumpur:2002.

[39] 陆艳青. 海量地形数据实时绘制的技术研究[D]. 杭州:浙江大学,2003

[40] Yan J K. Advances in Computer Generated Imagery for Flight Simulation [J]. IEEE Computer Graphics and Applications,1985,5(1):37-51.

[41] Vince J. Virtual Reality Techniques in Flight Simulation [C]. Virtual Reality Systems. Holland:Kluwer Academic Publisher,1993.

[42] DeFloriani L, Falcidieno B, C Pien-Ovi. A Delaunay-Based Method for Surface Approximation [C]. Proceedings of Eurographics '83,1983:333-350.

[43] Scarlatos L, Pavlidis T. Hierarchical Triangulation Using Cartographic Coherence [J]. CVGIP:Graphical Models and Image Processing,1992,54(2):147-161.

[44] Heckbert P, Garland M. Survey of Polygonal Simplification Algorithms[C]. Proceedings of SIGGRAPH'97 Course Notes,1997.

[45] DeFloriani L, Marzano L, Puppo E. Multiresolution Models for Topographic Surface Description [J]. The Visual Computer,1996,12(7):317-345.

[46] Youbing Z, Ji Z, S Jiaoying, et al. A Fast Algorithm for Large-Scale Terrain Walkthrough [C]. Proceedings of CAD/Graphics'2001. 2001:103-106.

[47] John S Falby, Michael J Zyda, Daud R Pratt, et al. NPSNET:Hierarchical Data Structures for Real-Time Three-Dimensional Visual Simulation [J]. Computers & Graphics,1993,17(1):65-69.

[48] Xia J C, J El-Sana, Varshney A. Adaptive Real-Time Level-of-Detail-Based Rendering for Polygonal Models [J]. IEEE Transactions on Visualization and Computer Graphics,1997,3(2):171-183.

[49] Hugues Hoppe. Progressive meshes [C]. Proceedings of Computer Graphics Annual Conference Series, New Orleans:ACM Press,1996:99-108.

[50] Hugues Hoppe. View-Dependent Refinement of Progressive Meshes [C]. Proceedings of SIGGRAPH'97,1997:189-198.

[51] Luebke D, Erickson E. View-Dependent Simplification of Arbitrary Polygonal Environments [C]. Computer Graphics Proceedings, Annual Conference Series, SIGGRAPH 1997,1997:199-208.

[52] Herzen B, Barr A. Accurate Triangulations of Deformed [C]. Intersecting Surfaces. Proceedings of SIGGRAPH'87, 1987:103-110.

[53] Samet H, Sivan R. Algorithms for Constructing Quadtree Surface Maps [C]. 5th International Symposium on Spatial Data Handling, 1992:361-370.

[54] Duchaineau M, Wolinsky M, Sigeti D E, et al. ROAMing Terrain: Real-Time Optimally Adapting Meshes [C]. Proceedings of IEEE Visualization'97, 1997:81-88.

[55] Pajarola R. Large Scale Terrain Visualization Using the Restricted Quadtree Triangulation [C]. Proceedings of IEEE Visualization'98, 1998:19-26.

[56] Lindstrom P, Koller D, Ribarsky W, et al. Real-time, continuous level of detail rendering of height fields [C]. Proceedings SIGGRAPH 96, ACM SIGGRAPH, 1996:109-118.

[57] Mark Duchaineauy, Murray Wolinsky, et al. ROAMing Terrain: Real-time Optimally Adapting Meshes [C]. Proceedings IEEE Visualization'97, 1997:81-88.

[58] Pajarola R, Antonijuan M, Lario R. QuadTIN: Quadtree based Triangulated Irregular Networks [C]. Proceedings IEEE Visualization, 2002:395-402.

[59] Stefan Röttger Wolfgang Heidrich, Philipp Slasallek, Hans-Peter Seidel, Real-Time Generation of Continuous Levels of Detail for Height Fields [C]. Winter School in Computer Graphics (WSCG Proceedings)'98, 1998.

[60] Evans W, Kirkpatrick D, Townsend G. Right-triangulated irregular networks [C]. Algorithmica 30, 2001:264-286.

[61] Lindstrom P. Visualization of Large Terrains Made Easy [C]. Proceedings of IEEE Visualization'2001, 2001:363-370.

[62] Blow J. Terrain Rendering at High Levels of Detail. Proceedings of Game Developers' [R]. Conference 2000, 2000:1-6.

[63] Turner B. Real-Time Dynamic Level of Detail Terrain Rendering with ROAM [DB/OL]. http://www.gamasutra.com/features/20000403/Turner_01.htm. 2006.

[64] Luebke D, Erikson C. View-Dependent Simplification of Arbitrary Polygonal Environments [C]. Proceedings of SIGGRAPH'97, 1997:199-208.

[65] El-Sana J, Hadar O. Motion-Based View-Dependent Rendering [J]. To be published in Computer and Graphics (June), 2002.

[66] Thomas Gerstner. Top-Down View-Dependent Terrain Triangulation using the Octagon Metric [C]. Processing of Eurographics Symposium on Geometry, 2003:1-11.

[67] David Luebke, Martin Reddy, Jonathan D Cohen, et al. Level of Detail for 3D Graphics (M). (ISBN:1-55860-838-9), USA: Elsevier Science, 2003.

[68] Brodersen A. Real-Time Visualization of Large Textured Terrains [C]. Proceedings of GRAPHITE'2005, 2005.

[69] Pajarola R. Fastmesh: efficient view-dependent meshing [C]. Proceedings of Computer Graphics and Applications'01. Tokyo: 2001:22-30.

[70] 刘学慧. 虚拟现实中三维复杂几何形体的层次细节模型的研究[D]. 北京:中国科学院软件研究所, 1998.

[71] MuhammadHussain,Yoshihiro Okasa. Efficient and feature-preserving triangular rmesh decimation[J]. Journal of WSCG,2004,12(1):167-174.

[72] Low K L,Tan T S. Model simplification using vertex clustering[A]. Proceedings of the 1997 Symposium on ACM Symposium on Interactive 3D Graphics[C]. 1997:5-81.

[73] Lindstrom P. Out-of-Core Construction and Visualization of Multiresolution Surfaces[C]. Proceedings of the ACM Symposium on Interactive 3D Graphics,California:Monterey,2003:93-102.

[74] 陈礼民,秦爱红. 三维图形简化新算法[J]. 中国图象图形学报,1997,2(2,3):157-160.

[75] 潘志庚,马小虎,石教英. 虚拟环境中多细节层次模型自动生成算法[J]. 软件学报,1996,7(9):526-531.

[76] Garland M,Shaffer E. A Multiphase Approach to Efficient Surface Simplification[C]. Proceedings of the IEEE Visualization,Boston:MA,2002:117-124.

[77] 石教英. 虚拟现实基础及实用算法[M]. 北京:科学出版社,2002:135-140.

[78] 王健,何明一. 可减少模型简化误差的边折叠简化算法及应用[J]. 计算机科学,2004,31(1):142-143.

[79] 尹勇,任鸿翔,张秀风,等. 航海仿真虚拟环境的海浪视景生成技术[J]. 系统仿真学报,2002,14(3):313-315.

[80] Hinsinger D,Neyret F,Cani Marie-Paule. Interactive animation of ocean waves[C]. Proceedings of the Symposium on Computer Animation. Florida:ACM,2002:231-240.

[81] 马登武,叶文,李瑛. 基于包围盒的碰撞检测算法综述[J]. 系统仿真学报,2006,18(4):1058-1064.

[82] 丁伟利,郝颖明,朱枫,等. 排爆机器人训练仿真系统中的碰撞检测技术[J]. 系统仿真学报,2006,18(3):675-679.

[83] de Carpentier,Bidarra R. Interactive GPU-based procedural heightfield brushes[C]. Proceedings of the 4th International Conference on Foundations of Digital Games,ACM,2009,55-62.

[84] 王达. 虚拟战场中一种基于GPU的大规模动态地形仿真研究[D]. 武汉:华中科技大学,2012.

[85] 王宏武,董士海. 一个与视点相关的动态多分辨率地形模型[J]. 计算机辅助设计与图形学学报,2000,12(8):575-579.

[86] Lenz R,Cavalcante-Neto J B,Vidal C A. Optimized pattern-based adaptive mesh refinement using gpu[C]. Computer Graphics and Image Processing (SIBGRAPI),2009 XXII Brazilian Symposium on. IEEE,2009:88-95.

[87] Strugar F. Continuous Distance-dependent Level of Detail for Rendering Heightmaps[J]. Journal of Graphics GPU and Game Tools,2009,14(4):57-74.

[88] Losasso F,Hoppe H. Geometry clipmaps:terrain rendering using nested regular grids[C]. ACM Transactions on Graphics (TOG). ACM,2004,23(3):769-776.

[89] Yusov E,Shevtsov M. High-performance terrain rendering using hardware tessellation[J]. Journal of WSCG,2011,19(3):85-92.

[90] 张兵强,张立民,艾祖亮,等. 屏幕空间自适应的地形 Tessellation 绘制[J]. 中国图像图形学报,2012,11:1431-1438.

[91] 李白云,赵春霞. GPU 实时构建四叉树的快速地形渲染算法[J]. 计算机辅助设计与图形学学报,2010,22(12):2259-2264.

[92] Shreiner D,Woo M,Neider J,et al. OpenGL (R) programming guide:The official guide to learning OpenGL (R),version 2.1[M]. Addison-Wesley Professional,2007.

[93] 王旭,杨新,王志铭. 在 GPU 上实现地形渲染的自适应算法[J]. 计算机辅助设计与图形学学报,2010,10:1741-1749.

[94] Pajarola R,Gobbetti E. Survey of semi-regular multiresolution models for interactive terrain rendering [J]. The Visual Computer ,2007 ,23(8):583-605.

[95] Boubekeur T,Schlick C. Generic mesh refinement on GPU[C]. Proceedings of the ACM SIGGRAPH/EUROGRAPHICS conference on Graphics hardware,ACM Press,2005,99-104.

[96] Bernhardt A,Maximo A,Velho L,et al. Real-time terrain modeling using CPU-GPU coupled computation[C]. Graphics, Patterns and Images (Sibgrapi),2011 24th SIBGRAPI Conference on. IEEE,2011:64-71.

[97] 聂俊岚,刘硕,郭栋梁,等. GPU 加速的多分辨率几何图像快速绘制方法[J]. 计算机辅助设计与图形学学报,2013,01:101-109.

[98] Nießner M,Loop C. Analytic displacement mapping using hardware tessellation[J]. ACM Transactions on Graphics (TOG),2013,32(3):26.

[99] Jang H,Han J H. Feature-Preserving Displacement Mapping With Graphics Processing Unit (GPU) Tessellation[C]. Computer Graphics Forum. Blackwell Publishing Ltd, 2012,31(6):1880-1894.

[100] 张兵强,张立民,张建廷. 面向 GPU 的批 LOD 地形实时绘制[J]. 中国图象图形学报,2012,04:582-588.

[101] 黄韵岑,冯结青. 表驱动的细分曲面 GPU 绘制[J]. 计算机辅助设计与图形学学报,2014,10:1567-1575.

[102] Livny Y,Sokolovsky N,Grinshpoun T,et al. A GPU persistent grid mapping for terrain rendering[J]. The Visual Computer,2008,24(2):139-153.

[103] Lorenz H,Döllner J. Dynamic mesh refinement on GPU using geometry shaders[C]. Proceedings of the 16th International Conference in Central Europe on Computer Graphics,Visualization and Computer Vision. Campus Bory:UNION Agency-Science Press, 2008:97-104.

[104] Dick C,Krüger J,Westermann R. GPU ray-casting for scalable terrain rendering [C]. Proceedings of EUROGRAPHICS. 2009,50.

[105] 郑新,刘玮,吕辰雷,等. 海量地形实时动态存储与绘制的 GPU 实现算法[J]. 计算机辅助设计与图形学学报,2013,25(8):1146-1152.

[106] Treib M,Reichl F,Auer S,et al. Interactive editing of gigasample terrain fields[C]. Computer Graphics Forum. Blackwell Publishing Ltd,2012,31(2pt2):383-392.

[107] Van der Laan W J,Jalba A C,Roerdink J B T M. Accelerating wavelet lifting on graph-

ics hardware using CUDA[J]. Parallel and Distributed Systems, IEEE Transactions on,2011,22(1):132-146.

[108] Filip Strugar. Continuous Distance - Dependent Level of Detail for Rendering Heightmaps[J]. Journal of Graphics GPU & Game Tools,2009,14(4):57-74.

[109] 花海洋,赵怀慈. 保持地形特征的网格模型简化算法[J]. 计算机辅助设计与图形学学报,2011,23(4):594-599.

[110] Norbert P. A subdivision algorithm for smooth 3D terrain models[J]. Isprs Journal of Photogrammetry & Remote Sensing,2005,59(3):115 – 127.

[111] 王旭,杨新,王志铭. 在GPU上实现地形渲染的自适应算法[J]. 计算机辅助设计与图形学学报,2011,22(10):1741-1749.

[112] 魏勇,丁雨淋,龚桂荣,等. 一种利用SSE2多重纹理混合的大范围虚拟地形可视化技术[J]. 武汉大学学报:信息科学版,2015,40(4):510-515.

[113] Singh G. Exploring the fractal terrain[J]. Computer Graphics & Applications IEEE,2015,35(1):4-5.

[114] Crawfis R,Maung D,Shi Y. Procedural textures using tilings with Perlin Noise[J].17th International Conference on Computer Games,2012.

[115] Xiang X J,Zhu H Y. A High Resolution Terrain Data Simulation Algorithm Based on Perlin Noise[J]. Computer Simulation,2007,24(12):174-177.

[116] 吴文杰. 真实感三维地形的快速生成技术研究[D]. 电子科技大学,2011.

[117] Zhou H,Sun J,Turk G,et al. Terrain Synthesis from Digital Elevation Models[J]. IEEE Transactions on Visualization & Computer Graphics,2007,13(4):834-848.

[118] Premože S,Ashikhmin M. Rendering natural waters[C]. Computer Graphics and Applications,2000. Proceedings. The Eighth Pacific Conference on. IEEE,2000:423-434.

[119] Tessendorf J. Simulating ocean water[J]. Simulating Nature:Realistic and Interactive Techniques. SIGGRAPH,2001,1(2):5.

[120] Hu Y,Luiz V,Xin T,et al. Realistic,real-time rendering of ocean waves.[J]. Computer Animation & Virtual Worlds,2006,17(1):59-67.

[121] Chang C F. GPU-based Ocean Rendering[C]. 2006 IEEE International Conference on Multimedia and Expo. IEEE Computer Society,2006:2125-2128.

[122] Lachman L. An open programming architecture for modeling ocean waves[C]. IMAGE Conference. 2007,5(7).

[123] Thon S,Ghazanfarpour D. Ocean waves synthesis and animation using real world information[J]. Computers & Graphics,2002,26(01):99-108.

[124] Hong W,House D H,Keyser J. Adaptive particles for incompressible fluid simulation[J]. Visual Computer,2008,24(7-9):535-543.

[125] Adams B,Pauly M,Keiser R,et al. Adaptively sampled particle fluids[C]. ACM Transactions on Graphics (TOG). ACM,2007,26(3):48.

[126] 张亚萍,熊华,姜晓红,等. 大型网格模型简化和多分辨率技术综述[J]. 计算机辅助设计与图形学学报,2010,22(4):559-568.

[127] Yu Z, Wong H S, Peng H, et al. ASM: An adaptive simplification method for 3D point-based models [J]. Computer-Aided Design, 2010, 42(7): 598-612.

[128] Filip Strugar. Continuous distance-dependent level of detail for rendering heightmaps [J]. Journal of Graphics Gpu & Game Tools, 2009, 14(4): 57-74.

[129] DeVore R, Petrova G, Hielsberg M, et al. Processing terrain point cloud data [J]. SIAM Journal on Imaging Sciences, 2013, 6(1): 1-31.

[130] Kang H Y, Jang H, Cho C S, et al. Multi-resolution terrain rendering with GPU tessellation [J]. Visual Computer, 2015, 31(4): 455-469.

[131] Solenthaler B, Pajarola R. Predictive-Corrective Incompressible SPH [J]. ACM Transactions on Graphics, 2009, 28(3): 341-352.

[132] 李永进, 金一丞, 任鸿翔, 等. 基于物理模型的近岸海浪建模与实时绘制 [J]. 中国图像图形学报, 2010, 15(3): 518-523.